高等院校数字化建设精品教材

U0392839

新工科数学——线性代数

主　编　王振友　张丽丽　李　锋

北京大学出版社
PEKING UNIVERSITY PRESS

内 容 简 介

本书依据教育部制定的“工科类本科数学基础课程教学基本要求”编写而成,并借鉴和吸取了国内外同类优秀教材的优点,符合新工科院校学生的特点和需求,是一本适合培养新工科应用创新型人才的教材.

全书共四章,主要内容包括矩阵及其运算、行列式及其应用、矩阵的秩与向量组的线性相关性、相似矩阵与二次型,每章均配备用 Matlab 软件解相应的线性代数问题,每节均配备适量的习题.

本书可作为高等院校理工科非数学专业的公共基础课“线性代数”的教材,也可作为工程技术和科研人员的参考用书,同时可供参加硕士研究生入学考试的读者自学参考.

前　　言

本书根据新工科应用创新型人才的培养要求，依据教育部制定的“工科类本科数学基础课程教学基本要求”，由多年主讲高等院校工科“线性代数”的教师编写而成. 本书在内容编排、例题选取等方面充分借鉴和吸取了国内外同类优秀教材的优点，同时也结合了编者多年的教学实践经验，力争减弱线性代数抽象难懂的特点，注重直观性和启发性，注重与实际生活和应用的结合，突出用计算机解决线性代数的相关问题，加深学生对相应知识的理解，提高学生的动手能力和解决实际问题的能力.

本书系统介绍了“线性代数”的基本概念、基础知识和基本技能，注重用 Matlab 软件解决线性代数问题. 本书内容从矩阵引入，循序渐进，由具体到抽象，化难为易.

本书的主要内容如下：

第 1 章先通过实例引入矩阵的概念，然后通过求解线性方程组引出初等变换的定义，并由此给出初等矩阵及其与初等变换的关系，最后给出了用 Matlab 实现矩阵的相关运算.

第 2 章先通过线性方程组引出方阵所对应的行列式符号，探讨了高阶行列式的求法，然后分析了行列式的应用，最后列出了行列式计算中的 Matlab 实现.

第 3 章先介绍了矩阵的秩的相关问题，然后利用矩阵的秩的概念和性质，引出了线性方程组的解的判定定理，进而给出了向量组的基本概念和性质，通过向量的线性组合解决了线性方程组的解的结构问题，最后用 Matlab 实现了相关的运算.

第 4 章先介绍了欧氏空间的相关概念，从实例出发引出矩阵特征值与特征向量的定义和性质，讨论了矩阵可相似对角化的条件，给出了实对称矩阵一定可相似对角化的结论，然后讨论了化二次型为标准形和规范形的方法及正定二次型的判定，最后用 Matlab 实现了相关的运算.

本书的习题按节给出，部分习题来自考研真题或者历年的期末考试试卷，供学生复习总结参考.

本书由王振友、张丽丽、李锋担任主编，具体编写分工如下：第 1 章由张丽丽编写，第 2，3 章由李锋编写，第 4 章由王振友编写，全书由王振友负责统稿、定稿. 李建平老师对本书向量部分的编写提出了许多宝贵意见. 北京大学出版社的领导和编辑们对本书的出版给予了大量的指导和帮助，滕京霖、朱芳婷、龚维安、吴友成审查了全书配套线上资源，在此一并表示感谢.

由于编者水平有限，书中难免有不妥之处，希望同行、专家批评指正.

编者

2021 年 12 月

目　　录

第 1 章　矩阵及其运算 …… 1
第 1 节　矩阵的定义 …… 2
习题 1.1 …… 5
第 2 节　矩阵的运算 …… 5
习题 1.2 …… 15
第 3 节　逆矩阵 …… 17
习题 1.3 …… 21
第 4 节　分块矩阵 …… 22
习题 1.4 …… 25
第 5 节　初等变换与初等矩阵 …… 26
习题 1.5 …… 34
第 6 节　矩阵相关运算的 Matlab 实现 …… 36
习题 1.6 …… 40
总习题 1 …… 40

第 2 章　行列式及其应用 …… 43
第 1 节　行列式的概念 …… 44
习题 2.1 …… 48
第 2 节　行列式的性质与展开 …… 48
习题 2.2 …… 54
第 3 节　行列式的应用 …… 56
习题 2.3 …… 62
第 4 节　行列式计算中的 Matlab 实现 …… 63
总习题 2 …… 64

第 3 章　矩阵的秩与向量组的线性相关性 …… 68
第 1 节　矩阵的秩 …… 69
习题 3.1 …… 72
第 2 节　线性方程组的解的判定定理 …… 73
习题 3.2 …… 79
第 3 节　向量组及其线性组合 …… 79
习题 3.3 …… 83
第 4 节　向量组的线性相关性 …… 83
习题 3.4 …… 87
第 5 节　向量组的秩 …… 88

习题 3.5 …… 90
第 6 节　向量空间 …… 90
习题 3.6 …… 96
第 7 节　线性方程组的解的结构 …… 97
习题 3.7 …… 101
第 8 节　矩阵的秩与线性方程组求解的 Matlab 实现 …… 101
习题 3.8 …… 103
总习题 3 …… 103

第 4 章　相似矩阵与二次型 …… 106
第 1 节　欧氏空间 …… 107
习题 4.1 …… 113
第 2 节　矩阵的特征值与特征向量 …… 113
习题 4.2 …… 119
第 3 节　矩阵的相似对角化 …… 120
习题 4.3 …… 127
第 4 节　实对称矩阵的相似对角化 …… 128
习题 4.4 …… 133
第 5 节　二次型及其矩阵表示 …… 133
习题 4.5 …… 136
第 6 节　化二次型为标准形和规范形 …… 137
习题 4.6 …… 143
第 7 节　正定二次型与正定矩阵 …… 144
习题 4.7 …… 149
第 8 节　Matlab 综合实验 …… 150
习题 4.8 …… 155
总习题 4 …… 155

参考文献 …… 163

第1章

矩阵及其运算

课程思政案例

矩阵是线性代数的一个最基本的研究对象，自然科学和工程技术中的众多问题最终都可以归结为矩阵问题. 矩阵这个词是由英国数学家西尔维斯特(Sylvester)于1850年首先提出的. 从数学史上来说，矩阵及其运算的引入，推动了线性代数以及其他数学分支的发展.

本章首先通过实例引入矩阵的定义，介绍了几种常见的特殊矩阵以及矩阵的线性运算、乘法、转置、逆矩阵等基本运算和性质，然后通过解线性方程组所熟悉的消元法引出初等变换的定义，并由此给出初等矩阵的概念以及初等变换和初等矩阵的关系. 初等变换可以方便地描述矩阵可逆的充要条件以及求解可逆矩阵的逆矩阵，初等变换也可以轻松地讨论线性方程组的解. 本章还将介绍分块矩阵及其运算，最后介绍用Matlab软件实现本章主要内容的相关运算.

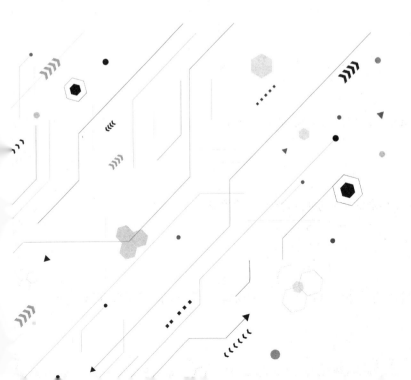

第1节 矩阵的定义

本节主要介绍矩阵的定义以及几种常见的特殊矩阵.

一、引例

在引入矩阵的定义之前,先看两个例子.

例 1.1 四种鲜花(分别用 F_1,F_2,F_3,F_4 表示)在三家花店(分别用 S_1,S_2,S_3 表示)出售,每束的售价(单位:元)如表 1.1 所示.

表 1.1

花店	鲜花			
	F_1	F_2	F_3	F_4
S_1	17	11	21	15
S_2	18	13	19	16
S_3	16	10	20	18

表 1.1 对应的数表 $\begin{pmatrix} 17 & 11 & 21 & 15 \\ 18 & 13 & 19 & 16 \\ 16 & 10 & 20 & 18 \end{pmatrix}$ 可以简洁地描述四种鲜花分别在三家花店的每束售价情况.

例 1.2 线性方程组

$$\begin{cases} 2x_1 - x_2 + 3x_3 = 5, \\ x_1 - x_2 + 2x_3 = -1, \\ 2x_1 + x_2 + x_3 = 0 \end{cases}$$

中未知数 x_1,x_2,x_3 的系数按照原来的位置可以排成一个数表

$$\begin{pmatrix} 2 & -1 & 3 \\ 1 & -1 & 2 \\ 2 & 1 & 1 \end{pmatrix}, \tag{1.1}$$

方程组的未知数以及常数项按照原来的位置也可以排成一个数表

$$\begin{pmatrix} 2 & -1 & 3 & 5 \\ 1 & -1 & 2 & -1 \\ 2 & 1 & 1 & 0 \end{pmatrix}. \tag{1.2}$$

线性方程组的解是由未知数的系数和常数项决定的,而许多自然科学、

社会科学、工程技术等现实领域中的问题可以归结为线性方程组的求解问题,因此对数表(1.1)和(1.2)的研究非常必要.

上述例子表明,数表可以简洁地表达事物相互间的关系,由此抽象出了矩阵的概念.

二、矩阵的概念

定义 1.1　由 $m\times n$ 个数 $a_{ij}(i=1,2,\cdots,m;j=1,2,\cdots,n)$ 排列成的 m 行 n 列的矩形数表称为**m 行 n 列矩阵**,简称 **$m\times n$ 矩阵**,记作

$$\boldsymbol{A}=\begin{pmatrix} a_{11} & a_{12} & \cdots & a_{1n} \\ a_{21} & a_{22} & \cdots & a_{2n} \\ \vdots & \vdots & & \vdots \\ a_{m1} & a_{m2} & \cdots & a_{mn} \end{pmatrix}. \tag{1.3}$$

这 $m\times n$ 个数称为矩阵 $\boldsymbol{A}$ 的**元素**,简称**元**. 位于矩阵 $\boldsymbol{A}$ 的第 i 行、第 j 列的元素 a_{ij} 称为矩阵 $\boldsymbol{A}$ 的 **(i,j) 元**. 以 a_{ij} 为 (i,j) 元的矩阵可简记作 (a_{ij}) 或 $(a_{ij})_{m\times n}$. $m\times n$ 矩阵 $\boldsymbol{A}$ 也记作 $\boldsymbol{A}_{m\times n}$.

元素是实数的矩阵称为**实矩阵**,元素是复数的矩阵称为**复矩阵**. 一般地,对于复矩阵 $\boldsymbol{A}=(a_{ij})$,称 $\overline{\boldsymbol{A}}=(\overline{a}_{ij})$ 为 $\boldsymbol{A}$ 的**共轭矩阵**,其中 $\overline{a}_{ij}$ 为 a_{ij} 的共轭复数. 本书中的矩阵除特殊说明外,均指实矩阵. 例 1.1 和例 1.2 中的数表都是矩阵,且均为实矩阵.

三、几种常见的特殊矩阵

若矩阵 $\boldsymbol{A}$ 的行数与列数都等于 n,则称 $\boldsymbol{A}$ 为 **n 阶矩阵**或 **n 阶方阵**,记作 $\boldsymbol{A}_n$.

所有元素都为 0 的 $m\times n$ 矩阵称为**零矩阵**,记作 $\boldsymbol{O}$ 或 $\boldsymbol{O}_{m\times n}$.

只有一行的矩阵

$$\boldsymbol{A}=(a_{11}\ a_{12}\ \cdots\ a_{1n})$$

称为**行矩阵**,又称为**行向量**. 为避免元素间的混淆,行矩阵可记作

$$\boldsymbol{A}=(a_{11},a_{12},\cdots,a_{1n}).$$

只有一列的矩阵

$$\boldsymbol{A}=\begin{pmatrix} a_{11} \\ a_{21} \\ \vdots \\ a_{m1} \end{pmatrix}$$

称为**列矩阵**,又称为**列向量**.

特别地,只有一行一列的矩阵即一阶矩阵记作 $\boldsymbol{A}=(a_{11})=a_{11}$.

形如

$$\begin{pmatrix} a_{11} & a_{12} & \cdots & a_{1n} \\ 0 & a_{22} & \cdots & a_{2n} \\ \vdots & \vdots & & \vdots \\ 0 & 0 & \cdots & a_{nn} \end{pmatrix} \quad \text{(主对角线下方的元素全部为 0)}$$

的 n 阶矩阵,称为 n 阶**上三角矩阵**. 类似地,形如

$$\begin{pmatrix} a_{11} & 0 & \cdots & 0 \\ a_{21} & a_{22} & \cdots & 0 \\ \vdots & \vdots & & \vdots \\ a_{n1} & a_{n2} & \cdots & a_{nn} \end{pmatrix} \quad \text{(主对角线上方的元素全部为 0)}$$

的 n 阶矩阵,称为 n 阶**下三角矩阵**. 上、下三角矩阵统称为**三角矩阵**.

形如

$$\begin{pmatrix} a_{11} & 0 & \cdots & 0 \\ 0 & a_{22} & \cdots & 0 \\ \vdots & \vdots & & \vdots \\ 0 & 0 & \cdots & a_{nn} \end{pmatrix} \quad \text{(除主对角线上的元素外,其余元素全部为 0)}$$

的 n 阶矩阵,称为 n 阶(主)**对角矩阵**,简称**对角阵**,通常记作 $\boldsymbol{\Lambda}$. 对角矩阵也记作 $\boldsymbol{\Lambda} = \mathrm{diag}(a_{11}, a_{22}, \cdots, a_{nn})$. 特别地,当 $a_{11} = a_{22} = \cdots = a_{nn}$ 时,称 $\boldsymbol{\Lambda}$ 为 n 阶**数量矩阵**;当 $a_{11} = a_{22} = \cdots = a_{nn} = 1$ 时,称 $\boldsymbol{\Lambda}$ 为 n 阶**单位矩阵**,简称**单位阵**,通常记作 $\boldsymbol{E}$ 或 $\boldsymbol{E}_n$,即

$$\boldsymbol{E} = \begin{pmatrix} 1 & 0 & \cdots & 0 \\ 0 & 1 & \cdots & 0 \\ \vdots & \vdots & & \vdots \\ 0 & 0 & \cdots & 1 \end{pmatrix}.$$

形如

$$\begin{pmatrix} 0 & \cdots & 0 & a_{1n} \\ 0 & \cdots & a_{2,n-1} & 0 \\ \vdots & & \vdots & \vdots \\ a_{n1} & \cdots & 0 & 0 \end{pmatrix} \quad \text{(除副对角线上的元素外,其余元素全部为 0)}$$

的 n 阶矩阵,称为 n 阶**副对角矩阵**.

矩阵有着广泛的应用,下面再看两个例子.

例 1.3 m 个方程、n 个未知数的线性方程组

$$\begin{cases} a_{11}x_1 + a_{12}x_2 + \cdots + a_{1n}x_n = b_1, \\ a_{21}x_1 + a_{22}x_2 + \cdots + a_{2n}x_n = b_2, \\ \cdots\cdots \\ a_{m1}x_1 + a_{m2}x_2 + \cdots + a_{mn}x_n = b_m \end{cases} \tag{1.4}$$

对应以下几个矩阵:

$$\boldsymbol{A} = \begin{pmatrix} a_{11} & a_{12} & \cdots & a_{1n} \\ a_{21} & a_{22} & \cdots & a_{2n} \\ \vdots & \vdots & & \vdots \\ a_{m1} & a_{m2} & \cdots & a_{mn} \end{pmatrix}, \quad \boldsymbol{B} = \begin{pmatrix} a_{11} & a_{12} & \cdots & a_{1n} & b_1 \\ a_{21} & a_{22} & \cdots & a_{2n} & b_2 \\ \vdots & \vdots & & \vdots & \vdots \\ a_{m1} & a_{m2} & \cdots & a_{mn} & b_m \end{pmatrix}, \quad \boldsymbol{x} = \begin{pmatrix} x_1 \\ x_2 \\ \vdots \\ x_n \end{pmatrix}, \quad \boldsymbol{b} = \begin{pmatrix} b_1 \\ b_2 \\ \vdots \\ b_m \end{pmatrix},$$

其中 $\boldsymbol{A}$ 称为**系数矩阵**,$\boldsymbol{B}$ 称为**增广矩阵**,$\boldsymbol{x}$ 称为**未知数矩阵**,$\boldsymbol{b}$ 称为**常数项矩阵**. 如果 $\boldsymbol{b} = \boldsymbol{O}_{m\times 1}$,则称线性方程组(1.4)为 n 元**齐次线性方程组**;否则,称线性方程组(1.4)为 n 元**非齐次线性**

方程组.

例 1.4 四个地区(分别用 P_1,P_2,P_3,P_4 表示)间的单向航线如图 1.1 所示. 如果

$$a_{ij}=\begin{cases}1, & \text{从 } P_i \text{ 地区到 } P_j \text{ 地区有一条单向航线,}\\ 0, & \text{从 } P_i \text{ 地区到 } P_j \text{ 地区没有单向航线,}\end{cases}$$

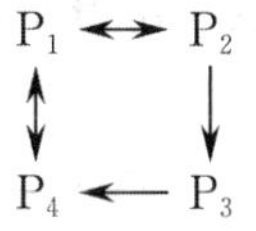

图 1.1

其中 $i,j=1,2,3,4$,则图 1.1 所示的单向航线情况可用矩阵表示为

$$\boldsymbol{A}=(a_{ij})=\begin{pmatrix}0&1&0&1\\1&0&1&0\\0&0&0&1\\1&0&0&0\end{pmatrix}.$$

习题1.1

1. 请用课程代码代表课程,把自己每周的课程表用矩阵表示,并观察自己的课程矩阵,思考矩阵是否就是我们生活的一部分呢?

2. (二人零和对策问题) 两儿童玩“石头—剪刀—布”游戏,每人只能在石头、剪刀、布中选择一种出法. 当他们各选定一种出法时,就确定了一个“局势”,也就决定了各自的输赢. 若规定胜者得 1 分,负者得 −1 分,平手各得 0 分,则在一次游戏中,对于各种可能的局势,试用矩阵表示他们的得分情况,并观察该矩阵的每行元素和每列元素的特点.

第2节 矩阵的运算

本节主要介绍矩阵的几种运算及其性质,包括矩阵相等、加法、数乘、乘法和转置运算.

一、矩阵相等

具有相同的行数与相同的列数的两个矩阵称为**同型矩阵**.

定义 1.2 设有两个同型矩阵 $\boldsymbol{A}=(a_{ij})_{m\times n}$,$\boldsymbol{B}=(b_{ij})_{m\times n}$. 如果它们对应的 (i,j) 元都相等,即

$$a_{ij}=b_{ij}\quad (i=1,2,\cdots,m;j=1,2,\cdots,n),$$

则称**矩阵 $\boldsymbol{A}$ 与矩阵 $\boldsymbol{B}$ 相等**,记作 $\boldsymbol{A}=\boldsymbol{B}$.

例 1.5 设矩阵

$$\boldsymbol{A}=\begin{pmatrix}3&2&2x-1\\z&1&3\end{pmatrix},\quad \boldsymbol{B}=\begin{pmatrix}3&2&5\\6-2z&1&y\end{pmatrix}.$$

若 $\boldsymbol{A}=\boldsymbol{B}$,求常数 x,y,z 的值.

解 因为矩阵 $\boldsymbol{A}=\boldsymbol{B}$,所以

$$2x-1=5,\quad z=6-2z,\quad y=3,$$

从而可得 $x=3,y=3,z=2$.

二、矩阵的线性运算

1. 矩阵的加法运算

例 1.6 某公司生产的两种产品(分别用 1,2 表示)销往三个不同的地区(分别用 $\mathrm{P}_1,\mathrm{P}_2,\mathrm{P}_3$ 表示). 设第一季度和第二季度的销售量(单位:吨)分别用矩阵 $\boldsymbol{A}$ 与矩阵 $\boldsymbol{B}$ 表示,其中

$$\boldsymbol{A}=\begin{matrix} \mathrm{P}_1 & \mathrm{P}_2 & \mathrm{P}_3 \\ \end{matrix}\begin{pmatrix} 12 & 16 & 25 \\ 8 & 10 & 7 \end{pmatrix}\begin{matrix} 1 \\ 2 \end{matrix},\quad \boldsymbol{B}=\begin{matrix} \mathrm{P}_1 & \mathrm{P}_2 & \mathrm{P}_3 \\ \end{matrix}\begin{pmatrix} 13 & 0 & 22 \\ 9 & 7 & 8 \end{pmatrix}\begin{matrix} 1 \\ 2 \end{matrix},$$

则该公司的两种产品上半年销往这三个地区的总销售量(单位:吨)可用矩阵表示为

$$\begin{pmatrix} 12 & 16 & 25 \\ 8 & 10 & 7 \end{pmatrix}\begin{matrix} 1 \\ 2 \end{matrix}+\begin{pmatrix} 13 & 0 & 22 \\ 9 & 7 & 8 \end{pmatrix}\begin{matrix} 1 \\ 2 \end{matrix}=\begin{pmatrix} 12+13 & 16+0 & 25+22 \\ 8+9 & 10+7 & 7+8 \end{pmatrix}\begin{matrix} 1 \\ 2 \end{matrix}=\begin{pmatrix} 25 & 16 & 47 \\ 17 & 17 & 15 \end{pmatrix}\begin{matrix} 1 \\ 2 \end{matrix}.$$

(各矩阵列标依次为 P_1 P_2 P_3.)

两个同型矩阵才可以相加,且相加后得到的新矩阵的元素是原来两个矩阵对应元素之和. 于是,有以下定义.

定义 1.3 设两个同型矩阵 $\boldsymbol{A}=(a_{ij})_{m\times n}$,$\boldsymbol{B}=(b_{ij})_{m\times n}$,记矩阵 $\boldsymbol{A}$ 与 $\boldsymbol{B}$ 的和为 $\boldsymbol{A}+\boldsymbol{B}$,有

$$\boldsymbol{A}+\boldsymbol{B}=(a_{ij}+b_{ij})=\begin{pmatrix} a_{11}+b_{11} & a_{12}+b_{12} & \cdots & a_{1n}+b_{1n} \\ a_{21}+b_{21} & a_{22}+b_{22} & \cdots & a_{2n}+b_{2n} \\ \vdots & \vdots & & \vdots \\ a_{m1}+b_{m1} & a_{m2}+b_{m2} & \cdots & a_{mn}+b_{mn} \end{pmatrix}. \tag{1.5}$$

矩阵的加法满足下列运算律(设 $\boldsymbol{A},\boldsymbol{B},\boldsymbol{C}$ 均为 $m\times n$ 矩阵):

(1) **交换律**:$\boldsymbol{A}+\boldsymbol{B}=\boldsymbol{B}+\boldsymbol{A}$.

(2) **结合律**:$(\boldsymbol{A}+\boldsymbol{B})+\boldsymbol{C}=\boldsymbol{A}+(\boldsymbol{B}+\boldsymbol{C})$.

(3) $\boldsymbol{A}+\boldsymbol{O}=\boldsymbol{O}+\boldsymbol{A}=\boldsymbol{A}$,其中 $\boldsymbol{O}$ 是 $m\times n$ 零矩阵.

设矩阵 $\boldsymbol{A}=(a_{ij})$,记 $-\boldsymbol{A}=(-a_{ij})$,则称 $-\boldsymbol{A}$ 为矩阵 $\boldsymbol{A}$ 的**负矩阵**. 容易验证 $\boldsymbol{A}+(-\boldsymbol{A})=\boldsymbol{O}$,由此可以定义**矩阵的减法**为

$$\boldsymbol{A}-\boldsymbol{B}=\boldsymbol{A}+(-\boldsymbol{B}).$$

2. 矩阵的数乘运算

例 1.7 已知在某次语文、数学、英语考试中,每门课的试卷卷面总分均为 50 分,甲、乙两人三门课的卷面成绩可用矩阵 $\boldsymbol{G}=\begin{pmatrix} 49 & 42 & 45 \\ 46 & 38 & 49 \end{pmatrix}$ 表示. 现要求把卷面成绩乘以 2 换算

成总分为 100 分的卷面成绩录入档案，则甲、乙两人录入档案的三门课的卷面成绩可用矩阵表示为

$$\begin{pmatrix} 2\times 49 & 2\times 42 & 2\times 45 \\ 2\times 46 & 2\times 38 & 2\times 49 \end{pmatrix} = \begin{pmatrix} 98 & 84 & 90 \\ 92 & 76 & 98 \end{pmatrix}.$$

定义 1.4　设矩阵 $\boldsymbol{A}=(a_{ij})_{m\times n}$，$k$ 为实数，则称矩阵 $\boldsymbol{B}=(ka_{ij})_{m\times n}$ 为**数 k 与矩阵 $\boldsymbol{A}$ 的乘积**，简称**数乘**，记作 $k\boldsymbol{A}$ 或 $\boldsymbol{A}k$，即

$$k\boldsymbol{A}=\boldsymbol{A}k=\begin{pmatrix} ka_{11} & ka_{12} & \cdots & ka_{1n} \\ ka_{21} & ka_{22} & \cdots & ka_{2n} \\ \vdots & \vdots & & \vdots \\ ka_{m1} & ka_{m2} & \cdots & ka_{mn} \end{pmatrix}. \tag{1.6}$$

根据定义 1.4，甲、乙两人录入档案的三门课的卷面成绩可以做如下计算：

$$2\boldsymbol{G}=2\begin{pmatrix} 49 & 42 & 45 \\ 46 & 38 & 49 \end{pmatrix}=\begin{pmatrix} 98 & 84 & 90 \\ 92 & 76 & 98 \end{pmatrix}.$$

容易证明，矩阵的数乘满足下列运算律(设 $\boldsymbol{A},\boldsymbol{B}$ 均为 $m\times n$ 矩阵，l,k 为实数)：

(1) $1\boldsymbol{A}=\boldsymbol{A}$.

(2) **结合律**：$(kl)\boldsymbol{A}=k(l\boldsymbol{A})$.

(3) **分配律**：$(k+l)\boldsymbol{A}=k\boldsymbol{A}+l\boldsymbol{A}$，$k(\boldsymbol{A}+\boldsymbol{B})=k\boldsymbol{A}+k\boldsymbol{B}$.

矩阵的加法运算和数乘运算统称为**矩阵的线性运算**.

例 1.8　已知矩阵

$$\boldsymbol{A}=\begin{pmatrix} 2 & 1 & -3 & 4 \\ 1 & 3 & -1 & 0 \end{pmatrix},\quad \boldsymbol{B}=\begin{pmatrix} 2 & -3 & 0 & 4 \\ 1 & -5 & 6 & -1 \end{pmatrix},$$

求 $\boldsymbol{A}-2\boldsymbol{B}$.

解　
$$\begin{aligned}\boldsymbol{A}-2\boldsymbol{B}&=\begin{pmatrix} 2 & 1 & -3 & 4 \\ 1 & 3 & -1 & 0 \end{pmatrix}-2\begin{pmatrix} 2 & -3 & 0 & 4 \\ 1 & -5 & 6 & -1 \end{pmatrix}\\ &=\begin{pmatrix} 2 & 1 & -3 & 4 \\ 1 & 3 & -1 & 0 \end{pmatrix}-\begin{pmatrix} 4 & -6 & 0 & 8 \\ 2 & -10 & 12 & -2 \end{pmatrix}\\ &=\begin{pmatrix} -2 & 7 & -3 & -4 \\ -1 & 13 & -13 & 2 \end{pmatrix}.\end{aligned}$$

例 1.9　已知矩阵

$$\boldsymbol{A}=\begin{pmatrix} 5 & 8 \\ -2 & 1 \\ -1 & 6 \end{pmatrix},\quad \boldsymbol{B}=\begin{pmatrix} -1 & 2 \\ 4 & -5 \\ 9 & 6 \end{pmatrix},$$

且 $\boldsymbol{A}-2\boldsymbol{X}=\boldsymbol{B}$，求 $\boldsymbol{X}$.

解 $X=\frac{1}{2}(A-B)=\frac{1}{2}\begin{pmatrix}6&6\\-6&6\\-10&0\end{pmatrix}=\begin{pmatrix}3&3\\-3&3\\-5&0\end{pmatrix}$.

三、矩阵的乘法

例 1.10 设甲、乙两个商店都出售 R_1,R_2,R_3 三款机器人,月销售量(单位:台)用矩阵表示为 $A=\begin{pmatrix}a_{11}&a_{12}&a_{13}\\a_{21}&a_{22}&a_{23}\end{pmatrix}=\begin{pmatrix}21&30&15\\36&25&20\end{pmatrix}$. 如果出售这三款机器人每台的利润(单位:万元)用矩阵表示为 $B=\begin{pmatrix}b_{11}\\b_{21}\\b_{31}\end{pmatrix}=\begin{pmatrix}0.6\\0.3\\0.5\end{pmatrix}$,那么这两个商店的月利润(单位:万元)可用矩阵表示为

$$\begin{aligned}C=\begin{pmatrix}c_{11}\\c_{21}\end{pmatrix}&=\begin{pmatrix}a_{11}b_{11}+a_{12}b_{21}+a_{13}b_{31}\\a_{21}b_{11}+a_{22}b_{21}+a_{23}b_{31}\end{pmatrix}\\&=\begin{pmatrix}21\times0.6+30\times0.3+15\times0.5\\36\times0.6+25\times0.3+20\times0.5\end{pmatrix}=\begin{pmatrix}29.1\\39.1\end{pmatrix},\end{aligned}\tag{1.7}$$

即甲商店的月利润为 29.1 万元,乙商店的月利润为 39.1 万元.

从(1.7)式可以看出,矩阵 C 的两个元素 c_{11} 和 c_{21} 依次是由矩阵 A 的第一行和第二行元素与矩阵 B 的第一列对应元素相乘再相加得到的. 把矩阵 A 与矩阵 B 之间的这种运算称为矩阵 A 与矩阵 B 的乘法,即矩阵 C 是矩阵 A 与矩阵 B 的乘积. 当矩阵 A 的列数与矩阵 B 的行数相等时,矩阵 A 与矩阵 B 的乘积才有意义.

定义 1.5 设矩阵 $A=(a_{ij})_{m\times s}$,$B=(b_{ij})_{s\times n}$,则规定**矩阵 A 与 B 的乘积**是一个 $m\times n$ 矩阵 $C=(c_{ij})_{m\times n}$,其中

$$c_{ij}=a_{i1}b_{1j}+a_{i2}b_{2j}+\cdots+a_{is}b_{sj}=\sum_{k=1}^{s}a_{ik}b_{kj}$$
$$(i=1,2,\cdots,m;j=1,2,\cdots,n),$$

并把此乘积记作 $C=AB$.

从定义 1.5 可以看出,矩阵 A 与 B 能相乘的条件是矩阵 A 的列数与矩阵 B 的行数相等,且它们的乘积 $C=AB$ 的行数和列数分别是矩阵 A 的行数与矩阵 B 的列数,C 的第 i 行第 j 列元素 c_{ij} 是由矩阵 A 的第 i 行元素与矩阵 B 的第 j 列对应元素相乘后再相加得到的.

利用矩阵的乘法,例 1.10 中两个商店的月利润可用矩阵表示为 $C=AB$.

例 1.11 设矩阵

$$\boldsymbol{A}=(1,2,3),\quad \boldsymbol{B}=\begin{pmatrix}6&-1\\0&3\\1&5\end{pmatrix},$$

求 $\boldsymbol{AB}$.

解 $\boldsymbol{AB}=(1,2,3)\begin{pmatrix}6&-1\\0&3\\1&5\end{pmatrix}$

$$=(1\times 6+2\times 0+3\times 1,1\times(-1)+2\times 3+3\times 5)=(9,20).$$

注 在例1.11中,$\boldsymbol{A}$是1×3矩阵,$\boldsymbol{B}$是3×2矩阵,$\boldsymbol{AB}$有意义而$\boldsymbol{BA}$却没有意义.因此,在矩阵的乘法中,必须注意矩阵相乘的顺序,$\boldsymbol{AB}$是$\boldsymbol{A}$左乘$\boldsymbol{B}$的乘积,而$\boldsymbol{BA}$是$\boldsymbol{A}$右乘$\boldsymbol{B}$的乘积,且乘积$\boldsymbol{AB}$有意义时,$\boldsymbol{BA}$未必有意义.

例 1.12 已知矩阵

$$\boldsymbol{A}=\begin{pmatrix}1&-1&2\\5&-3&6\end{pmatrix},\quad \boldsymbol{B}=\begin{pmatrix}0&1\\1&3\\4&0\end{pmatrix},$$

求 $\boldsymbol{AB}$,$\boldsymbol{BA}$.

解

$$\begin{aligned}\boldsymbol{AB}&=\begin{pmatrix}1&-1&2\\5&-3&6\end{pmatrix}\begin{pmatrix}0&1\\1&3\\4&0\end{pmatrix}\\&=\begin{pmatrix}1\times 0+(-1)\times 1+2\times 4&1\times 1+(-1)\times 3+2\times 0\\5\times 0+(-3)\times 1+6\times 4&5\times 1+(-3)\times 3+6\times 0\end{pmatrix}\\&=\begin{pmatrix}7&-2\\21&-4\end{pmatrix},\end{aligned}$$

$$\begin{aligned}\boldsymbol{BA}&=\begin{pmatrix}0&1\\1&3\\4&0\end{pmatrix}\begin{pmatrix}1&-1&2\\5&-3&6\end{pmatrix}\\&=\begin{pmatrix}0\times 1+1\times 5&0\times(-1)+1\times(-3)&0\times 2+1\times 6\\1\times 1+3\times 5&1\times(-1)+3\times(-3)&1\times 2+3\times 6\\4\times 1+0\times 5&4\times(-1)+0\times(-3)&4\times 2+0\times 6\end{pmatrix}\\&=\begin{pmatrix}5&-3&6\\16&-10&20\\4&-4&8\end{pmatrix}.\end{aligned}$$

注 在例1.12中,乘积$\boldsymbol{AB}$和$\boldsymbol{BA}$都有意义,但$\boldsymbol{AB}$和$\boldsymbol{BA}$不是同型矩阵,因此$\boldsymbol{AB}\neq\boldsymbol{BA}$.

例 1.13 已知矩阵

$$\boldsymbol{A}=\begin{pmatrix}2 & 4\\ -3 & -6\end{pmatrix},\quad \boldsymbol{B}=\begin{pmatrix}-2 & 4\\ 1 & -2\end{pmatrix},\quad \boldsymbol{C}=\begin{pmatrix}8 & -16\\ -4 & 8\end{pmatrix},$$

求 $\boldsymbol{AB}$，$\boldsymbol{AC}$，$\boldsymbol{BA}$.

解 $\boldsymbol{AB}=\begin{pmatrix}2 & 4\\ -3 & -6\end{pmatrix}\begin{pmatrix}-2 & 4\\ 1 & -2\end{pmatrix}=\begin{pmatrix}0 & 0\\ 0 & 0\end{pmatrix}$,

$$\boldsymbol{AC}=\begin{pmatrix}2 & 4\\ -3 & -6\end{pmatrix}\begin{pmatrix}8 & -16\\ -4 & 8\end{pmatrix}=\begin{pmatrix}0 & 0\\ 0 & 0\end{pmatrix},$$

$$\boldsymbol{BA}=\begin{pmatrix}-2 & 4\\ 1 & -2\end{pmatrix}\begin{pmatrix}2 & 4\\ -3 & -6\end{pmatrix}=\begin{pmatrix}-16 & -32\\ 8 & 16\end{pmatrix}.$$

注 在例 1.13 中，乘积 $\boldsymbol{AB}$ 和 $\boldsymbol{BA}$ 都有意义且是同型矩阵，但仍然有 $\boldsymbol{AB}\neq\boldsymbol{BA}$. 这就说明，矩阵的乘法不满足交换律，即一般情况下，$\boldsymbol{AB}\neq\boldsymbol{BA}$. 对于两个 n 阶矩阵 $\boldsymbol{A}$ 和 $\boldsymbol{B}$，如果 $\boldsymbol{AB}=\boldsymbol{BA}$，则称 $\boldsymbol{A}$ 与 $\boldsymbol{B}$ 是**可交换的**.

例 1.13 还表明：

(1) 两个非零矩阵的乘积有可能是零矩阵，即有 $\boldsymbol{AB}=\boldsymbol{O}$，未必有 $\boldsymbol{A}=\boldsymbol{O}$ 或 $\boldsymbol{B}=\boldsymbol{O}$.

(2) 由 $\boldsymbol{AB}=\boldsymbol{AC}$，$\boldsymbol{A}\neq\boldsymbol{O}$ 不能得出 $\boldsymbol{B}=\boldsymbol{C}$. 这表明，即使 $\boldsymbol{AB}=\boldsymbol{AC}$ 且 $\boldsymbol{A}\neq\boldsymbol{O}$，也不能推出 $\boldsymbol{B}=\boldsymbol{C}$，即矩阵的乘法不满足消去律.

矩阵的乘法虽不满足交换律和消去律，但仍满足下列运算律(假设运算都是可行的)：

(1) **结合律**：$(\boldsymbol{AB})\boldsymbol{C}=\boldsymbol{A}(\boldsymbol{BC})$.

(2) **左分配律**：$\boldsymbol{C}(\boldsymbol{A}+\boldsymbol{B})=\boldsymbol{CA}+\boldsymbol{CB}$.

(3) **右分配律**：$(\boldsymbol{A}+\boldsymbol{B})\boldsymbol{C}=\boldsymbol{AC}+\boldsymbol{BC}$.

(4) $k(\boldsymbol{AB})=(k\boldsymbol{A})\boldsymbol{B}=\boldsymbol{A}(k\boldsymbol{B})$，其中 k 为实数.

这里只给出结合律的证明，读者可运用矩阵运算的定义自行证明其余三条运算律.

证 设矩阵 $\boldsymbol{A}=(a_{ij})_{m\times n}$，$\boldsymbol{B}=(b_{ij})_{n\times s}$，$\boldsymbol{C}=(c_{ij})_{s\times t}$，则 $(\boldsymbol{AB})\boldsymbol{C}$ 与 $\boldsymbol{A}(\boldsymbol{BC})$ 均有意义，且都为 $m\times t$ 矩阵. 根据矩阵相等的定义，只需证明矩阵 $(\boldsymbol{AB})\boldsymbol{C}$ 与 $\boldsymbol{A}(\boldsymbol{BC})$ 对应位置的元素都相等即可.

设 $(\boldsymbol{AB})\boldsymbol{C}=(p_{il})_{m\times t}$，$\boldsymbol{A}(\boldsymbol{BC})=(q_{il})_{m\times t}$. 记 $\boldsymbol{AB}=(m_{ik})_{m\times s}$，则 $\boldsymbol{AB}$ 中的元素为

$$m_{ik}=a_{i1}b_{1k}+a_{i2}b_{2k}+\cdots+a_{in}b_{nk}=\sum_{j=1}^{n}a_{ij}b_{jk}$$
$$(i=1,2,\cdots,m;k=1,2,\cdots,s),$$

于是 $(\boldsymbol{AB})\boldsymbol{C}$ 中的元素为

$$p_{il}=m_{i1}c_{1l}+m_{i2}c_{2l}+\cdots+m_{is}c_{sl}=\sum_{k=1}^{s}m_{ik}c_{kl}$$
$$=\sum_{k=1}^{s}\sum_{j=1}^{n}a_{ij}b_{jk}c_{kl}\quad(i=1,2,\cdots,m;l=1,2,\cdots,t).$$

同理，记 $\boldsymbol{BC}=(n_{jl})_{n\times t}$，则 $\boldsymbol{BC}$ 中的元素为

$$n_{jl}=b_{j1}c_{1l}+b_{j2}c_{2l}+\cdots+b_{js}c_{sl}=\sum_{k=1}^{s}b_{jk}c_{kl}$$
$$(j=1,2,\cdots,n;l=1,2,\cdots,t),$$

于是 $\boldsymbol{A}(\boldsymbol{BC})$ 中的元素为

$$q_{il}=a_{i1}n_{1l}+a_{i2}n_{2l}+\cdots+a_{in}n_{nl}=\sum_{j=1}^{n}a_{ij}n_{jl}$$
$$=\sum_{j=1}^{n}\sum_{k=1}^{s}a_{ij}b_{jk}c_{kl}\quad(i=1,2,\cdots,m;l=1,2,\cdots,t).$$

综上可得，$(\boldsymbol{AB})\boldsymbol{C}=\boldsymbol{A}(\boldsymbol{BC})$.

利用矩阵的乘法，例 1.3 中的线性方程组可以简洁地表示为 $\boldsymbol{Ax}=\boldsymbol{b}$.

设 $\boldsymbol{A}$ 为 $m\times n$ 矩阵，容易验证，对于单位矩阵 $\boldsymbol{E}$，有 $\boldsymbol{E}_m\boldsymbol{A}=\boldsymbol{AE}_n=\boldsymbol{A}$，或简写成 $\boldsymbol{EA}=\boldsymbol{AE}=\boldsymbol{A}$. 可见，单位矩阵 $\boldsymbol{E}$ 在矩阵乘法中的作用类似于数 1. 类似地，可以验证 $\boldsymbol{OA}=\boldsymbol{AO}=\boldsymbol{O}$.

定义了矩阵的线性运算和乘法运算，就可以定义矩阵的幂和多项式.

定义 1.6　设 $\boldsymbol{A}$ 为 n 阶矩阵，k 为正整数，称

$$\boldsymbol{A}^k=\overbrace{\boldsymbol{A}\cdot\boldsymbol{A}\cdot\cdots\cdot\boldsymbol{A}}^{k\text{个}}$$

为 $\boldsymbol{A}$ 的 **k 次幂**.

约定 $\boldsymbol{A}^0=\boldsymbol{E}$，$\boldsymbol{E}$ 为 n 阶单位矩阵. 显然，只有方阵的幂才有意义.

容易验证，方阵的幂满足下列运算律（k,l 均为正整数）：

(1) $\boldsymbol{A}^k\boldsymbol{A}^l=\boldsymbol{A}^{k+l}$.

(2) $(\boldsymbol{A}^k)^l=\boldsymbol{A}^{kl}$.

注　(1) 由 $\boldsymbol{A}^k=\boldsymbol{O}$ 不能得出 $\boldsymbol{A}=\boldsymbol{O}$ 的结论. 例如，取 $\boldsymbol{A}=\begin{pmatrix}1&-1\\1&-1\end{pmatrix}\neq\boldsymbol{O}$，而 $\boldsymbol{A}^2=\begin{pmatrix}1&-1\\1&-1\end{pmatrix}\begin{pmatrix}1&-1\\1&-1\end{pmatrix}=\begin{pmatrix}0&0\\0&0\end{pmatrix}=\boldsymbol{O}$.

(2) 由于矩阵的乘法不满足交换律，故对于两个 n 阶矩阵 $\boldsymbol{A}$ 和 $\boldsymbol{B}$，一般而言，$(\boldsymbol{AB})^k\neq\boldsymbol{A}^k\boldsymbol{B}^k$. 因此，常用的数的乘法公式对矩阵的乘法运算一般是不成立的. 例如，根据矩阵的乘法，有

$$(\boldsymbol{A}+\boldsymbol{B})(\boldsymbol{A}-\boldsymbol{B})=\boldsymbol{A}^2-\boldsymbol{AB}+\boldsymbol{BA}-\boldsymbol{B}^2,$$

当且仅当 $\boldsymbol{AB}=\boldsymbol{BA}$ 时，$(\boldsymbol{A}+\boldsymbol{B})(\boldsymbol{A}-\boldsymbol{B})=\boldsymbol{A}^2-\boldsymbol{B}^2$. 同理，对于

$$(\boldsymbol{A}+\boldsymbol{B})^2=\boldsymbol{A}^2+\boldsymbol{AB}+\boldsymbol{BA}+\boldsymbol{B}^2,$$

当且仅当 $\boldsymbol{AB}=\boldsymbol{BA}$ 时，$(\boldsymbol{A}+\boldsymbol{B})^2=\boldsymbol{A}^2+2\boldsymbol{AB}+\boldsymbol{B}^2$.

可以验证，如果 $\boldsymbol{AB}=\boldsymbol{BA}$，则

(1) $\boldsymbol{A}^n-\boldsymbol{B}^n=(\boldsymbol{A}-\boldsymbol{B})(\boldsymbol{A}^{n-1}+\boldsymbol{A}^{n-2}\boldsymbol{B}+\cdots+\boldsymbol{AB}^{n-2}+\boldsymbol{B}^{n-1})$;

(2) $(\boldsymbol{A}+\boldsymbol{B})^n=\boldsymbol{A}^n+\mathrm{C}_n^1\boldsymbol{A}^{n-1}\boldsymbol{B}+\cdots+\mathrm{C}_n^k\boldsymbol{A}^{n-k}\boldsymbol{B}^k+\cdots+\boldsymbol{B}^n$.

例 1.14　设矩阵 $\boldsymbol{A}=\begin{pmatrix}a_1\\a_2\\a_3\end{pmatrix}$，$\boldsymbol{B}=(b_1,b_2,b_3)$，$n$ 为正整数，求 $\boldsymbol{AB}$，$\boldsymbol{BA}$，$(\boldsymbol{AB})^n$.

解 $$\boldsymbol{AB} = \begin{pmatrix} a_1 \\ a_2 \\ a_3 \end{pmatrix}(b_1, b_2, b_3) = \begin{pmatrix} a_1b_1 & a_1b_2 & a_1b_3 \\ a_2b_1 & a_2b_2 & a_2b_3 \\ a_3b_1 & a_3b_2 & a_3b_3 \end{pmatrix},$$

$$\boldsymbol{BA} = (b_1, b_2, b_3)\begin{pmatrix} a_1 \\ a_2 \\ a_3 \end{pmatrix} = (a_1b_1 + a_2b_2 + a_3b_3) = a_1b_1 + a_2b_2 + a_3b_3,$$

$$\begin{aligned}(\boldsymbol{AB})^n &= \overbrace{(\boldsymbol{AB})(\boldsymbol{AB})(\boldsymbol{AB})\cdots(\boldsymbol{AB})(\boldsymbol{AB})}^{n\text{个}} \\ &= \boldsymbol{A}(\boldsymbol{BA})(\boldsymbol{BA})(\boldsymbol{BA})\cdots(\boldsymbol{BA})\boldsymbol{B} \\ &= \boldsymbol{A}(\boldsymbol{BA})^{n-1}\boldsymbol{B} = \boldsymbol{A}(a_1b_1 + a_2b_2 + a_3b_3)^{n-1}\boldsymbol{B} \\ &= (a_1b_1 + a_2b_2 + a_3b_3)^{n-1}\boldsymbol{AB} \\ &= (a_1b_1 + a_2b_2 + a_3b_3)^{n-1}\begin{pmatrix} a_1b_1 & a_1b_2 & a_1b_3 \\ a_2b_1 & a_2b_2 & a_2b_3 \\ a_3b_1 & a_3b_2 & a_3b_3 \end{pmatrix}.\end{aligned}$$

定义 1.7 设 $f(x) = a_nx^n + a_{n-1}x^{n-1} + \cdots + a_1x + a_0$ 是 x 的多项式，$\boldsymbol{A}$ 是 n 阶矩阵，则称

$$f(\boldsymbol{A}) = a_n\boldsymbol{A}^n + a_{n-1}\boldsymbol{A}^{n-1} + \cdots + a_1\boldsymbol{A} + a_0\boldsymbol{E}$$

为 $\boldsymbol{A}$ **的多项式**，其中 $\boldsymbol{E}$ 是与 $\boldsymbol{A}$ 同阶的单位矩阵.

若 $g(x)$ 也是一个多项式，容易验证 $f(\boldsymbol{A})g(\boldsymbol{A}) = g(\boldsymbol{A})f(\boldsymbol{A})$.

矩阵的乘法有着广泛的应用，下面再举两个例子.

例 1.15 n 个变量 $x_1, x_2, \cdots, x_n$ 与 m 个变量 $y_1, y_2, \cdots, y_m$ 之间的关系式

$$\begin{cases} y_1 = a_{11}x_1 + a_{12}x_2 + \cdots + a_{1n}x_n, \\ y_2 = a_{21}x_1 + a_{22}x_2 + \cdots + a_{2n}x_n, \\ \quad\cdots\cdots \\ y_m = a_{m1}x_1 + a_{m2}x_2 + \cdots + a_{mn}x_n, \end{cases} \tag{1.8}$$

称为从变量 $x_1, x_2, \cdots, x_n$ 到变量 $y_1, y_2, \cdots, y_m$ 的一个**线性变换**，其中线性变换的系数 a_{ij} $(i = 1, 2, \cdots, m; j = 1, 2, \cdots, n)$ 为常数，由它们构成的矩阵 $\boldsymbol{A} = (a_{ij})_{m\times n}$ 称为线性变换(1.8)的**系数矩阵**. 容易得出，线性变换与其系数矩阵之间存在着一一对应关系. 如果记

$$\boldsymbol{x} = \begin{pmatrix} x_1 \\ x_2 \\ \vdots \\ x_n \end{pmatrix}, \quad \boldsymbol{y} = \begin{pmatrix} y_1 \\ y_2 \\ \vdots \\ y_m \end{pmatrix},$$

则利用矩阵的乘法，线性变换(1.8)可记作

$$\boldsymbol{y} = \boldsymbol{Ax}. \tag{1.9}$$

进一步地，设从变量 $y_1, y_2, \cdots, y_m$ 到变量 $z_1, z_2, \cdots, z_s$ 的一个线性变换为

$$\begin{cases} z_1 = b_{11}y_1 + b_{12}y_2 + \cdots + b_{1m}y_m, \\ z_2 = b_{21}y_1 + b_{22}y_2 + \cdots + b_{2m}y_m, \\ \cdots\cdots \\ z_s = b_{s1}y_1 + b_{s2}y_2 + \cdots + b_{sm}y_m, \end{cases} \tag{1.10}$$

记该线性变换的系数矩阵为 $\boldsymbol{B} = (b_{ij})_{s\times m}$，$\boldsymbol{z} = \begin{pmatrix} z_1 \\ z_2 \\ \vdots \\ z_s \end{pmatrix}$，则线性变换(1.10)可表示为

$$\boldsymbol{z} = \boldsymbol{B}\boldsymbol{y}. \tag{1.11}$$

利用矩阵的乘法，可以得到从变量 $x_1, x_2, \cdots, x_n$ 到变量 $z_1, z_2, \cdots, z_s$ 的一个线性变换为

$$\boldsymbol{z} = \boldsymbol{B}\boldsymbol{y} = \boldsymbol{B}(\boldsymbol{A}\boldsymbol{x}) = (\boldsymbol{B}\boldsymbol{A})\boldsymbol{x}. \tag{1.12}$$

例 1.16 例 1.4 中四个地区间的单向航线矩阵为

$$\boldsymbol{A} = \begin{pmatrix} 0 & 1 & 0 & 1 \\ 1 & 0 & 1 & 0 \\ 0 & 0 & 0 & 1 \\ 1 & 0 & 0 & 0 \end{pmatrix},$$

则有

$$\boldsymbol{A}^2 = \boldsymbol{A}\boldsymbol{A} = \begin{pmatrix} 0 & 1 & 0 & 1 \\ 1 & 0 & 1 & 0 \\ 0 & 0 & 0 & 1 \\ 1 & 0 & 0 & 0 \end{pmatrix}\begin{pmatrix} 0 & 1 & 0 & 1 \\ 1 & 0 & 1 & 0 \\ 0 & 0 & 0 & 1 \\ 1 & 0 & 0 & 0 \end{pmatrix} = \begin{pmatrix} 2 & 0 & 1 & 0 \\ 0 & 1 & 0 & 2 \\ 1 & 0 & 0 & 0 \\ 0 & 1 & 0 & 1 \end{pmatrix}.$$

下面来看它们的实际意义. 记 $\boldsymbol{A} = (a_{ij}^{(1)})_{4\times 4}$，$\boldsymbol{A}^2 = (a_{ij}^{(2)})_{4\times 4}$，则

$$a_{ij}^{(2)} = a_{i1}^{(1)}a_{1j}^{(1)} + a_{i2}^{(1)}a_{2j}^{(1)} + a_{i3}^{(1)}a_{3j}^{(1)} + a_{i4}^{(1)}a_{4j}^{(1)} \quad (i, j = 1, 2, 3, 4). \tag{1.13}$$

因为 $a_{ij}^{(1)} = 1$ 表示从 P_i 地区到 P_j 地区有一条单向航线，$a_{ij}^{(1)} = 0$ 表示从 P_i 地区到 P_j 地区没有单向航线，所以当且仅当 $a_{ik}^{(1)} = a_{kj}^{(1)} = 1$ 时，$a_{ik}^{(1)}a_{kj}^{(1)} = 1(i, j, k = 1, 2, 3, 4)$. 这在例 1.4 中意味着有一条单向航线从 P_i 地区到 P_k 地区，又有一条单向航线从 P_k 地区到 P_j 地区，于是从 P_i 地区可以经过 P_k 地区到 P_j 地区，即从 P_i 地区可以经过两条单向航线到 P_j 地区. 因此，从(1.13)式可以得出，$a_{ij}^{(2)}$ 表示从 P_i 地区经过两条单向航线到 P_j 地区的路线数. 例如 $a_{24}^{(1)} = 0$，而 $a_{24}^{(2)} = 2$，这表示从 P_2 地区到 P_4 地区没有直达的单向航线，但有两条从 P_2 地区经过两条单向航线到 P_4 地区的路线. 从图 1.1 中容易验证，这两条路线分别为 $P_2 \to P_1 \to P_4$ 和 $P_2 \to P_3 \to P_4$. 类似地，$\boldsymbol{A}^3$ 的元素 $a_{ij}^{(3)}$ 表示从 P_i 地区经过三条单向航线到 P_j 地区的路线数.

四、矩阵的转置

定义 1.8 把 $m \times n$ 矩阵

$$\boldsymbol{A} = \begin{pmatrix} a_{11} & a_{12} & \cdots & a_{1n} \\ a_{21} & a_{22} & \cdots & a_{2n} \\ \vdots & \vdots & & \vdots \\ a_{m1} & a_{m2} & \cdots & a_{mn} \end{pmatrix}$$

的行与列互换，得到的 $n\times m$ 矩阵称为矩阵 $\boldsymbol{A}$ 的**转置矩阵**(简称**转置**)，记作 $\boldsymbol{A}^{\mathrm{T}}$，即

$$\boldsymbol{A}^{\mathrm{T}}=\begin{pmatrix}a_{11}&a_{21}&\cdots&a_{m1}\\a_{12}&a_{22}&\cdots&a_{m2}\\\vdots&\vdots&&\vdots\\a_{1n}&a_{2n}&\cdots&a_{mn}\end{pmatrix}.$$

例如，若矩阵 $\boldsymbol{A}=\begin{pmatrix}-1&8&0\\9&5&-6\end{pmatrix}$，则

$$\boldsymbol{A}^{\mathrm{T}}=\begin{pmatrix}-1&9\\8&5\\0&-6\end{pmatrix}.$$

矩阵的转置也是一种运算，且满足下列运算律(假设运算都是可行的)：

(1) $(\boldsymbol{A}^{\mathrm{T}})^{\mathrm{T}}=\boldsymbol{A}$.

(2) $(\boldsymbol{A}+\boldsymbol{B})^{\mathrm{T}}=\boldsymbol{A}^{\mathrm{T}}+\boldsymbol{B}^{\mathrm{T}}$.

(3) $(k\boldsymbol{A})^{\mathrm{T}}=k\boldsymbol{A}^{\mathrm{T}}$，其中 k 为实数.

(4) $(\boldsymbol{AB})^{\mathrm{T}}=\boldsymbol{B}^{\mathrm{T}}\boldsymbol{A}^{\mathrm{T}}$.

运用矩阵运算的定义，读者可自行证明前三条运算律，这里只证明(4).

证　设 $\boldsymbol{A}=(a_{ij})_{m\times n}$，$\boldsymbol{B}=(b_{ij})_{n\times s}$，则 $(\boldsymbol{AB})^{\mathrm{T}}$ 与 $\boldsymbol{B}^{\mathrm{T}}\boldsymbol{A}^{\mathrm{T}}$ 均为 $s\times m$ 矩阵. 记 $\boldsymbol{AB}=\boldsymbol{C}=(c_{ij})_{m\times s}$，$\boldsymbol{B}^{\mathrm{T}}\boldsymbol{A}^{\mathrm{T}}=\boldsymbol{D}=(d_{ij})_{s\times m}$，根据矩阵的乘法和转置运算，$(\boldsymbol{AB})^{\mathrm{T}}=\boldsymbol{C}^{\mathrm{T}}$ 中第 i 行第 j 列的元素等于 $\boldsymbol{AB}=\boldsymbol{C}$ 中第 j 行第 i 列的元素，即为

$$c_{ji}=a_{j1}b_{1i}+a_{j2}b_{2i}+\cdots+a_{jn}b_{ni}\quad(i=1,2,\cdots,s;j=1,2,\cdots,m);$$

而 $\boldsymbol{B}^{\mathrm{T}}\boldsymbol{A}^{\mathrm{T}}$ 中第 i 行第 j 列的元素等于 $\boldsymbol{B}$ 中第 i 列元素与 $\boldsymbol{A}$ 中第 j 行对应元素的乘积之和，即

$$d_{ij}=b_{1i}a_{j1}+b_{2i}a_{j2}+\cdots+b_{ni}a_{jn}\quad(i=1,2,\cdots,s;j=1,2,\cdots,m).$$

故 $\boldsymbol{C}^{\mathrm{T}}=\boldsymbol{D}$，即 $(\boldsymbol{AB})^{\mathrm{T}}=\boldsymbol{B}^{\mathrm{T}}\boldsymbol{A}^{\mathrm{T}}$.

例 1.17　已知矩阵

$$\boldsymbol{A}=\begin{pmatrix}1&0&-1\\0&3&2\end{pmatrix},\quad\boldsymbol{B}=\begin{pmatrix}1&7&-1\\4&2&3\\2&0&1\end{pmatrix},$$

求 $(\boldsymbol{AB})^{\mathrm{T}}$.

解　方法一　因为

$$\boldsymbol{AB}=\begin{pmatrix}1&0&-1\\0&3&2\end{pmatrix}\begin{pmatrix}1&7&-1\\4&2&3\\2&0&1\end{pmatrix}=\begin{pmatrix}-1&7&-2\\16&6&11\end{pmatrix},$$

所以

$$(\boldsymbol{AB})^{\mathrm{T}}=\begin{pmatrix}-1&16\\7&6\\-2&11\end{pmatrix}.$$

方法二

$$(\boldsymbol{AB})^{\mathrm{T}}=\boldsymbol{B}^{\mathrm{T}}\boldsymbol{A}^{\mathrm{T}}=\begin{pmatrix}1&4&2\\7&2&0\\-1&3&1\end{pmatrix}\begin{pmatrix}1&0\\0&3\\-1&2\end{pmatrix}=\begin{pmatrix}-1&16\\7&6\\-2&11\end{pmatrix}.$$

定义 1.9　设 n 阶矩阵 $\boldsymbol{A}=(a_{ij})_{n\times n}$. 如果 $\boldsymbol{A}^{\mathrm{T}}=\boldsymbol{A}$,即

$$a_{ij}=a_{ji}\quad(i,j=1,2,\cdots,n),$$

则称 $\boldsymbol{A}$ 为**对称矩阵**,简称**对称阵**;如果 $\boldsymbol{A}^{\mathrm{T}}=-\boldsymbol{A}$,即

$$a_{ij}=-a_{ji}\quad(i,j=1,2,\cdots,n),$$

则称 $\boldsymbol{A}$ 为**反对称矩阵**,简称**反对称阵**.

根据定义 1.9,可以得出:

(1) 对称矩阵的特点是:它的元素以主对角线为对称轴对应相等.

(2) 反对称矩阵的特点是:它的元素以主对角线为对称轴,对应元素互为相反数,且主对角线上的元素全为 0.

例如,$\begin{pmatrix}9&2&-1\\2&5&0\\-1&0&3\end{pmatrix}$为三阶对称矩阵,$\begin{pmatrix}0&8&2\\-8&0&-5\\-2&5&0\end{pmatrix}$为三阶反对称矩阵.

例 1.18　证明:任何方阵均可表示为一个对称矩阵与一个反对称矩阵之和.

证　对于任一方阵 $\boldsymbol{A}$,有 $\boldsymbol{A}=\dfrac{\boldsymbol{A}+\boldsymbol{A}^{\mathrm{T}}}{2}+\dfrac{\boldsymbol{A}-\boldsymbol{A}^{\mathrm{T}}}{2}$. 因为

$$\left(\frac{\boldsymbol{A}+\boldsymbol{A}^{\mathrm{T}}}{2}\right)^{\mathrm{T}}=\frac{\boldsymbol{A}^{\mathrm{T}}+(\boldsymbol{A}^{\mathrm{T}})^{\mathrm{T}}}{2}=\frac{\boldsymbol{A}+\boldsymbol{A}^{\mathrm{T}}}{2},$$

所以$\dfrac{\boldsymbol{A}+\boldsymbol{A}^{\mathrm{T}}}{2}$为对称矩阵. 又因为

$$\left(\frac{\boldsymbol{A}-\boldsymbol{A}^{\mathrm{T}}}{2}\right)^{\mathrm{T}}=\frac{\boldsymbol{A}^{\mathrm{T}}-(\boldsymbol{A}^{\mathrm{T}})^{\mathrm{T}}}{2}=-\frac{\boldsymbol{A}-\boldsymbol{A}^{\mathrm{T}}}{2},$$

所以$\dfrac{\boldsymbol{A}-\boldsymbol{A}^{\mathrm{T}}}{2}$为反对称矩阵.

综上所述,任何方阵均可表示为一个对称矩阵与一个反对称矩阵之和.

习题1.2

1. 设矩阵 $\boldsymbol{A}=\begin{pmatrix}1&x+2y&8\\x-y&2w&-1\end{pmatrix}$,$\boldsymbol{B}=\begin{pmatrix}1&9&z\\3&6&-1\end{pmatrix}$. 若 $\boldsymbol{A}=\boldsymbol{B}$,求 x,y,z,w 的值.

2. 设矩阵 $\boldsymbol{A}=\begin{pmatrix}6&2&0\\-7&8&9\end{pmatrix}$,$\boldsymbol{B}=\begin{pmatrix}9&1&-6\\5&-2&3\end{pmatrix}$,(1) 求 $5\boldsymbol{A}-3\boldsymbol{B}$;(2) 若 $2\boldsymbol{A}-\boldsymbol{Y}=$

$5\boldsymbol{Y}+4\boldsymbol{B}$，求矩阵 $\boldsymbol{Y}$.

3. 计算下列矩阵的乘积：

(1) $\begin{pmatrix} 2 & 1 & 0 \\ 1 & -1 & 4 \end{pmatrix}\begin{pmatrix} 1 & 0 & 1 & 4 \\ 3 & -1 & -3 & 0 \\ 1 & 2 & 1 & -2 \end{pmatrix}$；　　(2) $\begin{pmatrix} 4 & 0 & 5 \\ 8 & 1 & -2 \\ 7 & -2 & 3 \end{pmatrix}\begin{pmatrix} 1 \\ 2 \\ -6 \end{pmatrix}$；

(3) $(3,2,1)\begin{pmatrix} 1 \\ 2 \\ 3 \end{pmatrix}$；　　(4) $\begin{pmatrix} 1 \\ 2 \\ 3 \end{pmatrix}(3,2,1)$；

(5) $(x_1,x_2,x_3)\begin{pmatrix} a_{11} & a_{12} & a_{13} \\ a_{12} & a_{22} & a_{23} \\ a_{13} & a_{23} & a_{33} \end{pmatrix}\begin{pmatrix} x_1 \\ x_2 \\ x_3 \end{pmatrix}$.

4. 试将方程组 $\begin{cases} 3x-y+2z-5w=6, \\ 0.9x+y-0.7z+w=2 \end{cases}$ 用矩阵表示.

5. 已知两个线性变换

$$\begin{cases} y_1 = x_1-2x_2+x_3, \\ y_2 = x_2+2x_3, \\ y_3 = 3x_1+x_2+x_3 \end{cases} \quad 和 \quad \begin{cases} z_1 = 2y_1-y_2+y_3, \\ z_2 = y_1-y_2, \\ z_3 = y_2+2y_3, \end{cases}$$

求从变量 z_1,z_2,z_3 到 x_1,x_2,x_3 的线性变换，并用矩阵表示.

6. 判断下列命题是否正确：

(1) 若 $\boldsymbol{AB}=\boldsymbol{AC}$，则 $\boldsymbol{A}=\boldsymbol{O}$ 或 $\boldsymbol{B}=\boldsymbol{C}$.

(2) 若 $\boldsymbol{A}^2=\boldsymbol{A}$，则 $\boldsymbol{A}=\boldsymbol{O}$ 或 $\boldsymbol{A}=\boldsymbol{E}$.

(3) 若 $\boldsymbol{A},\boldsymbol{B}$ 为同阶方阵，则 $(\boldsymbol{A}-\boldsymbol{B})^2=\boldsymbol{A}^2-2\boldsymbol{AB}+\boldsymbol{B}^2$.

(4) 若 $\boldsymbol{A},\boldsymbol{B}$ 为同阶方阵，则 $(\boldsymbol{A}+\boldsymbol{B})(\boldsymbol{A}-\boldsymbol{B})=\boldsymbol{A}^2-\boldsymbol{B}^2$.

(5) 若 $\boldsymbol{A}$ 是 n 阶矩阵，$\boldsymbol{E}$ 是 n 阶单位矩阵，则 $\boldsymbol{A}^2-\boldsymbol{E}^2=(\boldsymbol{A}+\boldsymbol{E})(\boldsymbol{A}-\boldsymbol{E})$.

7. 设矩阵 $\boldsymbol{A}=\begin{pmatrix} 1 & 1 \\ 0 & 1 \end{pmatrix}$，求出与 $\boldsymbol{A}$ 可交换的所有矩阵.

8. 设矩阵 $\boldsymbol{\alpha}=\begin{pmatrix} 2 \\ 1 \\ 3 \end{pmatrix}$，$\boldsymbol{\beta}=\begin{pmatrix} \frac{1}{2} \\ -1 \\ \frac{1}{3} \end{pmatrix}$，求 $(\boldsymbol{\alpha\beta}^{\mathrm{T}})^{10}$.

9. 计算下列方阵的幂(k 为正整数)：

(1) 设 $\boldsymbol{A}=\begin{pmatrix} 1 & 0 \\ \lambda & 1 \end{pmatrix}$，求 $\boldsymbol{A}^k$；

(2) 设 $\boldsymbol{J}=\begin{pmatrix} \lambda & 1 & 0 \\ 0 & \lambda & 1 \\ 0 & 0 & \lambda \end{pmatrix}$，求 $\boldsymbol{J}^2,\boldsymbol{J}^3,\boldsymbol{J}^k$.

10. 若 $\boldsymbol{A}=\frac{1}{2}(\boldsymbol{B}+\boldsymbol{E})$，证明：当且仅当 $\boldsymbol{B}^2=\boldsymbol{E}$ 时，$\boldsymbol{A}^2=\boldsymbol{A}$.

11. 已知 $\boldsymbol{A}=\begin{pmatrix} x^3 & 5 & x \\ y+1 & 9 & x+y \\ -3 & z & 2x \end{pmatrix}$ 是对称矩阵，求 $\boldsymbol{A}$.

12. 设 $\boldsymbol{A},\boldsymbol{B}$ 为 n 阶矩阵，且 $\boldsymbol{A}$ 为对称矩阵，证明：$\boldsymbol{B}^{\mathrm{T}}\boldsymbol{A}\boldsymbol{B}$ 也是对称矩阵.

13. 设 $\boldsymbol{A},\boldsymbol{B}$ 都是 n 阶对称矩阵，证明：$\boldsymbol{AB}$ 是对称矩阵的充要条件是 $\boldsymbol{AB}=\boldsymbol{BA}$.

14. 设 $\boldsymbol{A}$ 为 n 阶矩阵，且 $\boldsymbol{A}^{\mathrm{T}}\boldsymbol{A}=\boldsymbol{O}$，证明：$\boldsymbol{A}=\boldsymbol{O}$.

15. 四个工厂（分别用 1,2,3,4 表示）生产三种产品（分别用 Ⅰ，Ⅱ，Ⅲ 表示），某季度各工厂生产产品的数量如表 1.2 所示，各产品的单位价格及单位利润如表 1.3 所示，问各工厂在该季度的总投入及总利润分别是多少？

表 1.2

工厂	产品		
	Ⅰ	Ⅱ	Ⅲ
1	5	10	20
2	6	15	10
3	4	20	8
4	8	12	6

表 1.3

产品	单位价格 / 元	单位利润 / 元
Ⅰ	4	1
Ⅱ	5	2
Ⅲ	4.5	1.5

第3节　逆　矩　阵

本节主要讨论逆矩阵的定义和性质，并根据定义判断矩阵是否可逆以及求逆矩阵.

一、逆矩阵的定义

例 1.19　设某公司的两种产品的售价分别为 x_1 万元/台和 x_2 万元/台. 已知它们在第一个商场的销售量分别为 7 台和 2 台，销售额为 4.7 万元；在第二个商场的销售量分别为 3 台和 1 台，销售额为 2.1 万元. 问 x_1 和 x_2 分别为多少？

解　根据已知条件，有

$$\begin{cases} 7x_1+2x_2=4.7, \\ 3x_1+\ \ x_2=2.1, \end{cases} \tag{1.14}$$

解得 $x_1=0.5, x_2=0.6$.

记 $\boldsymbol{x}=\begin{pmatrix} x_1 \\ x_2 \end{pmatrix}$，$\boldsymbol{A}=\begin{pmatrix} 7 & 2 \\ 3 & 1 \end{pmatrix}$，$\boldsymbol{b}=\begin{pmatrix} 4.7 \\ 2.1 \end{pmatrix}$，则方程组(1.14) 可以写为

$$\boldsymbol{Ax}=\boldsymbol{b}. \tag{1.15}$$

方程(1.15)形式上和中学讨论的方程

$$\lambda y=k \tag{1.16}$$

类似,其中$\lambda,y,k\in\mathbf{R}$且$\lambda\neq 0$. 对于方程(1.16),可以通过两端同乘以系数λ的倒数λ^{-1},求得它的解为$y=\lambda^{-1}k$. 数λ和λ^{-1}的关系为$\lambda\cdot\lambda^{-1}=\lambda^{-1}\cdot\lambda=1$. 在矩阵乘法中,单位矩阵$\boldsymbol{E}$和数1具有类似的性质. 那么,对于方程(1.15)中的系数矩阵$\boldsymbol{A}$,是否存在某个矩阵$\boldsymbol{B}$,它的特点类似于非零数的倒数,即满足$\boldsymbol{AB}=\boldsymbol{BA}=\boldsymbol{E}$呢? 如果存在,矩阵$\boldsymbol{B}$是多少? 方程(1.15)的解是不是刚好为$\boldsymbol{x}=\boldsymbol{Bb}$呢? 下面先引入逆矩阵的概念.

定义 1.10 对于n阶矩阵$\boldsymbol{A}$,若存在n阶矩阵$\boldsymbol{B}$,使得

$$\boldsymbol{AB}=\boldsymbol{BA}=\boldsymbol{E}, \tag{1.17}$$

则称$\boldsymbol{A}$是**可逆矩阵**,或称$\boldsymbol{A}$是**可逆的**或**非奇异的**,并把矩阵$\boldsymbol{B}$称为$\boldsymbol{A}$的**逆矩阵**. 若不存在矩阵$\boldsymbol{B}$,使得(1.17)式成立,则称矩阵$\boldsymbol{A}$是**不可逆的**或**奇异的**.

例 1.20 已知数$k\neq 0$,设矩阵$\boldsymbol{A}=\begin{pmatrix}0 & k\\ \frac{1}{k} & 0\end{pmatrix}$,$\boldsymbol{B}=\begin{pmatrix}0 & k\\ \frac{1}{k} & 0\end{pmatrix}$. 因为$\boldsymbol{AB}=\boldsymbol{BA}=\boldsymbol{E}$,所以$\boldsymbol{A}$是可逆的,且$\boldsymbol{B}$是$\boldsymbol{A}$的逆矩阵. 同理,因为$\boldsymbol{BA}=\boldsymbol{AB}=\boldsymbol{E}$,所以$\boldsymbol{B}$是可逆的,且$\boldsymbol{A}$是$\boldsymbol{B}$的逆矩阵.

例 1.21 已知数$k_1,k_2,k_3\neq 0$,设矩阵$\boldsymbol{C}=\begin{pmatrix}k_1 & 0 & 0\\ 0 & k_2 & 0\\ 0 & 0 & k_3\end{pmatrix}$,$\boldsymbol{D}=\begin{pmatrix}\frac{1}{k_1} & 0 & 0\\ 0 & \frac{1}{k_2} & 0\\ 0 & 0 & \frac{1}{k_3}\end{pmatrix}$. 因为$\boldsymbol{CD}=\boldsymbol{DC}=\boldsymbol{E}$,所以$\boldsymbol{C}$是可逆的,且$\boldsymbol{D}$是$\boldsymbol{C}$的逆矩阵. 同理,$\boldsymbol{D}$是可逆的,且$\boldsymbol{C}$是$\boldsymbol{D}$的逆矩阵.

二、逆矩阵的性质

定理 1.1 **如果矩阵$\boldsymbol{A}$可逆,则$\boldsymbol{A}$的逆矩阵是唯一的.**

证 假设$\boldsymbol{B}$与$\boldsymbol{C}$都是$\boldsymbol{A}$的逆矩阵,则有$\boldsymbol{AB}=\boldsymbol{BA}=\boldsymbol{E}$,且$\boldsymbol{AC}=\boldsymbol{CA}=\boldsymbol{E}$. 于是

$$\boldsymbol{B}=\boldsymbol{BE}=\boldsymbol{B}(\boldsymbol{AC})=(\boldsymbol{BA})\boldsymbol{C}=\boldsymbol{EC}=\boldsymbol{C},$$

即$\boldsymbol{A}$的逆矩阵是唯一的.

由于$\boldsymbol{A}$的逆矩阵是唯一的,一般地,记$\boldsymbol{A}$的逆矩阵为$\boldsymbol{A}^{-1}$. 逆矩阵具有如下性质:

性质 1.1 若矩阵$\boldsymbol{A}$可逆,则$\boldsymbol{A}^{-1}$也可逆,且$(\boldsymbol{A}^{-1})^{-1}=\boldsymbol{A}$.

性质 1.2 若矩阵$\boldsymbol{A}$可逆,则$k\boldsymbol{A}(k\neq 0)$也可逆,且$(k\boldsymbol{A})^{-1}=\dfrac{1}{k}\boldsymbol{A}^{-1}$.

性质 1.3 若矩阵$\boldsymbol{A}$可逆,则$\boldsymbol{A}^{\mathrm{T}}$也可逆,且$(\boldsymbol{A}^{\mathrm{T}})^{-1}=(\boldsymbol{A}^{-1})^{\mathrm{T}}$.

性质 1.4　若 $\boldsymbol{A},\boldsymbol{B}$ 为同阶可逆矩阵，则 $\boldsymbol{AB}$ 也可逆，且

$$(\boldsymbol{AB})^{-1}=\boldsymbol{B}^{-1}\boldsymbol{A}^{-1}.$$

下面仅证明性质 1.4，性质 1.1，1.2，1.3 均可类似证明.

证　根据 $\boldsymbol{A},\boldsymbol{B}$ 为同阶可逆矩阵及矩阵的乘法，可得

$$(\boldsymbol{AB})(\boldsymbol{B}^{-1}\boldsymbol{A}^{-1})=\boldsymbol{A}(\boldsymbol{BB}^{-1})\boldsymbol{A}^{-1}=\boldsymbol{AEA}^{-1}=\boldsymbol{AA}^{-1}=\boldsymbol{E},$$

同时

$$(\boldsymbol{B}^{-1}\boldsymbol{A}^{-1})(\boldsymbol{AB})=\boldsymbol{B}^{-1}(\boldsymbol{A}^{-1}\boldsymbol{A})\boldsymbol{B}=\boldsymbol{B}^{-1}\boldsymbol{EB}=\boldsymbol{B}^{-1}\boldsymbol{B}=\boldsymbol{E},$$

故 $\boldsymbol{AB}$ 可逆，且 $(\boldsymbol{AB})^{-1}=\boldsymbol{B}^{-1}\boldsymbol{A}^{-1}$.

利用数学归纳法，由性质 1.4 可以得到如下推论：

推论 1.1　若 $\boldsymbol{A}_1,\boldsymbol{A}_2,\cdots,\boldsymbol{A}_s$ 为同阶可逆矩阵，则 $\boldsymbol{A}_1\boldsymbol{A}_2\cdots\boldsymbol{A}_s$ 也可逆，且

$$(\boldsymbol{A}_1\boldsymbol{A}_2\cdots\boldsymbol{A}_s)^{-1}=\boldsymbol{A}_s^{-1}\cdots\boldsymbol{A}_2^{-1}\boldsymbol{A}_1^{-1}.$$

注　(1) 即使 $\boldsymbol{A},\boldsymbol{B}$ 都为可逆矩阵，$\boldsymbol{A}+\boldsymbol{B}$ 也不一定可逆. 例如，设矩阵 $\boldsymbol{A}=\begin{pmatrix}-1&0\\0&-1\end{pmatrix}$，$\boldsymbol{B}=\begin{pmatrix}1&0\\0&1\end{pmatrix}$，容易验证 $\boldsymbol{A},\boldsymbol{B}$ 都可逆，且 $\boldsymbol{A}^{-1}=\begin{pmatrix}-1&0\\0&-1\end{pmatrix}$，$\boldsymbol{B}^{-1}=\begin{pmatrix}1&0\\0&1\end{pmatrix}$，但 $\boldsymbol{A}+\boldsymbol{B}=\begin{pmatrix}0&0\\0&0\end{pmatrix}$ 不可逆.

(2) 即使 $\boldsymbol{A}+\boldsymbol{B}$ 可逆，一般地，$(\boldsymbol{A}+\boldsymbol{B})^{-1}\neq\boldsymbol{A}^{-1}+\boldsymbol{B}^{-1}$. 例如，设矩阵 $\boldsymbol{A}=\begin{pmatrix}1&0\\0&1\end{pmatrix}$，$\boldsymbol{B}=\begin{pmatrix}1&0\\0&1\end{pmatrix}$，则 $\boldsymbol{A}+\boldsymbol{B}=\begin{pmatrix}2&0\\0&2\end{pmatrix}$. 容易验证 $\boldsymbol{A},\boldsymbol{B},\boldsymbol{A}+\boldsymbol{B}$ 都可逆，且 $\boldsymbol{A}^{-1}=\begin{pmatrix}1&0\\0&1\end{pmatrix}$，$\boldsymbol{B}^{-1}=\begin{pmatrix}1&0\\0&1\end{pmatrix}$，$(\boldsymbol{A}+\boldsymbol{B})^{-1}=\begin{pmatrix}\frac{1}{2}&0\\0&\frac{1}{2}\end{pmatrix}$，显然 $(\boldsymbol{A}+\boldsymbol{B})^{-1}\neq\boldsymbol{A}^{-1}+\boldsymbol{B}^{-1}$.

例 1.22　设 n 阶矩阵 $\boldsymbol{A}$ 满足 $\boldsymbol{A}^2-3\boldsymbol{A}-5\boldsymbol{E}=\boldsymbol{O}$，其中 $\boldsymbol{E}$ 和 $\boldsymbol{O}$ 分别为 n 阶单位矩阵和零矩阵，证明：$\boldsymbol{A}$ 和 $\boldsymbol{A}-2\boldsymbol{E}$ 都可逆，并求它们的逆矩阵.

证　由 $\boldsymbol{A}^2-3\boldsymbol{A}-5\boldsymbol{E}=\boldsymbol{O}$，得

$$\boldsymbol{A}\cdot\frac{\boldsymbol{A}-3\boldsymbol{E}}{5}=\frac{\boldsymbol{A}-3\boldsymbol{E}}{5}\cdot\boldsymbol{A}=\boldsymbol{E},$$

故 $\boldsymbol{A}$ 可逆，且 $\boldsymbol{A}^{-1}=\dfrac{\boldsymbol{A}-3\boldsymbol{E}}{5}$.

同理，由 $\boldsymbol{A}^2-3\boldsymbol{A}-5\boldsymbol{E}=\boldsymbol{O}$，得

$$(\boldsymbol{A}-2\boldsymbol{E})\cdot\frac{\boldsymbol{A}-\boldsymbol{E}}{7}=\frac{\boldsymbol{A}-\boldsymbol{E}}{7}\cdot(\boldsymbol{A}-2\boldsymbol{E})=\boldsymbol{E},$$

故 $\boldsymbol{A}-2\boldsymbol{E}$ 可逆，且 $(\boldsymbol{A}-2\boldsymbol{E})^{-1}=\dfrac{\boldsymbol{A}-\boldsymbol{E}}{7}$.

例 1.23　设 $\boldsymbol{A}$ 是 n 阶矩阵，$\boldsymbol{b}$ 是 $n\times 1$ 矩阵，证明：若 $\boldsymbol{A}$ 可逆，则线性方程组 $\boldsymbol{Ax}=\boldsymbol{b}$ 有唯一解 $\boldsymbol{x}=\boldsymbol{A}^{-1}\boldsymbol{b}$.

证　首先证明 $\boldsymbol{x}=\boldsymbol{A}^{-1}\boldsymbol{b}$ 是方程组 $\boldsymbol{Ax}=\boldsymbol{b}$ 的解. 把 $\boldsymbol{x}=\boldsymbol{A}^{-1}\boldsymbol{b}$ 代入 $\boldsymbol{Ax}=\boldsymbol{b}$，得

$$Ax = A(A^{-1}b) = (AA^{-1})b = Eb = b,$$

故 $x = A^{-1}b$ 是方程组 $Ax = b$ 的解.

下面证明 $x = A^{-1}b$ 是 $Ax = b$ 的唯一解. 假设 $n \times 1$ 矩阵 y 也是 $Ax = b$ 的解,则 $Ay = b$. 于是

$$x = A^{-1}b = A^{-1}(Ay) = (A^{-1}A)y = Ey = y,$$

故 $x = A^{-1}b$ 是方程组 $Ax = b$ 的唯一解.

现在的问题是:给定一个具体的矩阵 A,如何判断 A 是否可逆或求出 A 的逆矩阵呢? 从定义 1.10 知道,这需要找出是否存在满足(1.17) 式的矩阵 B,很自然会想到用**待定系数法**.

例 1.24 设矩阵 $A = \begin{pmatrix} 7 & 2 \\ 3 & 1 \end{pmatrix}$,求 A 的逆矩阵 B.

解 设矩阵 $B = \begin{pmatrix} a & b \\ c & d \end{pmatrix}$. 令 $AB = E$,即

$$AB = \begin{pmatrix} 7 & 2 \\ 3 & 1 \end{pmatrix}\begin{pmatrix} a & b \\ c & d \end{pmatrix} = \begin{pmatrix} 7a+2c & 7b+2d \\ 3a+c & 3b+d \end{pmatrix} = E = \begin{pmatrix} 1 & 0 \\ 0 & 1 \end{pmatrix},$$

于是有

$$\begin{cases} 7a+2c=1, \\ 7b+2d=0, \\ 3a+c=0, \\ 3b+d=1, \end{cases}$$

解得

$$\begin{cases} a=1, \\ b=-2, \\ c=-3, \\ d=7. \end{cases}$$

故存在 $B = \begin{pmatrix} 1 & -2 \\ -3 & 7 \end{pmatrix}$,使得 $AB = E$. 又因为

$$BA = \begin{pmatrix} 1 & -2 \\ -3 & 7 \end{pmatrix}\begin{pmatrix} 7 & 2 \\ 3 & 1 \end{pmatrix} = E,$$

所以 $B = \begin{pmatrix} 1 & -2 \\ -3 & 7 \end{pmatrix}$ 是 $A = \begin{pmatrix} 7 & 2 \\ 3 & 1 \end{pmatrix}$ 的逆矩阵,即 $A^{-1} = \begin{pmatrix} 1 & -2 \\ -3 & 7 \end{pmatrix}$.

综合例 1.19 和例 1.24,并运用例 1.23 的结论,可得例 1.19 的解为

$$x = \begin{pmatrix} x_1 \\ x_2 \end{pmatrix} = A^{-1}b = \begin{pmatrix} 1 & -2 \\ -3 & 7 \end{pmatrix}\begin{pmatrix} 4.7 \\ 2.1 \end{pmatrix} = \begin{pmatrix} 0.5 \\ 0.6 \end{pmatrix},$$

即售价分别为 0.5 万元和 0.6 万元.

从例 1.24 可以看出,根据逆矩阵的定义用待定系数法判断一个 n 阶矩阵 A 是否可逆或求其逆矩阵需要求解一个含有 n^2 个未知数的方程组. 当 n 较

大时,计算量会很大,因而此方法是不适用的.因此,除非常特殊的矩阵外,一般不采用此方法判断矩阵是否可逆或求矩阵的逆矩阵.

那么,如何更方便地判断 n 阶矩阵 $\boldsymbol{A}$ 是否可逆呢?当 $\boldsymbol{A}$ 可逆时,如何更方便地求出 $\boldsymbol{A}^{-1}$ 呢?关于这些问题,将在第五节做详细解答.

三、逆矩阵的应用 —— 解矩阵方程

一般地,含有未知矩阵的矩阵等式称为**矩阵方程**,满足矩阵方程的矩阵称为矩阵方程的**解矩阵**,求矩阵方程的解矩阵的过程称为**解矩阵方程**.

矩阵方程有如下三种基本形式($\boldsymbol{A},\boldsymbol{B},\boldsymbol{C}$ 为已知矩阵,$\boldsymbol{X}$ 为未知矩阵):

(1) 已知 $\boldsymbol{AX}=\boldsymbol{B}$,则当 $\boldsymbol{A}$ 可逆时,有 $\boldsymbol{X}=\boldsymbol{A}^{-1}\boldsymbol{B}$;

(2) 已知 $\boldsymbol{XA}=\boldsymbol{B}$,则当 $\boldsymbol{A}$ 可逆时,有 $\boldsymbol{X}=\boldsymbol{BA}^{-1}$;

(3) 已知 $\boldsymbol{AXC}=\boldsymbol{B}$,则当 $\boldsymbol{A},\boldsymbol{C}$ 均可逆时,有 $\boldsymbol{X}=\boldsymbol{A}^{-1}\boldsymbol{BC}^{-1}$.

例 1.25 解矩阵方程 $\boldsymbol{AX}=\boldsymbol{B}+\boldsymbol{X}$,其中 $\boldsymbol{A}=\begin{pmatrix}8&2\\3&2\end{pmatrix}$,$\boldsymbol{B}=\begin{pmatrix}1&-3\\2&-1\end{pmatrix}$.

解 由 $\boldsymbol{AX}=\boldsymbol{B}+\boldsymbol{X}$,可得 $(\boldsymbol{A}-\boldsymbol{E})\boldsymbol{X}=\boldsymbol{B}$.又

$$\boldsymbol{A}-\boldsymbol{E}=\begin{pmatrix}8&2\\3&2\end{pmatrix}-\begin{pmatrix}1&0\\0&1\end{pmatrix}=\begin{pmatrix}7&2\\3&1\end{pmatrix},$$

根据例 1.24,可知 $\boldsymbol{A}-\boldsymbol{E}$ 可逆,且 $(\boldsymbol{A}-\boldsymbol{E})^{-1}=\begin{pmatrix}1&-2\\-3&7\end{pmatrix}$,故

$$\boldsymbol{X}=(\boldsymbol{A}-\boldsymbol{E})^{-1}\boldsymbol{B}=\begin{pmatrix}1&-2\\-3&7\end{pmatrix}\begin{pmatrix}1&-3\\2&-1\end{pmatrix}=\begin{pmatrix}-3&-1\\11&2\end{pmatrix}.$$

习题1.3

1. 判断下列矩阵是否可逆,若可逆,求其逆矩阵:

(1) $\begin{pmatrix}2&1\\3&4\end{pmatrix}$; (2) $\begin{pmatrix}a&b\\c&d\end{pmatrix}$,其中 $ad-bc\neq 0$; (3) $\begin{pmatrix}2&0&0\\0&3&0\\0&0&4\end{pmatrix}$.

2. 设方阵 $\boldsymbol{A}$ 满足 $\boldsymbol{A}^2-\boldsymbol{A}-2\boldsymbol{E}=\boldsymbol{O}$,证明:$\boldsymbol{A}$ 及 $\boldsymbol{A}+2\boldsymbol{E}$ 都可逆,并求它们的逆矩阵.

3. 已知矩阵 $\boldsymbol{A}=\begin{pmatrix}1&1\\2&3\end{pmatrix}$,求 $\boldsymbol{A}^{-1}$,$(3\boldsymbol{A})^{-1}$,$(\boldsymbol{A}^{\mathrm{T}})^{-1}$.

4. 已知矩阵 $\boldsymbol{A}=\begin{pmatrix}1&1\\2&3\end{pmatrix}$,$\boldsymbol{b}=\begin{pmatrix}6\\8\end{pmatrix}$,求解方程组 $\boldsymbol{Ax}=\boldsymbol{b}$.

5. 解下列矩阵方程:

(1) $\begin{pmatrix}2&0\\0&3\end{pmatrix}\boldsymbol{X}=\begin{pmatrix}4&-6\\2&1\end{pmatrix}$; (2) $\boldsymbol{X}\begin{pmatrix}1&0&0\\0&2&0\\0&0&3\end{pmatrix}=\begin{pmatrix}2&1&3\\4&0&2\\0&2&6\end{pmatrix}$.

第4节 分块矩阵

现实中会遇到很多行数和列数比较大的矩阵，为了简化这类大矩阵的运算，常把它视为由一些小矩阵构成. 有时，把大矩阵的运算转换成小矩阵的运算，会带来很大的便利.

用若干条纵线和横线，可将矩阵分割成若干个子矩阵，每个子矩阵称为矩阵的**子块**，以子块为元素的形式的矩阵称为**分块矩阵**.

例如，设矩阵 $\boldsymbol{A}=\begin{pmatrix}1&0&0&8\\0&1&0&-2\\0&0&1&1\\0&0&0&3\end{pmatrix}$，若采用分法 $\boldsymbol{A}=\left(\begin{array}{ccc:c}1&0&0&8\\0&1&0&-2\\0&0&1&1\\\hdashline 0&0&0&3\end{array}\right)$，则得到分块矩阵 $\boldsymbol{A}=\begin{pmatrix}\boldsymbol{A}_{11}&\boldsymbol{A}_{12}\\\boldsymbol{A}_{21}&\boldsymbol{A}_{22}\end{pmatrix}$，其中 $\boldsymbol{A}_{11}=\boldsymbol{E}_3=\begin{pmatrix}1&0&0\\0&1&0\\0&0&1\end{pmatrix}$，$\boldsymbol{A}_{12}=\begin{pmatrix}8\\-2\\1\end{pmatrix}$，$\boldsymbol{A}_{21}=(0,0,0)$，$\boldsymbol{A}_{22}=(3)$；若把矩阵 $\boldsymbol{A}$ 的每一列分成一个子块，即采用分法

$\boldsymbol{A}=\left(\begin{array}{c:c:c:c}1&0&0&8\\0&1&0&-2\\0&0&1&1\\0&0&0&3\end{array}\right)$，则得到分块矩阵 $\boldsymbol{A}=(\boldsymbol{\alpha}_1,\boldsymbol{\alpha}_2,\boldsymbol{\alpha}_3,\boldsymbol{\alpha}_4)$，其中 $\boldsymbol{\alpha}_1=\begin{pmatrix}1\\0\\0\\0\end{pmatrix}$，

$\boldsymbol{\alpha}_2=\begin{pmatrix}0\\1\\0\\0\end{pmatrix}$，$\boldsymbol{\alpha}_3=\begin{pmatrix}0\\0\\1\\0\end{pmatrix}$，$\boldsymbol{\alpha}_4=\begin{pmatrix}8\\-2\\1\\3\end{pmatrix}$，此分法通常称为**把矩阵按列分块**. 类似地，也可以**把矩阵按行分块**，这里不再列出.

矩阵的分块方法不唯一，没有统一的原则，可根据矩阵的特点和不同的需要，选择适当的分块方法，构成不同的分块矩阵.

分块矩阵的运算规则与普通矩阵类似，分别说明如下.

一、分块矩阵的线性运算

设矩阵 $\boldsymbol{A}=(a_{ij})_{m\times n}$，$\boldsymbol{B}=(b_{ij})_{m\times n}$. 若对 $\boldsymbol{A}$，$\boldsymbol{B}$ 采用相同的分块方法，有分块矩阵

$$\boldsymbol{A}=\begin{pmatrix}\boldsymbol{A}_{11}&\boldsymbol{A}_{12}&\cdots&\boldsymbol{A}_{1s}\\\boldsymbol{A}_{21}&\boldsymbol{A}_{22}&\cdots&\boldsymbol{A}_{2s}\\\vdots&\vdots&&\vdots\\\boldsymbol{A}_{r1}&\boldsymbol{A}_{r2}&\cdots&\boldsymbol{A}_{rs}\end{pmatrix},\quad \boldsymbol{B}=\begin{pmatrix}\boldsymbol{B}_{11}&\boldsymbol{B}_{12}&\cdots&\boldsymbol{B}_{1s}\\\boldsymbol{B}_{21}&\boldsymbol{B}_{22}&\cdots&\boldsymbol{B}_{2s}\\\vdots&\vdots&&\vdots\\\boldsymbol{B}_{r1}&\boldsymbol{B}_{r2}&\cdots&\boldsymbol{B}_{rs}\end{pmatrix},$$

其中子块 $\boldsymbol{A}_{pq}$ 与 $\boldsymbol{B}_{pq}$ $(p=1,2,\cdots,r;q=1,2,\cdots,s)$ 均为同型矩阵，k 为实数，则

$$A+B=\begin{pmatrix} A_{11}+B_{11} & A_{12}+B_{12} & \cdots & A_{1s}+B_{1s} \\ A_{21}+B_{21} & A_{22}+B_{22} & \cdots & A_{2s}+B_{2s} \\ \vdots & \vdots & & \vdots \\ A_{r1}+B_{r1} & A_{r2}+B_{r2} & \cdots & A_{rs}+B_{rs} \end{pmatrix},$$

$$kA=\begin{pmatrix} kA_{11} & kA_{12} & \cdots & kA_{1s} \\ kA_{21} & kA_{22} & \cdots & kA_{2s} \\ \vdots & \vdots & & \vdots \\ kA_{r1} & kA_{r2} & \cdots & kA_{rs} \end{pmatrix}.$$

二、分块矩阵的转置

设分块矩阵 $A=\begin{pmatrix} A_{11} & A_{12} & \cdots & A_{1s} \\ A_{21} & A_{22} & \cdots & A_{2s} \\ \vdots & \vdots & & \vdots \\ A_{r1} & A_{r2} & \cdots & A_{rs} \end{pmatrix}$,则

$$A^{\mathrm{T}}=\begin{pmatrix} A_{11}^{\mathrm{T}} & A_{21}^{\mathrm{T}} & \cdots & A_{r1}^{\mathrm{T}} \\ A_{12}^{\mathrm{T}} & A_{22}^{\mathrm{T}} & \cdots & A_{r2}^{\mathrm{T}} \\ \vdots & \vdots & & \vdots \\ A_{1s}^{\mathrm{T}} & A_{2s}^{\mathrm{T}} & \cdots & A_{rs}^{\mathrm{T}} \end{pmatrix}.$$

三、分块矩阵的乘法

设矩阵 $A=(a_{ij})_{m\times p}$,$B=(b_{ij})_{p\times n}$.若把 A,B 分块成

$$A=\begin{pmatrix} A_{11} & A_{12} & \cdots & A_{1s} \\ A_{21} & A_{22} & \cdots & A_{2s} \\ \vdots & \vdots & & \vdots \\ A_{r1} & A_{r2} & \cdots & A_{rs} \end{pmatrix},\quad B=\begin{pmatrix} B_{11} & B_{12} & \cdots & B_{1t} \\ B_{21} & B_{22} & \cdots & B_{2t} \\ \vdots & \vdots & & \vdots \\ B_{s1} & B_{s2} & \cdots & B_{st} \end{pmatrix},$$

其中子块 $A_{p1},A_{p2},\cdots,A_{ps}(p=1,2,\cdots,r)$ 的列数分别与 $B_{1q},B_{2q},\cdots,B_{sq}(q=1,2,\cdots,t)$ 的行数对应相等,则

$$C=AB=\begin{pmatrix} C_{11} & C_{12} & \cdots & C_{1t} \\ C_{21} & C_{22} & \cdots & C_{2t} \\ \vdots & \vdots & & \vdots \\ C_{r1} & C_{r2} & \cdots & C_{rt} \end{pmatrix},$$

其中 $C_{pq}=A_{p1}B_{1q}+A_{p2}B_{2q}+\cdots+A_{ps}B_{sq}(p=1,2,\cdots,r;q=1,2,\cdots,t)$.

例 1.26 设矩阵

$$A=\begin{pmatrix} 1 & 1 & 1 & 0 \\ 0 & 2 & 0 & 1 \\ -2 & 0 & 0 & 0 \\ 0 & -2 & 0 & 0 \end{pmatrix},\quad B=\begin{pmatrix} 1 & 1 & 2 \\ 0 & 2 & 0 \\ 1 & -4 & 1 \\ 1 & 2 & 0 \end{pmatrix},$$

求 AB.

解 根据 $\boldsymbol{A},\boldsymbol{B}$ 的特点及分块矩阵相乘的要求，$\boldsymbol{A},\boldsymbol{B}$ 可以分块成

$$\boldsymbol{A}=\left(\begin{array}{cc:cc}1&1&1&0\\0&2&0&1\\ \hdashline -2&0&0&0\\0&-2&0&0\end{array}\right)=\begin{pmatrix}\boldsymbol{A}_{11}&\boldsymbol{E}_2\\-2\boldsymbol{E}_2&\boldsymbol{O}_{2\times 2}\end{pmatrix},\quad \boldsymbol{B}=\left(\begin{array}{c:cc}1&1&2\\0&2&0\\ \hdashline 1&-4&1\\1&2&0\end{array}\right)=\begin{pmatrix}\boldsymbol{B}_{11}&\boldsymbol{B}_{12}\\\boldsymbol{B}_{21}&\boldsymbol{B}_{22}\end{pmatrix},$$

则

$$\boldsymbol{AB}=\begin{pmatrix}\boldsymbol{A}_{11}&\boldsymbol{E}_2\\-2\boldsymbol{E}_2&\boldsymbol{O}_{2\times 2}\end{pmatrix}\begin{pmatrix}\boldsymbol{B}_{11}&\boldsymbol{B}_{12}\\\boldsymbol{B}_{21}&\boldsymbol{B}_{22}\end{pmatrix}=\begin{pmatrix}\boldsymbol{A}_{11}\boldsymbol{B}_{11}+\boldsymbol{B}_{21}&\boldsymbol{A}_{11}\boldsymbol{B}_{12}+\boldsymbol{B}_{22}\\-2\boldsymbol{B}_{11}&-2\boldsymbol{B}_{12}\end{pmatrix},$$

其中

$$\boldsymbol{A}_{11}\boldsymbol{B}_{11}+\boldsymbol{B}_{21}=\begin{pmatrix}1&1\\0&2\end{pmatrix}\begin{pmatrix}1\\0\end{pmatrix}+\begin{pmatrix}1\\1\end{pmatrix}=\begin{pmatrix}2\\1\end{pmatrix},\quad -2\boldsymbol{B}_{11}=\begin{pmatrix}-2\\0\end{pmatrix},$$

$$\boldsymbol{A}_{11}\boldsymbol{B}_{12}+\boldsymbol{B}_{22}=\begin{pmatrix}1&1\\0&2\end{pmatrix}\begin{pmatrix}1&2\\2&0\end{pmatrix}+\begin{pmatrix}-4&1\\2&0\end{pmatrix}=\begin{pmatrix}-1&3\\6&0\end{pmatrix},$$

$$-2\boldsymbol{B}_{12}=-2\begin{pmatrix}1&2\\2&0\end{pmatrix}=\begin{pmatrix}-2&-4\\-4&0\end{pmatrix}.$$

故

$$\boldsymbol{AB}=\left(\begin{array}{c:cc}2&-1&3\\1&6&0\\ \hdashline -2&-2&-4\\0&-4&0\end{array}\right).$$

四、分块对角矩阵

设 $\boldsymbol{A}$ 为方阵. 若 $\boldsymbol{A}$ 的分块矩阵除了主对角线上的子块外，其他子块都是零矩阵，且主对角线上的子块都是方阵，则称 $\boldsymbol{A}$ 为**分块对角矩阵**，即设 $\boldsymbol{A}_1,\boldsymbol{A}_2,\cdots,\boldsymbol{A}_s$ 均为方阵(不必同阶) 时，称形如

$$\boldsymbol{A}=\begin{pmatrix}\boldsymbol{A}_1&&&\\&\boldsymbol{A}_2&&\\&&\ddots&\\&&&\boldsymbol{A}_s\end{pmatrix}$$

的分块矩阵为**分块对角矩阵**，可简记作 $\boldsymbol{A}=\mathrm{diag}(\boldsymbol{A}_1,\boldsymbol{A}_2,\cdots,\boldsymbol{A}_s)$.

若 $\boldsymbol{A}=\mathrm{diag}(\boldsymbol{A}_1,\boldsymbol{A}_2,\cdots,\boldsymbol{A}_s)$ 与 $\boldsymbol{B}=\mathrm{diag}(\boldsymbol{B}_1,\boldsymbol{B}_2,\cdots,\boldsymbol{B}_s)$ 分块方式完全一致，容易验证以下结论成立：

(1) $\boldsymbol{A}+\boldsymbol{B}=\mathrm{diag}(\boldsymbol{A}_1+\boldsymbol{B}_1,\boldsymbol{A}_2+\boldsymbol{B}_2,\cdots,\boldsymbol{A}_s+\boldsymbol{B}_s)$；

(2) $\boldsymbol{AB}=\mathrm{diag}(\boldsymbol{A}_1\boldsymbol{B}_1,\boldsymbol{A}_2\boldsymbol{B}_2,\cdots,\boldsymbol{A}_s\boldsymbol{B}_s)$；

(3) 若 $\boldsymbol{A}_1,\boldsymbol{A}_2,\cdots,\boldsymbol{A}_s$ 均可逆，则 $\boldsymbol{A}$ 可逆，且 $\boldsymbol{A}^{-1}=\mathrm{diag}(\boldsymbol{A}_1^{-1},\boldsymbol{A}_2^{-1},\cdots,\boldsymbol{A}_s^{-1})$.

例 1.27 设矩阵

$$A=\begin{pmatrix}8&0&0\\0&7&2\\0&3&1\end{pmatrix},$$

求 A^{-1}.

解 将 A 分块成分块对角矩阵

$$A=\left(\begin{array}{c:cc}8&0&0\\ \hdashline 0&7&2\\0&3&1\end{array}\right)=\begin{pmatrix}A_1&O\\O&A_2\end{pmatrix},$$

其中 $A_1=(8)$, $A_2=\begin{pmatrix}7&2\\3&1\end{pmatrix}$. 易知 $A_1^{-1}=\left(\frac{1}{8}\right)$, 又由例 1.24 可知, $A_2^{-1}=\begin{pmatrix}1&-2\\-3&7\end{pmatrix}$, 故

$$A^{-1}=\begin{pmatrix}\frac{1}{8}&0&0\\0&1&-2\\0&-3&7\end{pmatrix}.$$

习题1.4

1. 用分块矩阵的乘法，计算

$$\begin{pmatrix}1&3&1&0\\0&1&0&1\\0&0&1&1\\0&0&0&3\end{pmatrix}\begin{pmatrix}1&0&3&1\\0&1&1&-1\\0&0&-3&2\\0&0&0&-3\end{pmatrix}.$$

2. 利用分块矩阵，求下列矩阵的逆矩阵：

(1) $\begin{pmatrix}1&2&0\\2&5&0\\0&0&8\end{pmatrix}$;　　(2) $\begin{pmatrix}0&-1&0&0&0\\-2&0&0&0&0\\0&0&3&0&0\\0&0&0&4&0\\0&0&0&0&5\end{pmatrix}$.

3. 设矩阵 $X=\begin{pmatrix}A&O\\C&B\end{pmatrix}$, 且 A^{-1}, B^{-1} 存在，证明：$X^{-1}=\begin{pmatrix}A^{-1}&O\\-B^{-1}CA^{-1}&B^{-1}\end{pmatrix}$.

4. 设矩阵 $X=\begin{pmatrix}O&A\\C&O\end{pmatrix}$, 且 A^{-1}, C^{-1} 存在，求：

(1) X^{-1};　　(2) $\begin{pmatrix}0&0&4&1\\0&0&3&1\\1&0&0&0\\0&1&0&0\end{pmatrix}^{-1}$.

第5节 初等变换与初等矩阵

矩阵的初等变换是矩阵的非常重要的运算，它在解线性方程组、求逆矩阵、求矩阵的秩及矩阵理论的探讨中，都有非常重要的作用. 本节讨论矩阵的初等变换及矩阵等价，建立初等变换与初等矩阵的关系，并讨论它们的应用.

一、初等变换

为引进矩阵的初等变换，先来分析用消元法解线性方程组的例子.

例 1.28 用消元法解线性方程组

$$\begin{cases} 2x_1 - x_2 - 3x_3 = 1, & ① \\ x_1 - x_2 - x_3 = 2, & ② \\ 6x_1 + 4x_2 - 10x_3 = 0. & ③ \end{cases} \tag{1.18}$$

解 方程组(1.18)的消元过程如下：

$$\begin{cases} 2x_1 - x_2 - 3x_3 = 1, & ① \\ x_1 - x_2 - x_3 = 2, & ② \\ 6x_1 + 4x_2 - 10x_3 = 0 & ③ \end{cases}$$

$$\xrightarrow[③\div 2]{①\leftrightarrow②} \begin{cases} x_1 - x_2 - x_3 = 2, & ① \\ 2x_1 - x_2 - 3x_3 = 1, & ② \\ 3x_1 + 2x_2 - 5x_3 = 0 & ③ \end{cases} \tag{L_1}$$

$$\xrightarrow[③-3\times①]{②-2\times①} \begin{cases} x_1 - x_2 - x_3 = 2, & ① \\ x_2 - x_3 = -3, & ② \\ 5x_2 - 2x_3 = -6 & ③ \end{cases} \tag{L_2}$$

$$\xrightarrow[③\div 3]{③-5\times②} \begin{cases} x_1 - x_2 - x_3 = 2, & ① \\ x_2 - x_3 = -3, & ② \\ x_3 = 3. & ③ \end{cases} \tag{L_3}$$

于是，从(L_3)③ 解得 $x_3 = 3$；然后把 $x_3 = 3$ 代入(L_3)②，得 $x_2 = 0$；最后把 $x_3 = 3$ 和 $x_2 = 0$ 代入(L_3)①，得 $x_1 = 5$，即方程组的解为

$$\begin{cases} x_1 = 5, \\ x_2 = 0, \\ x_3 = 3, \end{cases}$$

或写为

$$\boldsymbol{x} = \begin{pmatrix} x_1 \\ x_2 \\ x_3 \end{pmatrix} = \begin{pmatrix} 5 \\ 0 \\ 3 \end{pmatrix}.$$

在上述消元过程中，方程组(1.18) → (L_1) 是为了便于消去 x_1；(L_1) → (L_2) 是保留方程①中的 x_1，消去方程②，③中的 x_1；(L_2) → (L_3) 是保留方程②中的 x_2，消去方程③中的 x_2，并把方程③中 x_3 的系数变为 1.

在整个消元过程中，始终把方程组看作一个整体，关注的是怎样通过变换把整个方程组变成与它同解的另一个方程组，其中用到的三种变换分别为

(1) 交换方程次序(第 i 个方程与第 j 个方程相互替换，记作 $i \leftrightarrow j$)；

(2) 以不等于 0 的常数 k 乘以某一个方程(k 乘以第 i 个方程替换第 i 个方程，记作 $i \times k$)；

(3) 一个方程加上另一个方程的 k 倍(第 i 个方程加上第 j 个方程的 k 倍替换第 i 个方程，记作 $i + kj$).

由于变换前后的方程组是同解的，故上述三种变换都是可逆的，即有

(1) 若方程组(A) $\xrightarrow{i \leftrightarrow j}$ (B)，则方程组(B) $\xrightarrow{i \leftrightarrow j}$ (A)；

(2) 若方程组(A) $\xrightarrow{i \times k}$ (B)，则方程组(B) $\xrightarrow{i \div k}$ (A)；

(3) 若方程组(A) $\xrightarrow{i + kj}$ (B)，则方程组(B) $\xrightarrow{i - kj}$ (A).

上述三种变换也称为方程组的同解变换. 注意到，在上述变换过程中，仅对方程组的系数和常数进行运算，未知数并没有参与运算，而方程组与增广矩阵一一对应，每个方程的系数和常数对应增广矩阵的一行，因此可以在方程组的增广矩阵的每一行中体现上述变换. 例如，在例 1.28 中，上述三种变换与增广矩阵的行变换之间对应如下(为表述方便，记 r_i 为矩阵的第 i 行)：

$$\begin{cases} 2x_1 - x_2 - 3x_3 = 1, & ① \\ x_1 - x_2 - x_3 = 2, & ② \\ 6x_1 + 4x_2 - 10x_3 = 0 & ③ \end{cases} \qquad \begin{pmatrix} 2 & -1 & -3 & 1 \\ 1 & -1 & -1 & 2 \\ 6 & 4 & -10 & 0 \end{pmatrix}$$

$$\xrightarrow[③ \div 2]{① \leftrightarrow ②} \begin{cases} x_1 - x_2 - x_3 = 2, & ① \\ 2x_1 - x_2 - 3x_3 = 1, & ② \\ 3x_1 + 2x_2 - 5x_3 = 0 & ③ \end{cases} \qquad \xrightarrow[r_3 \div 2]{r_1 \leftrightarrow r_2} \begin{pmatrix} 1 & -1 & -1 & 2 \\ 2 & -1 & -3 & 1 \\ 3 & 2 & -5 & 0 \end{pmatrix}$$

$$\xrightarrow[③ - 3 \times ①]{② - 2 \times ①} \begin{cases} x_1 - x_2 - x_3 = 2, & ① \\ x_2 - x_3 = -3, & ② \\ 5x_2 - 2x_3 = -6 & ③ \end{cases} \qquad \xrightarrow[r_3 - 3r_1]{r_2 - 2r_1} \begin{pmatrix} 1 & -1 & -1 & 2 \\ 0 & 1 & -1 & -3 \\ 0 & 5 & -2 & -6 \end{pmatrix}$$

$$\xrightarrow[③ \div 3]{③ - 5 \times ②} \begin{cases} x_1 - x_2 - x_3 = 2, & ① \\ x_2 - x_3 = -3, & ② \\ x_3 = 3. & ③ \end{cases} \qquad \xrightarrow[r_3 \div 3]{r_3 - 5r_2} \begin{pmatrix} 1 & -1 & -1 & 2 \\ 0 & 1 & -1 & -3 \\ 0 & 0 & 1 & 3 \end{pmatrix}.$$

上面对矩阵施行的三种行变换定义如下.

定义 1.11 对矩阵施行的如下三种行变换称为矩阵的**行初等变换**：

(1) 对换两行(对换第 i 行和第 j 行，记作 $r_i \leftrightarrow r_j$)；

(2) 以非零常数 k 乘以某一行的所有元素(k 乘以第 i 行，记作 $r_i \times k$)；

(3) 把某一行的所有元素乘以 k 加到另一行的对应元素上(第 j 行的所有元素乘以 k 加到第 i 行上，记作 $r_i + kr_j$).

定义 1.11 中的“行”全部改为“列”，即为矩阵的**列初等变换**的定义，其中

记号 r 换成 c.

矩阵的行初等变换与列初等变换统称为矩阵的**初等变换**.

对照方程组的三种变换，显然，三种行初等变换都是可逆的，其逆变换为同一类型的行初等变换，即

(1) $r_i \leftrightarrow r_j$ 的逆变换为 $r_i \leftrightarrow r_j$；

(2) $r_i \times k$ 的逆变换为 $r_i \times \frac{1}{k}$，或记作 $r_i \div k$；

(3) $r_i + kr_j$ 的逆变换为 $r_i + (-k)r_j$，或记作 $r_i - kr_j$.

定义 1.12 如果矩阵 $\boldsymbol{A}$ 经过有限次行初等变换化为矩阵 $\boldsymbol{B}$，那么称**矩阵 $\boldsymbol{A}$ 与 $\boldsymbol{B}$ 行等价**，记作 $\boldsymbol{A} \overset{r}{\sim} \boldsymbol{B}$；如果矩阵 $\boldsymbol{A}$ 经过有限次列初等变换化为矩阵 $\boldsymbol{B}$，那么称**矩阵 $\boldsymbol{A}$ 与 $\boldsymbol{B}$ 列等价**，记作 $\boldsymbol{A} \overset{c}{\sim} \boldsymbol{B}$；如果矩阵 $\boldsymbol{A}$ 经过有限次初等变换化为矩阵 $\boldsymbol{B}$，那么称**矩阵 $\boldsymbol{A}$ 与 $\boldsymbol{B}$ 等价**，记作 $\boldsymbol{A} \sim \boldsymbol{B}$.

矩阵之间的等价关系具有如下性质：

(1) **反身性**：$\boldsymbol{A} \sim \boldsymbol{A}$；

(2) **对称性**：若 $\boldsymbol{A} \sim \boldsymbol{B}$，则 $\boldsymbol{B} \sim \boldsymbol{A}$；

(3) **传递性**：若 $\boldsymbol{A} \sim \boldsymbol{B}$，且 $\boldsymbol{B} \sim \boldsymbol{C}$，则 $\boldsymbol{A} \sim \boldsymbol{C}$.

根据上述用消元法解线性方程组(1.18)的过程与它的增广矩阵的行初等变换的对应关系，以及矩阵等价的概念，对方程组(1.18)的求解可简洁地采用如下过程：

$$\boldsymbol{L} = \begin{pmatrix} 2 & -1 & -3 & 1 \\ 1 & -1 & -1 & 2 \\ 6 & 4 & -10 & 0 \end{pmatrix}$$

$$\overset{r_1 \leftrightarrow r_2}{\underset{r_3 \div 2}{\sim}} \begin{pmatrix} 1 & -1 & -1 & 2 \\ 2 & -1 & -3 & 1 \\ 3 & 2 & -5 & 0 \end{pmatrix}$$

$$\overset{r_2 - 2r_1}{\underset{r_3 - 3r_1}{\sim}} \begin{pmatrix} 1 & -1 & -1 & 2 \\ 0 & 1 & -1 & -3 \\ 0 & 5 & -2 & -6 \end{pmatrix}$$

$$\overset{r_3 - 5r_2}{\underset{r_3 \div 3}{\sim}} \begin{pmatrix} 1 & -1 & -1 & 2 \\ 0 & 1 & -1 & -3 \\ 0 & 0 & 1 & 3 \end{pmatrix} \triangleq \boldsymbol{L}_1.$$

由方程组(L_3)回代得到方程组(1.18)的解的过程，也可以继续用矩阵的行初等变换来完成，即

$$\boldsymbol{L}_1 = \begin{pmatrix} 1 & -1 & -1 & 2 \\ 0 & 1 & -1 & -3 \\ 0 & 0 & 1 & 3 \end{pmatrix} \overset{\substack{r_2 + r_3 \\ r_1 + r_3}}{\underset{r_1 + r_2}{\sim}} \begin{pmatrix} 1 & 0 & 0 & 5 \\ 0 & 1 & 0 & 0 \\ 0 & 0 & 1 & 3 \end{pmatrix} \triangleq \boldsymbol{L}_2.$$

由 $\boldsymbol{L}_2$ 对应的方程，即得方程组(1.18)的解.

矩阵 $\boldsymbol{L}_1$ 和 $\boldsymbol{L}_2$ 的特点是：(1) 都可以画出一条从第一行某非零元下方的横线开始到最后一列某元素下方的横线结束的阶梯线，阶梯线的左方和下方的元素全为 0；(2) 每段竖线的高度为一行；(3) 竖线右方的第一个元素为该

非零行的首非零元. 具有上述三个特点的矩阵称为行阶梯形矩阵,具体定义如下.

定义 1.13　若非零矩阵满足:(1) 非零行在零行(元素全为 0) 的上方;(2) 非零行的首非零元所在列数比上一行(如果存在的话) 的首非零元所在列数大,则称该矩阵为**行阶梯形矩阵**.

进一步,若非零矩阵除满足上述条件(1) 和(2) 外,还满足:(3) 非零行的首非零元为 1;(4) 首非零元所在列的其他元素都为 0,则称该矩阵为**行最简形矩阵**.

根据定义 1.13,$\boldsymbol{L}_1$ 是行阶梯形矩阵但不是行最简形矩阵,$\boldsymbol{L}_2$ 既是行阶梯形矩阵也是行最简形矩阵. 一般地,对行阶梯形矩阵继续施行行初等变换,可以将其化为行最简形矩阵.

用数学归纳法不难证明,任何矩阵 $\boldsymbol{A}_{m\times n}$ 总可以经过有限次的行初等变换化为行阶梯形矩阵和行最简形矩阵.

利用行初等变换,把一个矩阵化为行阶梯形矩阵或行最简形矩阵,是一种非常重要的运算. 例如,由例 1.28 可知,要解线性方程组,只需把它的增广矩阵化为行最简形矩阵即可.

事实上,一个矩阵的行阶梯形矩阵不是唯一的,但其行最简形矩阵是唯一确定的,而且行阶梯形矩阵中非零行的行数也是唯一确定的.

对行最简形矩阵再施行列初等变换,可以将其化为一种形状更为简单的矩阵,称为矩阵的**标准形**. 例如,

$$\boldsymbol{C}=\begin{pmatrix}1&0&-1&0\\0&1&1&-1\\0&0&0&0\end{pmatrix}\xrightarrow[c_4+c_2]{\substack{c_3+c_1\\c_3-c_2}}\begin{pmatrix}1&0&0&0\\0&1&0&0\\0&0&0&0\end{pmatrix}\triangleq\boldsymbol{D}=\begin{pmatrix}\boldsymbol{E}_2&\boldsymbol{O}\\\boldsymbol{O}&\boldsymbol{O}\end{pmatrix},$$

矩阵 $\boldsymbol{D}$ 称为矩阵 $\boldsymbol{C}$ 的标准形. 矩阵标准形的特点是:左上角是一个单位矩阵,其余元素均为 0.

任意矩阵 $\boldsymbol{A}_{m\times n}$ 总可以通过初等变换把它化为标准形

$$\boldsymbol{F}=\begin{pmatrix}\boldsymbol{E}_r&\boldsymbol{O}\\\boldsymbol{O}&\boldsymbol{O}\end{pmatrix}_{m\times n},$$

此标准形由 m,n,r 三个数完全确定,其中 r 就是行阶梯形矩阵的非零行的行数. 若所有与 $\boldsymbol{A}$ 等价的矩阵组成一个集合,则标准形 $\boldsymbol{F}$ 就是这个集合中最简单的矩阵.

容易看出,若标准形 $\boldsymbol{F}$ 是 n 阶可逆矩阵,则 $\boldsymbol{F}$ 是 n 阶单位矩阵 $\boldsymbol{E}$.

二、初等矩阵

矩阵的初等变换是矩阵的一种最基本的运算. 为探讨它的应用,下面引入初等矩阵的概念.

定义 1.14　由 n 阶单位矩阵 $\boldsymbol{E}$ 施行一次初等变换得到的矩阵称为**初等矩阵**.

三种初等变换对应三种初等矩阵.

(1) 对换单位矩阵 $\boldsymbol{E}$ 的第 i 行与第 j 行(或第 i 列与第 j 列),得初等矩阵

$$\boldsymbol{E}(i,j)=\begin{pmatrix}1&&&&&&&&&\\&\ddots&&&&&&&&\\&&1&&&&&&&\\&&&0&\cdots&1&&&&\\&&&&1&&&&&\\&&&\vdots&\ddots&\vdots&&&&\\&&&&&1&&&&\\&&&1&\cdots&0&&&&\\&&&&&&1&&&\\&&&&&&&\ddots&&\\&&&&&&&&1\end{pmatrix}\begin{matrix}\\\\\\i\text{ 行}\\\\\\\\j\text{ 行}\\\\\\\\\end{matrix}.$$

$$\qquad\qquad i\text{ 列}\qquad\qquad j\text{ 列}$$

用 m 阶初等矩阵 $\boldsymbol{E}_m(i,j)$ 左乘矩阵 $\boldsymbol{A}=(a_{ij})_{m\times n}$,得

$$\boldsymbol{E}_m(i,j)\boldsymbol{A}=\begin{pmatrix}a_{11}&a_{12}&\cdots&a_{1n}\\\vdots&\vdots&&\vdots\\a_{j1}&a_{j2}&\cdots&a_{jn}\\\vdots&\vdots&&\vdots\\a_{i1}&a_{i2}&\cdots&a_{in}\\\vdots&\vdots&&\vdots\\a_{m1}&a_{m2}&\cdots&a_{mn}\end{pmatrix}\begin{matrix}\\\\i\text{ 行}\\\\j\text{ 行}\\\\\\\end{matrix},$$

其结果相当于对矩阵 $\boldsymbol{A}$ 施行了对换第 i 行与第 j 行的行初等变换.类似地,用 n 阶初等矩阵 $\boldsymbol{E}_n(i,j)$ 右乘矩阵 $\boldsymbol{A}=(a_{ij})_{m\times n}$,其结果相当于对矩阵 $\boldsymbol{A}$ 施行了对换第 i 列与第 j 列的列初等变换.

(2) 以非零常数 k 乘以单位矩阵 $\boldsymbol{E}$ 的第 i 行(或第 i 列),得初等矩阵

$$\boldsymbol{E}(i(k))=\begin{pmatrix}1&&&&&&\\&\ddots&&&&&\\&&1&&&&\\&&&k&&&\\&&&&1&&\\&&&&&\ddots&\\&&&&&&1\end{pmatrix}\begin{matrix}\\\\\\i\text{ 行}\\\\\\\\\end{matrix}.$$

$$i\text{ 列}$$

可以验证,用 m 阶初等矩阵 $\boldsymbol{E}_m(i(k))$ 左乘矩阵 $\boldsymbol{A}=(a_{ij})_{m\times n}$,其结果相当于用非零常数 k 乘以 $\boldsymbol{A}$ 的第 i 行 $(r_i\times k)$;用 n 阶初等矩阵 $\boldsymbol{E}_n(i(k))$ 右乘矩阵 $\boldsymbol{A}=(a_{ij})_{m\times n}$,其结果相当于用非零常数 k 乘以 $\boldsymbol{A}$ 的第 i 列 $(c_i\times k)$.

(3) 数 k 乘以单位矩阵 $\boldsymbol{E}$ 的第 j 行后加到第 i 行上(或数 k 乘以单位矩阵 $\boldsymbol{E}$ 的第 i 列后加到第 j 列上),得初等矩阵

$$E(i,j(k))=\begin{pmatrix}1&&&&&&\\&\ddots&&&&&\\&&1&\cdots&k&&\\&&&\ddots&\vdots&&\\&&&&1&&\\&&&&&\ddots&\\&&&&&&1\end{pmatrix}\begin{matrix}\\\\i\text{ 行}\\\\j\text{ 行}\\\\\\\end{matrix}$$

$$\qquad\qquad\quad i\text{ 列}\qquad j\text{ 列}$$

可以验证,用 m 阶初等矩阵 $\boldsymbol{E}_m(i,j(k))$ 左乘矩阵 $\boldsymbol{A}=(a_{ij})_{m\times n}$,其结果相当于把 $\boldsymbol{A}$ 的第 j 行乘以 k 加到第 i 行上(r_i+kr_j);用 n 阶初等矩阵 $\boldsymbol{E}_n(i,j(k))$ 右乘矩阵 $\boldsymbol{A}=(a_{ij})_{m\times n}$,其结果相当于把 $\boldsymbol{A}$ 的第 i 列乘以 k 加到第 j 列上(c_j+kc_i).

归纳上述讨论,可得以下性质.

性质 1.5 设 $\boldsymbol{A}$ 是一个 $m\times n$ 矩阵,对 $\boldsymbol{A}$ 施行一次行初等变换,相当于用一个 m 阶初等矩阵左乘 $\boldsymbol{A}$;对 $\boldsymbol{A}$ 施行一次列初等变换,相当于用一个 n 阶初等矩阵右乘 $\boldsymbol{A}$.

由上述讨论、定义 1.10 和定理 1.1 容易得出,初等矩阵都是可逆的,且初等矩阵的逆矩阵仍是同种类型的初等矩阵,即

$$\boldsymbol{E}(i,j)^{-1}=\boldsymbol{E}(i,j),\quad \boldsymbol{E}(i(k))^{-1}=\boldsymbol{E}\left(i\left(\frac{1}{k}\right)\right),$$

$$\boldsymbol{E}(i,j(k))^{-1}=\boldsymbol{E}(i,j(-k)).$$

性质 1.6 矩阵 $\boldsymbol{A}$ 可逆的充要条件是存在有限个初等矩阵 $\boldsymbol{P}_1,\boldsymbol{P}_2,\cdots,\boldsymbol{P}_s$,使得

$$\boldsymbol{A}=\boldsymbol{P}_1\boldsymbol{P}_2\cdots\boldsymbol{P}_s.$$

由性质 1.5 及可逆矩阵的乘积仍然是可逆矩阵容易得到以下性质.

性质 1.7 设 $\boldsymbol{A}$ 与 $\boldsymbol{B}$ 均为 $m\times n$ 矩阵,则

(1) $\boldsymbol{A}\overset{r}{\sim}\boldsymbol{B}$ 的充要条件是存在 m 阶可逆矩阵 $\boldsymbol{P}$,使得 $\boldsymbol{PA}=\boldsymbol{B}$;

(2) $\boldsymbol{A}\overset{c}{\sim}\boldsymbol{B}$ 的充要条件是存在 n 阶可逆矩阵 $\boldsymbol{Q}$,使得 $\boldsymbol{AQ}=\boldsymbol{B}$;

(3) $\boldsymbol{A}\sim\boldsymbol{B}$ 的充要条件是存在 m 阶可逆矩阵 $\boldsymbol{P}$ 和 n 阶可逆矩阵 $\boldsymbol{Q}$,使得

$$\boldsymbol{PAQ}=\boldsymbol{B}.$$

由性质 1.6 和性质 1.7 可得以下两个推论.

推论 1.2 矩阵 $\boldsymbol{A}$ 可逆的充要条件是 $\boldsymbol{A}\overset{r}{\sim}\boldsymbol{E}$.

推论 1.3 矩阵 $\boldsymbol{A}$ 可逆的充要条件是 $\boldsymbol{A}\overset{c}{\sim}\boldsymbol{E}$.

推论 1.2 提供了一种求 n 阶矩阵 $\boldsymbol{A}$ 的逆矩阵的方法:构造一个 $n\times 2n$ 矩阵 $(\boldsymbol{A},\boldsymbol{E})$,因为

$$\boldsymbol{A}^{-1}(\boldsymbol{A},\boldsymbol{E})=(\boldsymbol{A}^{-1}\boldsymbol{A},\boldsymbol{A}^{-1})=(\boldsymbol{E},\boldsymbol{A}^{-1}),$$

所以根据性质 1.7 的结论(1) 知

$$(\boldsymbol{A},\boldsymbol{E})\overset{r}{\sim}(\boldsymbol{E},\boldsymbol{A}^{-1}).\tag{1.19}$$

这就是说,对矩阵 $(\boldsymbol{A},\boldsymbol{E})$ 施行行初等变换,如果矩阵 $\boldsymbol{A}$ 能化为单位矩阵 $\boldsymbol{E}$,则

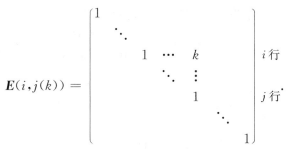

$\boldsymbol{A}$ 可逆,同时单位矩阵 $\boldsymbol{E}$ 就化为了 $\boldsymbol{A}^{-1}$;否则,$\boldsymbol{A}$ 不可逆.

类似地,根据推论 1.3,也可以通过 $\begin{pmatrix}\boldsymbol{A}\\ \boldsymbol{E}\end{pmatrix}\overset{c}{\sim}\begin{pmatrix}\boldsymbol{E}\\ \boldsymbol{A}^{-1}\end{pmatrix}$,求得 $\boldsymbol{A}^{-1}$.

例 1.29 设矩阵

$$\boldsymbol{A}=\begin{pmatrix}0&1&2\\1&1&-1\\2&4&2\end{pmatrix},$$

试判断 $\boldsymbol{A}$ 是否可逆,若可逆,求 $\boldsymbol{A}^{-1}$.

解
$$(\boldsymbol{A},\boldsymbol{E})=\left(\begin{array}{ccc:ccc}0&1&2&1&0&0\\1&1&-1&0&1&0\\2&4&2&0&0&1\end{array}\right)\xrightarrow{r_1\leftrightarrow r_2}\left(\begin{array}{ccc:ccc}1&1&-1&0&1&0\\0&1&2&1&0&0\\2&4&2&0&0&1\end{array}\right)$$

$$\xrightarrow{r_3-2r_1}\left(\begin{array}{ccc:ccc}1&1&-1&0&1&0\\0&1&2&1&0&0\\0&2&4&0&-2&1\end{array}\right)\xrightarrow{r_3-2r_2}\left(\begin{array}{ccc:ccc}1&1&-1&0&1&0\\0&1&2&1&0&0\\0&0&0&-2&-2&1\end{array}\right).$$

显然,$\boldsymbol{A}$ 不能化为单位矩阵 $\boldsymbol{E}$,故 $\boldsymbol{A}$ 不可逆.

例 1.30 设矩阵

$$\boldsymbol{A}=\begin{pmatrix}0&1&2\\1&1&-1\\2&4&1\end{pmatrix},$$

试判断 $\boldsymbol{A}$ 是否可逆,若可逆,求 $\boldsymbol{A}^{-1}$.

解
$$(\boldsymbol{A},\boldsymbol{E})=\left(\begin{array}{ccc:ccc}0&1&2&1&0&0\\1&1&-1&0&1&0\\2&4&1&0&0&1\end{array}\right)\xrightarrow{r_1\leftrightarrow r_2}\left(\begin{array}{ccc:ccc}1&1&-1&0&1&0\\0&1&2&1&0&0\\2&4&1&0&0&1\end{array}\right)$$

$$\xrightarrow{r_3-2r_1}\left(\begin{array}{ccc:ccc}1&1&-1&0&1&0\\0&1&2&1&0&0\\0&2&3&0&-2&1\end{array}\right)\xrightarrow[r_3\times(-1)]{r_3-2r_2}\left(\begin{array}{ccc:ccc}1&1&-1&0&1&0\\0&1&2&1&0&0\\0&0&1&2&2&-1\end{array}\right)$$

$$\xrightarrow[r_1+r_3]{r_2-2r_3}\left(\begin{array}{ccc:ccc}1&1&0&2&3&-1\\0&1&0&-3&-4&2\\0&0&1&2&2&-1\end{array}\right)$$

$$\xrightarrow{r_1-r_2}\left(\begin{array}{ccc:ccc}1&0&0&5&7&-3\\0&1&0&-3&-4&2\\0&0&1&2&2&-1\end{array}\right),$$

故 $\boldsymbol{A}\overset{r}{\sim}\boldsymbol{E}$,从而 $\boldsymbol{A}$ 可逆,且

$$\boldsymbol{A}^{-1}=\begin{pmatrix}5&7&-3\\-3&-4&2\\2&2&-1\end{pmatrix}.$$

上述两个例子表明,用矩阵的初等变换求其逆矩阵时,不需要事先去判

断 $\boldsymbol{A}$ 是否可逆，只需直接对 $(\boldsymbol{A},\boldsymbol{E})$ 施行行初等变换，如果能把 $\boldsymbol{A}$ 化为单位矩阵 $\boldsymbol{E}$，则 $\boldsymbol{A}$ 可逆；否则，$\boldsymbol{A}$ 不可逆. 当 $\boldsymbol{A}$ 为三阶或更高阶矩阵时，常用此方法判断 $\boldsymbol{A}$ 是否可逆以及求 $\boldsymbol{A}^{-1}$.

矩阵的行初等变换还可以用于判断线性方程组和矩阵方程的解的存在性以及求解它们.

例 1.31　求解线性方程组

$$\begin{cases} 4x_1+2x_2-x_3=2, \\ 3x_1-x_2+2x_3=10, \\ 11x_1+3x_2=8. \end{cases}$$

解　记此方程组为 $\boldsymbol{Ax}=\boldsymbol{b}$，则对其增广矩阵施行行初等变换，将其化为行阶梯形矩阵：

$$(\boldsymbol{A},\boldsymbol{b})=\left(\begin{array}{ccc:c} 4 & 2 & -1 & 2 \\ 3 & -1 & 2 & 10 \\ 11 & 3 & 0 & 8 \end{array}\right) \xrightarrow[r_3-11r_1]{\substack{r_1\div 4 \\ r_2-3r_1}} \left(\begin{array}{ccc:c} 1 & \frac{1}{2} & -\frac{1}{4} & \frac{1}{2} \\ 0 & -\frac{5}{2} & \frac{11}{4} & \frac{17}{2} \\ 0 & -\frac{5}{2} & \frac{11}{4} & \frac{5}{2} \end{array}\right)$$

$$\xrightarrow{r_3-r_2} \left(\begin{array}{ccc:c} 1 & \frac{1}{2} & -\frac{1}{4} & \frac{1}{2} \\ 0 & -\frac{5}{2} & \frac{11}{4} & \frac{17}{2} \\ 0 & 0 & 0 & -6 \end{array}\right) \triangleq \boldsymbol{B}.$$

$\boldsymbol{B}$ 的最后一行对应的方程为 $0=-6$，此为矛盾方程，故方程组无解.

例 1.32　求解线性方程组

$$\begin{cases} 4x_1+2x_2-x_3=2, \\ 3x_1-x_2+2x_3=10, \\ 11x_1+3x_2+x_3=8. \end{cases}$$

解　记此方程组为 $\boldsymbol{Ax}=\boldsymbol{b}$，则对其增广矩阵施行行初等变换，将其化为行最简形矩阵：

$$(\boldsymbol{A},\boldsymbol{b})=\left(\begin{array}{ccc:c} 4 & 2 & -1 & 2 \\ 3 & -1 & 2 & 10 \\ 11 & 3 & 1 & 8 \end{array}\right) \xrightarrow[r_3-11r_1]{\substack{r_1\div 4 \\ r_2-3r_1}} \left(\begin{array}{ccc:c} 1 & \frac{1}{2} & -\frac{1}{4} & \frac{1}{2} \\ 0 & -\frac{5}{2} & \frac{11}{4} & \frac{17}{2} \\ 0 & -\frac{5}{2} & \frac{15}{4} & \frac{5}{2} \end{array}\right)$$

$$\xrightarrow[r_2\times 4]{r_3-r_2} \left(\begin{array}{ccc:c} 1 & \frac{1}{2} & -\frac{1}{4} & \frac{1}{2} \\ 0 & -10 & 11 & 34 \\ 0 & 0 & 1 & -6 \end{array}\right) \xrightarrow[r_1+\frac{1}{4}r_3]{\substack{r_2-11r_3 \\ r_2\div(-10)}} \left(\begin{array}{ccc:c} 1 & \frac{1}{2} & 0 & -1 \\ 0 & 1 & 0 & -10 \\ 0 & 0 & 1 & -6 \end{array}\right)$$

$$\xrightarrow{r_1-\frac{1}{2}r_2} \left(\begin{array}{ccc:c} 1 & 0 & 0 & 4 \\ 0 & 1 & 0 & -10 \\ 0 & 0 & 1 & -6 \end{array}\right).$$

故 $A \overset{r}{\sim} E$，从而 A 可逆，且方程组有解 $x = A^{-1}b$. 由于 $A^{-1}(A,b) = (E,A^{-1}b) = (E,x)$，故方程组的解为

$$x = A^{-1}b = \begin{pmatrix} 4 \\ -10 \\ -6 \end{pmatrix}.$$

例 1.33 设矩阵

$$A = \begin{pmatrix} 0 & 1 & 2 \\ 1 & 1 & -1 \\ 2 & 4 & 1 \end{pmatrix}, \quad B = \begin{pmatrix} 2 & 0 \\ 1 & -1 \\ -2 & 6 \end{pmatrix},$$

求解矩阵方程 $AX = B$.

解 由例 1.30 知，A 可逆，故由 $AX = B$ 得 $X = A^{-1}B$. 又

$$A^{-1}(A,B) = (E,A^{-1}B) = (E,X), \quad 即 \quad (A,B) \overset{r}{\sim} (E,A^{-1}B) = (E,X),$$

也就是对 (A,B) 施行行初等变换，当把 A 化为单位矩阵 E 的同时，B 就化为 $A^{-1}B = X$. 而

$$(A,B) = \left(\begin{array}{ccc:cc} 0 & 1 & 2 & 2 & 0 \\ 1 & 1 & -1 & 1 & -1 \\ 2 & 4 & 1 & -2 & 6 \end{array}\right) \xrightarrow{r_1 \leftrightarrow r_2} \left(\begin{array}{ccc:cc} 1 & 1 & -1 & 1 & -1 \\ 0 & 1 & 2 & 2 & 0 \\ 2 & 4 & 1 & -2 & 6 \end{array}\right)$$

$$\xrightarrow{r_3 - 2r_1} \left(\begin{array}{ccc:cc} 1 & 1 & -1 & 1 & -1 \\ 0 & 1 & 2 & 2 & 0 \\ 0 & 2 & 3 & -4 & 8 \end{array}\right) \xrightarrow[r_3 \times (-1)]{r_3 - 2r_2} \left(\begin{array}{ccc:cc} 1 & 1 & -1 & 1 & -1 \\ 0 & 1 & 2 & 2 & 0 \\ 0 & 0 & 1 & 8 & -8 \end{array}\right)$$

$$\xrightarrow[r_1 + r_3]{r_2 - 2r_3} \left(\begin{array}{ccc:cc} 1 & 1 & 0 & 9 & -9 \\ 0 & 1 & 0 & -14 & 16 \\ 0 & 0 & 1 & 8 & -8 \end{array}\right) \xrightarrow{r_1 - r_2} \left(\begin{array}{ccc:cc} 1 & 0 & 0 & 23 & -25 \\ 0 & 1 & 0 & -14 & 16 \\ 0 & 0 & 1 & 8 & -8 \end{array}\right),$$

故矩阵方程的解 $X = A^{-1}B = \begin{pmatrix} 23 & -25 \\ -14 & 16 \\ 8 & -8 \end{pmatrix}$.

从上述例子可以看出，矩阵的行阶梯形矩阵的非零行的行数不仅是唯一确定的，而且具有非常重要的意义. 例如，例 1.29 中三阶矩阵 A 的行阶梯形矩阵仅有 2 个非零行，而矩阵 A 不可逆；例 1.31 中三阶系数矩阵 A 的行阶梯形矩阵有 2 个非零行，而增广矩阵 (A,b) 有 3 个非零行，该例中的方程组无解. 那么，矩阵的行阶梯形矩阵的非零行有什么重要的意义呢？为回答该问题，需引入行列式(见第 2 章).

习题1.5

1. 将下列矩阵化为行最简形矩阵：

(1) $\begin{pmatrix} 1 & 2 & -3 & 1 \\ 1 & 3 & -4 & 3 \\ 2 & 6 & -8 & -3 \end{pmatrix}$；　　(2) $\begin{pmatrix} 1 & 0 & 2 & -1 \\ 2 & 1 & 3 & 1 \\ 3 & 5 & 4 & -3 \end{pmatrix}$；

(3) $\begin{pmatrix} 2 & 3 & 1 & -3 & -7 \\ 3 & 5 & 1 & -5 & -11 \\ 3 & -2 & 8 & 3 & 0 \\ 2 & -3 & 7 & 4 & 3 \end{pmatrix}$.

2. 将下列矩阵化为标准形：

(1) $\begin{pmatrix} 2 & 4 & -3 \\ -1 & 1 & 6 \\ 3 & -1 & 5 \end{pmatrix}$；　　(2) $\begin{pmatrix} 1 & 0 & 2 & 0 & 3 \\ -1 & 1 & 0 & 2 & 4 \\ 0 & 0 & 9 & 4 & 20 \\ 2 & 3 & 1 & 2 & 7 \end{pmatrix}$.

3. 利用矩阵的行初等变换，判断下列矩阵是否可逆，如果可逆，求出它的逆矩阵：

(1) $\begin{pmatrix} 2 & 6 \\ 1 & 4 \end{pmatrix}$；　　(2) $\begin{pmatrix} 1 & 1 & -1 \\ 2 & 1 & 0 \\ 1 & -1 & 0 \end{pmatrix}$；

(3) $\begin{pmatrix} 1 & a & 2a^2 & 3a^3 \\ 0 & 1 & a & 2a^2 \\ 0 & 0 & 1 & a \\ 0 & 0 & 0 & 1 \end{pmatrix}$.

4. 利用矩阵的行初等变换，判断下列方程组是否有解，如果有解，求出它的解：

(1) $\begin{cases} 3x_1 + 2x_2 - x_3 = 3, \\ 2x_1 + 3x_2 + x_3 = 12, \\ x_1 + x_2 + 2x_3 = 11; \end{cases}$　　(2) $\begin{cases} x_1 + 5x_2 - 9x_3 = -7, \\ x_2 - 7x_3 = 6, \\ x_1 + 3x_2 + 5x_3 = 5; \end{cases}$

(3) $\begin{cases} -8x_1 + 2x_2 - 2x_3 = -26, \\ 2x_1 - 5x_2 - 4x_3 = 2, \\ -2x_1 - 4x_2 - 5x_3 = -11; \end{cases}$　　(4) $\begin{cases} x_1 - 2x_2 + 3x_3 - x_4 = 1, \\ 4x_1 - 3x_2 + 8x_3 - 4x_4 = 3, \\ 2x_1 + x_2 + 2x_3 - 2x_4 = 3. \end{cases}$

5. 解下列矩阵方程：

(1) $\boldsymbol{AX} = \boldsymbol{B}$，其中矩阵 $\boldsymbol{A} = \begin{pmatrix} 2 & 2 & 3 \\ 1 & -1 & 0 \\ -1 & 2 & 1 \end{pmatrix}$，$\boldsymbol{B} = \begin{pmatrix} 4 & 3 \\ 2 & 0 \\ 0 & 1 \end{pmatrix}$；

(2) $\boldsymbol{AX} = \boldsymbol{A}^{\mathrm{T}} + \boldsymbol{X}$，其中矩阵 $\boldsymbol{A} = \begin{pmatrix} 2 & 2 & 0 \\ 2 & 1 & 3 \\ 0 & 1 & 0 \end{pmatrix}$；

(3) $\boldsymbol{AX} = \boldsymbol{B} + 4\boldsymbol{X}$，其中矩阵 $\boldsymbol{A} = \begin{pmatrix} 5 & -1 & 0 \\ -2 & 3 & 3 \\ 2 & -1 & 6 \end{pmatrix}$，$\boldsymbol{B} = \begin{pmatrix} 0 & 1 \\ 2 & 0 \\ 5 & 7 \end{pmatrix}$；

(4) $\boldsymbol{XA} = \boldsymbol{B}$，其中矩阵 $\boldsymbol{A} = \begin{pmatrix} 2 & -1 \\ -5 & 3 \end{pmatrix}$，$\boldsymbol{B} = \begin{pmatrix} 4 & 3 \\ 2 & 0 \\ 0 & 1 \end{pmatrix}$.

第6节 矩阵相关运算的Matlab实现

本节主要介绍用 Matlab 软件实现本章矩阵的相关运算，包括矩阵的线性运算、乘法、转置、方阵的幂以及把矩阵化为行最简形矩阵.

注意，在命令输入提示符“>>”后输入运算命令，按回车键可执行运算，并显示运算结果(图形除外). 若在命令后输入“;”，则不显示计算结果，但结果保存在内存中，“%”后面输入的是用于解释的文字，不参与运算.

一、矩阵的生成

例 1.34 生成以下矩阵：

(1) $\boldsymbol{A}=\begin{pmatrix}1&2&3\\4&5&6\end{pmatrix}$； (2) $\boldsymbol{B}=(1,2,3,4,5,6)$； (3) $\boldsymbol{C}=\begin{pmatrix}1\\2\\3\\4\end{pmatrix}$.

解 (1) 在 Matlab 的命令行窗口输入：

```
A=[1,2,3;4,5,6]            %或A=[1 2 3;4 5 6]
```

运行程序后输出：

```
A=
    1    2    3
    4    5    6
```

(2) 在 Matlab 的命令行窗口输入：

```
B=[1,2,3,4,5,6]
```

运行程序后输出：

```
B=
    1    2    3    4    5    6
```

(3) 在 Matlab 的命令行窗口输入：

```
C=[1;2;3;4]
```

运行程序后输出：

```
C=
    1
    2
    3
    4
```

注 在 Matlab 中输入矩阵是很直观的，分号“;”表示换行.

在矩阵运算中，经常要用到一些特殊的矩阵，此时可以通过 Matlab 中的函数直接生成. 一些常用的矩阵生成函数及其功能如表 1.4 所示.

表 1.4

生成函数	功能
eye(n)	生成 n 阶单位矩阵
eye(m,n)	生成主对角线上的元素全为 1,其余元素全为 0 的 m 行 n 列矩阵
zeros(n)	生成 n 行 n 列零矩阵
zeros(m,n)	生成 m 行 n 列零矩阵
ones(n)	生成元素全为 1 的 n 行 n 列矩阵
ones(m,n)	生成元素全为 1 的 m 行 n 列矩阵
diag(A)	若 $\boldsymbol{A}$ 是矩阵,则生成以 $\boldsymbol{A}$ 的主对角线元素为元素的列向量; 若 $\boldsymbol{A}$ 是向量,则生成以 $\boldsymbol{A}$ 的元素为主对角线元素的对角矩阵
rand(m,n)	生成所有元素满足在[0,1]上均匀分布的 m 行 n 列随机矩阵
randn(m,n)	生成所有元素满足标准正态分布的 m 行 n 列随机矩阵
tril(A)	提取矩阵的下三角部分,其余元素补 0
triu(A)	提取矩阵的上三角部分,其余元素补 0

例 1.35 设矩阵 $\boldsymbol{A}=\begin{pmatrix}1&2&3\\4&5&6\end{pmatrix}$,提取矩阵 $\boldsymbol{A}$ 的下三角部分.

解 在 Matlab 的命令行窗口输入:

```
A=[1,2,3;4,5,6];
tril(A)
```

运行程序后输出:

```
ans =
      1     0     0
      4     5     0
```

注 ans 表示结果的默认变量名.

例 1.36 生成矩阵 $\boldsymbol{E}=\begin{pmatrix}\boldsymbol{A}&\boldsymbol{B}\\\boldsymbol{C}&\boldsymbol{D}\end{pmatrix}$,其中矩阵

$$\boldsymbol{A}=\begin{pmatrix}1&2&3\\4&5&6\end{pmatrix},\quad \boldsymbol{B}=\begin{pmatrix}1&1\\1&1\end{pmatrix},\quad \boldsymbol{C}=\begin{pmatrix}1&0&0\\0&1&0\\0&0&1\end{pmatrix},\quad \boldsymbol{D}=\begin{pmatrix}0&0\\0&0\\0&0\end{pmatrix}.$$

解 在 Matlab 的命令行窗口输入:

```
A=[1,2,3;4,5,6];
B=ones(2);
C=eye(3);
D=zeros(3,2);
E=[A,B;C,D]
```

运行程序后输出:

```
E =
    1   2   3   1   1
    4   5   6   1   1
    1   0   0   0   0
    0   1   0   0   0
    0   0   1   0   0
```

其他命令请读者自行尝试,以便对矩阵的生成有更直观和更深刻的理解以及更好地应用.

二、矩阵的基本运算

Matlab 软件提供了强大的矩阵运算功能,这里我们主要介绍本章学习的矩阵运算的实现.矩阵运算的 Matlab 命令列表总结如表 1.5 所示.

表 1.5

命令	功能
size(A)	输出矩阵 $\boldsymbol{A}$ 的行数和列数
A(i,j)	输出矩阵 $\boldsymbol{A}$ 位于第 i 行第 j 列的元素
A(:,j)	输出矩阵 $\boldsymbol{A}$ 的第 j 列的全部元素
A(i,:)	输出矩阵 $\boldsymbol{A}$ 的第 i 行的全部元素
A+B	输出同型矩阵 $\boldsymbol{A}$ 与 $\boldsymbol{B}$ 的和 $\boldsymbol{A}+\boldsymbol{B}$
A-B	输出同型矩阵 $\boldsymbol{A}$ 与 $\boldsymbol{B}$ 的差 $\boldsymbol{A}-\boldsymbol{B}$
A*B	在 $\boldsymbol{AB}$ 有意义时,输出矩阵 $\boldsymbol{A}$ 与 $\boldsymbol{B}$ 的乘积 $\boldsymbol{AB}$
A^m	输出方阵 $\boldsymbol{A}$ 的 m 次幂 $\boldsymbol{A}^m$(m 为正整数)
A'	输出矩阵 $\boldsymbol{A}$ 的转置矩阵
inv(A)	输出矩阵 $\boldsymbol{A}$ 的逆矩阵
rref(A)	输出矩阵 $\boldsymbol{A}$ 的行最简形矩阵
A.*B	输出同型矩阵 $\boldsymbol{A}$ 与 $\boldsymbol{B}$ 的点乘矩阵(对应元素分别相乘)

例 1.37 设矩阵

$$\boldsymbol{A}=\begin{pmatrix}1&2\\3&4\\5&6\end{pmatrix},\quad \boldsymbol{B}=\begin{pmatrix}-1&2&9\\6&0&1\\1&0&1\end{pmatrix},\quad \boldsymbol{C}=\begin{pmatrix}-2&6\\1&0\\9&8\end{pmatrix},$$

求:

(1) $\boldsymbol{A}$ 的转置矩阵 $\boldsymbol{D}$;　　(2) $\boldsymbol{B}^3$,并记 $\boldsymbol{B}^3=\boldsymbol{E}$;

(3) $\boldsymbol{F}=\boldsymbol{A}+\boldsymbol{C}$;　　(4) $\boldsymbol{G}=\boldsymbol{BA}$;

(5) 矩阵 $\boldsymbol{A}$ 与 $\boldsymbol{C}$ 的点乘矩阵 $\boldsymbol{P}$;　　(6) $\boldsymbol{H}=\boldsymbol{B}^{-1}$;

(7) 矩阵 $(\boldsymbol{A},\boldsymbol{B})$ 的行最简形矩阵 $\boldsymbol{K}$;　　(8) 矩阵 $\boldsymbol{C}$ 的行数和列数.

解 (1) 在 Matlab 的命令行窗口输入:

```
A=[1,2;3,4;5,6];
D=A'
```

运行程序后输出：

```
D =
    1    3    5
    2    4    6
```

(2) 在 Matlab 的命令行窗口输入：

```
B = [-1,2,9;6,0,1;1,0,1];
E = B^3
```

运行程序后输出：

```
E =
    -32     44    198
    132    -10     22
     22      0     12
```

(3) 在 Matlab 的命令行窗口输入：

```
A = [1,2;3,4;5,6];
C = [-2,6;1,0;9,8];
F = A+C
```

运行程序后输出：

```
F =
    -1     8
     4     4
    14    14
```

(4) 在 Matlab 的命令行窗口输入：

```
A = [1,2;3,4;5,6];
B = [-1,2,9;6,0,1;1,0,1];
G = B*A
```

运行程序后输出：

```
G =
    50    60
    11    18
     6     8
```

(5) 在 Matlab 的命令行窗口输入：

```
A = [1,2;3,4;5,6];
C = [-2,6;1,0;9,8];
P = A.*C
```

运行程序后输出：

```
P =
    -2    12
     3     0
    45    48
```

(6) 在 Matlab 的命令行窗口输入：

```
B = [-1,2,9;6,0,1;1,0,1];
H = inv(B)
```

运行程序后输出：

```
H =
         0    0.2000   -0.2000
    0.5000    1.0000   -5.5000
         0   -0.2000    1.2000
```

(7) 在 Matlab 的命令行窗口输入：

```
A=[1,2;3,4;5,6];
B=[-1,2,9;6,0,1;1,0,1];
K=rref([A,B])
```

运行程序后输出：

```
K =
    1.0000         0         0   -2.6667  -11.6667
         0    1.0000         0    2.2500   10.0000
         0         0    1.0000   -0.1667   -0.6667
```

(8) 在 Matlab 的命令行窗口输入：

```
C=[-2,6;1,0;9,8];
[r,c]=size(C)
```

运行程序后输出：

```
r =
    3
c =
    2
```

习题1.6

请用 Matlab 程序实现本章习题 1.1 ～ 习题 1.5 中的题目(证明题除外).

总习题1

一、选择题

1. 设 $\boldsymbol{A},\boldsymbol{B},\boldsymbol{C}$ 都是 n 阶矩阵，则下列命题中正确的是(　　).

(A) 若 $\boldsymbol{A}\neq\boldsymbol{O}$ 且 $\boldsymbol{B}\neq\boldsymbol{O}$，则 $\boldsymbol{AB}\neq\boldsymbol{O}$

(B) 若 $\boldsymbol{AB}=\boldsymbol{CB}$，则 $\boldsymbol{A}=\boldsymbol{C}$

(C) 若 $\boldsymbol{A}^2=\boldsymbol{E}$，则 $\boldsymbol{A}=\boldsymbol{E}$ 或 $\boldsymbol{A}=-\boldsymbol{E}$

(D) 若 $\boldsymbol{AB}$ 可逆，则 $\boldsymbol{A},\boldsymbol{B}$ 都可逆

2. 设 $\boldsymbol{A}$ 为 n 阶可逆矩阵，且 $\boldsymbol{ABC}=\boldsymbol{E}$，则(　　).

(A) $\boldsymbol{ACB}=\boldsymbol{E}$　　(B) $\boldsymbol{CBA}=\boldsymbol{E}$　　(C) $\boldsymbol{BAC}=\boldsymbol{E}$　　(D) $\boldsymbol{BCA}=\boldsymbol{E}$

3. 设 $\boldsymbol{A},\boldsymbol{B}$ 均为 n 阶矩阵，则下列等式中正确的是(　　).

(A) $(\boldsymbol{A}-\boldsymbol{B})(\boldsymbol{A}+\boldsymbol{B})=\boldsymbol{A}^2-\boldsymbol{B}^2$　　(B) $\boldsymbol{A}^2-\boldsymbol{E}=(\boldsymbol{A}-\boldsymbol{E})(\boldsymbol{A}+\boldsymbol{E})$

(C) $(\boldsymbol{AB})^2=\boldsymbol{A}^2\boldsymbol{B}^2$　　(D) $(\boldsymbol{A}+\boldsymbol{B})^2=\boldsymbol{A}^2+2\boldsymbol{AB}+\boldsymbol{B}^2$

4. 设 $\boldsymbol{A},\boldsymbol{B}$ 均为 n 阶矩阵，则下列结论中一定成立的是(　　).

(A) 若 $\boldsymbol{A}$ 与 $\boldsymbol{B}$ 均可逆，则 $\boldsymbol{A}+\boldsymbol{B}$ 可逆
(B) 若 $\boldsymbol{A}$ 与 $\boldsymbol{B}$ 均不可逆，则 $\boldsymbol{A}+\boldsymbol{B}$ 不可逆
(C) 若 $\boldsymbol{A}$ 或 $\boldsymbol{B}$ 不可逆，则 $\boldsymbol{AB}$ 不可逆
(D) 若 $\boldsymbol{A}$ 或 $\boldsymbol{B}$ 可逆，则 $\boldsymbol{AB}$ 可逆

5. 设 $\boldsymbol{A}$ 为 n 阶可逆矩阵，则下列等式中恒成立的是（　　）.
(A) $[(\boldsymbol{A}^{-1})^{-1}]^{\mathrm{T}}=[(\boldsymbol{A}^{\mathrm{T}})^{-1}]^{-1}$　　(B) $[(\boldsymbol{A}^{\mathrm{T}})^{\mathrm{T}}]^{-1}=[(\boldsymbol{A}^{-1})^{-1}]^{\mathrm{T}}$
(C) $(3\boldsymbol{A})^{-1}=3\boldsymbol{A}^{-1}$　　(D) $(2\boldsymbol{A})^{\mathrm{T}}=\dfrac{1}{2}\boldsymbol{A}^{\mathrm{T}}$

6. 设 $\boldsymbol{A}$ 为三阶矩阵，将 $\boldsymbol{A}$ 的第 2 行加到第 1 行可得矩阵 $\boldsymbol{B}$，再将 $\boldsymbol{B}$ 的第 1 列的 -1 倍加到第 2 列可得矩阵 $\boldsymbol{C}$，记 $\boldsymbol{P}=\begin{pmatrix}1&1&0\\0&1&0\\0&0&1\end{pmatrix}$，则（　　）.
(A) $\boldsymbol{C}=\boldsymbol{P}^{-1}\boldsymbol{AP}$　　(B) $\boldsymbol{C}=\boldsymbol{PAP}^{-1}$　　(C) $\boldsymbol{C}=\boldsymbol{P}^{\mathrm{T}}\boldsymbol{AP}$　　(D) $\boldsymbol{C}=\boldsymbol{PAP}^{\mathrm{T}}$

7. 设 $\boldsymbol{A},\boldsymbol{B}$ 均为 n 阶对称矩阵，且 $\boldsymbol{B}$ 可逆，则下列矩阵中为对称矩阵的是（　　）.
(A) $\boldsymbol{AB}^{-1}-\boldsymbol{B}^{-1}\boldsymbol{A}$　　(B) $\boldsymbol{AB}^{-1}+\boldsymbol{B}^{-1}\boldsymbol{A}$　　(C) $\boldsymbol{B}^{-1}\boldsymbol{AB}$　　(D) $(\boldsymbol{AB})^2$

8. 设 $\boldsymbol{A}$ 为 n 阶矩阵，且 $\boldsymbol{A}$ 可逆，则下列说法中正确的是（　　）.
(A) 由 $\boldsymbol{BA}=\boldsymbol{AX}$，可得 $\boldsymbol{B}=\boldsymbol{X}$　　(B) 若 $(\boldsymbol{A},\boldsymbol{E})\sim(\boldsymbol{E},\boldsymbol{B})$，则有 $\boldsymbol{A}^{-1}=\boldsymbol{B}$
(C) $\boldsymbol{A}$ 经过列初等变换可化为单位矩阵 $\boldsymbol{E}$　　(D) 以上都不对

二、填空题

1. 设矩阵 $\boldsymbol{A}=\begin{pmatrix}4&0&0\\0&1&1\\0&2&3\end{pmatrix}$，则 $\boldsymbol{A}^{-1}=$ ________.

2. 设矩阵 $\boldsymbol{A}=\begin{pmatrix}2&0&-1\\1&3&2\end{pmatrix}$，$\boldsymbol{B}=\begin{pmatrix}1&7&-1\\4&2&3\\2&0&1\end{pmatrix}$，则 $\boldsymbol{B}^{\mathrm{T}}\boldsymbol{A}^{\mathrm{T}}=$ ________.

3. 设 n 阶矩阵 $\boldsymbol{A}$ 满足 $\boldsymbol{A}^2-2\boldsymbol{A}+5\boldsymbol{E}=\boldsymbol{O}$，则 $(\boldsymbol{A}+\boldsymbol{E})^{-1}=$ ________.

4. 若 n 阶矩阵 $\boldsymbol{A}$ 满足 $\boldsymbol{A}^3=-\boldsymbol{E}$，则 $(\boldsymbol{E}-\boldsymbol{A})(\boldsymbol{E}+\boldsymbol{A}+\boldsymbol{A}^2)=$ ________.

5. 设矩阵 $\boldsymbol{A}=\begin{pmatrix}1&1\\0&1\end{pmatrix}$，则 $\boldsymbol{A}^{10}=$ ________.

6. 设矩阵 $\boldsymbol{A}_1=\begin{pmatrix}1&0\\0&2\end{pmatrix}$，$\boldsymbol{A}_2=\begin{pmatrix}0&-1\\3&0\end{pmatrix}$，$\boldsymbol{A}=\begin{pmatrix}\boldsymbol{A}_1&\boldsymbol{O}\\\boldsymbol{O}&\boldsymbol{A}_2\end{pmatrix}$，则 $\boldsymbol{A}^{-1}=$ ________.

三、计算题

1. 把矩阵 $\boldsymbol{A}=\begin{pmatrix}1&0&-2&0&4\\1&2&-2&4&0\\0&0&4&4&-8\\0&0&0&-4&4\end{pmatrix}$ 化为行最简形矩阵.

2. 用逆矩阵解下列线性方程组：

(1) $\begin{cases}x_1+3x_2=4,\\2x_1+5x_2=6;\end{cases}$　　(2) $\begin{cases}2x_1+3x_2-2x_3=2,\\x_1+2x_2+3x_3=1,\\-x_1-3x_2+4x_3=-1.\end{cases}$

3. 设矩阵 $\boldsymbol{X}$ 满足 $\boldsymbol{AX}=\boldsymbol{A}+2\boldsymbol{X}$，其中 $\boldsymbol{A}=\begin{pmatrix}4&2&3\\1&1&0\\-1&2&3\end{pmatrix}$，求 $\boldsymbol{X}$.

4. 已知矩阵 $\boldsymbol{A}=\begin{pmatrix}0&1&1\\2&1&0\\1&-1&1\end{pmatrix}$，$\boldsymbol{B}=\begin{pmatrix}1&-1&3\\4&3&2\end{pmatrix}$，且 $\boldsymbol{XA}-\boldsymbol{B}=\boldsymbol{O}$，求 $\boldsymbol{X}$.

5. 设矩阵 $\boldsymbol{X}$ 满足 $\begin{pmatrix}0&0&1\\0&1&0\\1&0&0\end{pmatrix}\boldsymbol{X}\begin{pmatrix}1&2\\0&1\end{pmatrix}=\begin{pmatrix}1&1\\-1&2\\0&3\end{pmatrix}$，求 $\boldsymbol{X}$.

6. 设矩阵 $\boldsymbol{\alpha}=\begin{pmatrix}1\\1\\1\end{pmatrix}$，$\boldsymbol{\beta}=\begin{pmatrix}1\\-1\\2\end{pmatrix}$，$\boldsymbol{A}=\boldsymbol{\alpha}\boldsymbol{\beta}^{\mathrm{T}}$，求 $\boldsymbol{A}$，$\boldsymbol{A}^2$，$\boldsymbol{A}^{50}$.

7. 设 $\boldsymbol{A}$ 为 n 阶对称矩阵，且 $\boldsymbol{A}^2=\boldsymbol{O}$，求 $\boldsymbol{A}$.

8. 用初等变换法判断下列线性方程组是否有解，如果有解，求出它的解：

(1) $\begin{cases}2x_1+2x_2+10x_3=3,\\x_1+2x_2+3x_3=1,\\x_1-x_2+9x_3=1;\end{cases}$　　(2) $\begin{cases}3x_1+2x_2-x_3=3,\\2x_1+3x_2+x_3=12,\\x_1+x_2+2x_3=11.\end{cases}$

四、证明题

1. 设 $\boldsymbol{A}$，$\boldsymbol{B}$，$\boldsymbol{A}+\boldsymbol{B}$ 均为 n 阶可逆矩阵，证明：$\boldsymbol{A}^{-1}+\boldsymbol{B}^{-1}$ 也可逆，并求 $(\boldsymbol{A}^{-1}+\boldsymbol{B}^{-1})^{-1}$.

2. 设 n 阶矩阵 $\boldsymbol{A}$ 和 $\boldsymbol{B}$ 满足 $\boldsymbol{A}+\boldsymbol{B}=\boldsymbol{AB}$.

(1) 证明：$\boldsymbol{A}-\boldsymbol{E}$ 可逆，其中 $\boldsymbol{E}$ 是 n 阶单位矩阵；

(2) 已知矩阵 $\boldsymbol{B}=\begin{pmatrix}2&0&0\\0&-3&0\\0&0&2\end{pmatrix}$，求矩阵 $\boldsymbol{A}$.

3. 设 $\boldsymbol{A}^2=\boldsymbol{A}$，$\boldsymbol{B}^2=\boldsymbol{B}$，证明：$(\boldsymbol{A}+\boldsymbol{B})^2=\boldsymbol{A}+\boldsymbol{B}$ 的充要条件为 $\boldsymbol{AB}+\boldsymbol{BA}=\boldsymbol{O}$.

4. 设矩阵 $\boldsymbol{A}$ 和 $\boldsymbol{B}$ 都是 n 阶对称矩阵，证明：$\boldsymbol{A}^{\mathrm{T}}\boldsymbol{B}-\boldsymbol{B}^{\mathrm{T}}\boldsymbol{A}$ 是反对称矩阵.

5. 设 k 为正整数，且 $\boldsymbol{A}^k=\boldsymbol{O}$，证明：$\boldsymbol{A}-\boldsymbol{E}$ 可逆.

第2章

行列式及其应用

课程思政案例

行列式是线性代数的重要内容之一. 从表面上看,行列式如同导数一样,不过是一种语言或速记,但其大多数生动的性质却能对新的思想领域提供钥匙.

行列式的概念最早是由日本数学家关孝和提出的,他在 1683 年写了一部叫作《解伏题之法》的著作,"解伏题之法" 的意思是"解行列式问题的方法",书中对行列式的概念和它的展开给出了清楚的叙述. 欧洲第一个提出行列式概念的是德国数学家、微积分学奠基人之一——莱布尼茨(Leibniz). 1750 年,瑞士数学家克拉默(Cramer) 在他的著作《线性代数分析导言》中发表了求解线性系统方程的重要基本公式. 1764 年,法国数学家贝祖(Bezout) 把确定行列式每一项符号的方法进行了系统化. 对给定的含 n 个未知数的 n 个齐次线性方程,贝祖证明了系数行列式等于 0 是该方程组有非零解的条件. 法国数学家范德蒙德(Vandermonde) 第一个对行列式理论进行了系统的阐述,他给出了用二阶子式和它们的余子式来展开行列式的法则. 就对行列式进行研究这一点而言,他是这门理论的奠基人.

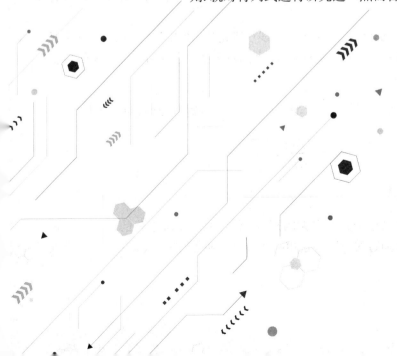

第1节 行列式的概念

一、二阶行列式

对于给定的二元线性方程组

$$\begin{cases} a_{11}x_1 + a_{12}x_2 = b_1, \\ a_{21}x_1 + a_{22}x_2 = b_2, \end{cases} \tag{2.1}$$

其系数矩阵 $\boldsymbol{A} = \begin{pmatrix} a_{11} & a_{12} \\ a_{21} & a_{22} \end{pmatrix}$ 是一个二阶矩阵. 利用消元法消去 x_2，用 a_{22} 与 a_{12} 分别乘以方程组(2.1) 中的两个方程然后相减，得

$$(a_{11}a_{22} - a_{12}a_{21})x_1 = b_1a_{22} - a_{12}b_2.$$

同理，利用消元法消去 x_1，得

$$(a_{11}a_{22} - a_{12}a_{21})x_2 = a_{11}b_2 - b_1a_{21}.$$

显然，当 $a_{11}a_{22} - a_{12}a_{21} \neq 0$ 时，方程组(2.1) 有唯一解

$$x_1 = \frac{b_1a_{22} - a_{12}b_2}{a_{11}a_{22} - a_{12}a_{21}}, \quad x_2 = \frac{a_{11}b_2 - b_1a_{21}}{a_{11}a_{22} - a_{12}a_{21}}. \tag{2.2}$$

为了便于记忆上述解的公式，我们引入记号

$$D = \begin{vmatrix} a_{11} & a_{12} \\ a_{21} & a_{22} \end{vmatrix} = a_{11}a_{22} - a_{12}a_{21},$$

称 D 为由二阶矩阵 $\boldsymbol{A}$ 所确定的**二阶行列式**，称 $a_{ij}(i,j = 1,2)$ 为 D 的**元素**，其下标 i 和 j 分别为元素 a_{ij} 的行标和列标. 矩阵 $\boldsymbol{A}$ 的行列式记作 $|\boldsymbol{A}|$ 或者 $\det \boldsymbol{A}$.

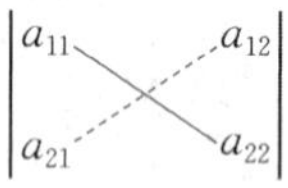

图 2.1

上述二阶行列式的定义可用对角线法则记忆. 如图 2.1 所示，实线(主对角线) 连接的两个元素的乘积减去虚线(副对角线) 连接的两个元素的乘积即为该二阶行列式的值.

于是，若记 $\boldsymbol{A}_1 = \begin{pmatrix} b_1 & a_{12} \\ b_2 & a_{22} \end{pmatrix}$，$\boldsymbol{A}_2 = \begin{pmatrix} a_{11} & b_1 \\ a_{21} & b_2 \end{pmatrix}$，则(2.2) 式可写为

$$x_1 = \frac{|\boldsymbol{A}_1|}{|\boldsymbol{A}|}, \quad x_2 = \frac{|\boldsymbol{A}_2|}{|\boldsymbol{A}|}.$$

二、高阶行列式

为了将上述结论推广到更大的矩阵，需要引入 n 阶矩阵的行列式的定义. 为此，下面先通过对三阶可逆矩阵 $\boldsymbol{A}$ 施行行初等变换，从而引入三阶行列式的定义.

设

$$A=\begin{pmatrix}a_{11}&a_{12}&a_{13}\\a_{21}&a_{22}&a_{23}\\a_{31}&a_{32}&a_{33}\end{pmatrix},$$

不妨假定 $a_{11}\neq 0$(如果 $a_{11}=0$,可以通过行初等变换使之不为 0),对三阶矩阵 $\boldsymbol{A}$ 施行行初等变换:

$$A=\begin{pmatrix}a_{11}&a_{12}&a_{13}\\a_{21}&a_{22}&a_{23}\\a_{31}&a_{32}&a_{33}\end{pmatrix}\sim\begin{pmatrix}a_{11}&a_{12}&a_{13}\\0&a_{11}a_{22}-a_{12}a_{21}&a_{11}a_{23}-a_{13}a_{21}\\0&a_{11}a_{32}-a_{12}a_{31}&a_{11}a_{33}-a_{13}a_{31}\end{pmatrix}.$$

由于 $\boldsymbol{A}$ 是可逆的,故 $a_{11}a_{22}-a_{12}a_{21}$ 与 $a_{11}a_{32}-a_{12}a_{31}$ 不能同时为 0. 不妨假定 $a_{11}a_{22}-a_{12}a_{21}\neq 0$,从而有

$$A\sim\begin{pmatrix}a_{11}&a_{12}&a_{13}\\0&a_{11}a_{22}-a_{12}a_{21}&a_{11}a_{23}-a_{13}a_{21}\\0&0&a_{11}\Delta\end{pmatrix},$$

其中 $\Delta=a_{11}a_{22}a_{33}+a_{12}a_{23}a_{31}+a_{13}a_{21}a_{32}-a_{11}a_{23}a_{32}-a_{12}a_{21}a_{33}-a_{13}a_{22}a_{31}\neq 0$.

我们称 Δ 为由三阶矩阵 $\boldsymbol{A}$ 所确定的**三阶行列式**,即

$$|A|=\begin{vmatrix}a_{11}&a_{12}&a_{13}\\a_{21}&a_{22}&a_{23}\\a_{31}&a_{32}&a_{33}\end{vmatrix}$$
$$=a_{11}a_{22}a_{33}+a_{12}a_{23}a_{31}+a_{13}a_{21}a_{32}-a_{11}a_{23}a_{32}-a_{12}a_{21}a_{33}-a_{13}a_{22}a_{31}.$$

上式右端可写成

$$(a_{11}a_{22}a_{33}-a_{11}a_{23}a_{32})-(a_{12}a_{21}a_{33}-a_{12}a_{23}a_{31})+(a_{13}a_{21}a_{32}-a_{13}a_{22}a_{31})$$
$$=a_{11}\begin{vmatrix}a_{22}&a_{23}\\a_{32}&a_{33}\end{vmatrix}-a_{12}\begin{vmatrix}a_{21}&a_{23}\\a_{31}&a_{33}\end{vmatrix}+a_{13}\begin{vmatrix}a_{21}&a_{22}\\a_{31}&a_{32}\end{vmatrix}.$$

为简便起见,上式可写成

$$|A|=a_{11}M_{11}-a_{12}M_{12}+a_{13}M_{13}=a_{11}A_{11}+a_{12}A_{12}+a_{13}A_{13},\quad(2.3)$$

其中 M_{ij} 表示由 $|\boldsymbol{A}|$ 中去除第 i 行和第 j 列后剩下的元素所组成的行列式,称为元素 a_{ij} 的**余子式**,$A_{ij}=(-1)^{i+j}M_{ij}$ 称为元素 a_{ij} 的**代数余子式**.

例 2.1 设三阶行列式

$$D=\begin{vmatrix}0&1&-1\\-3&0&2\\1&1&0\end{vmatrix},$$

求 $M_{12},A_{12},M_{13},A_{13}$.

解 $M_{12}=\begin{vmatrix}-3&2\\1&0\end{vmatrix}=-2,\quad A_{12}=(-1)^{1+2}M_{12}=2,$

$M_{13}=\begin{vmatrix}-3&0\\1&1\end{vmatrix}=-3,\quad A_{13}=(-1)^{1+3}M_{13}=-3.$

对于 n 阶矩阵 $\boldsymbol{A}$ 的行列式 $|\boldsymbol{A}|$,当 $n=3$ 时,类似于(2.3)式,$|\boldsymbol{A}|$ 可由其

二阶代数余子式来定义；当 $n=4$ 时，$|\boldsymbol{A}|$ 可由其三阶代数余子式来定义. 一般地，一个 n 阶行列式可由其 $n-1$ 阶代数余子式来定义. 于是，有以下行列式的递归定义.

定义 2.1 当 $n \geqslant 2$ 时，n 阶矩阵 $\boldsymbol{A}=(a_{ij})$ 的行列式 $|\boldsymbol{A}|$ 是形如 $a_{1j}A_{1j}\ (j=1,2,\cdots,n)$ 的 n 项的和，即 $|\boldsymbol{A}|=a_{11}A_{11}+a_{12}A_{12}+\cdots+a_{1n}A_{1n}$.

显然，三阶行列式是由 9 个数按一定的规律运算所得的代数和，这个代数和还可以利用对角线法则(见图 2.2) 或沙路法则(见图 2.3) 来记忆.

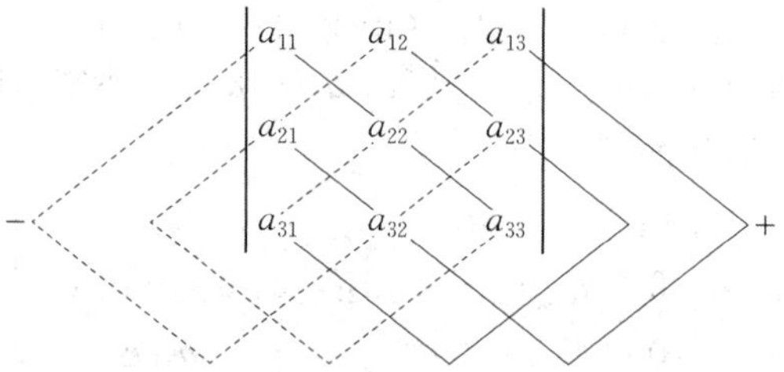

图 2.2

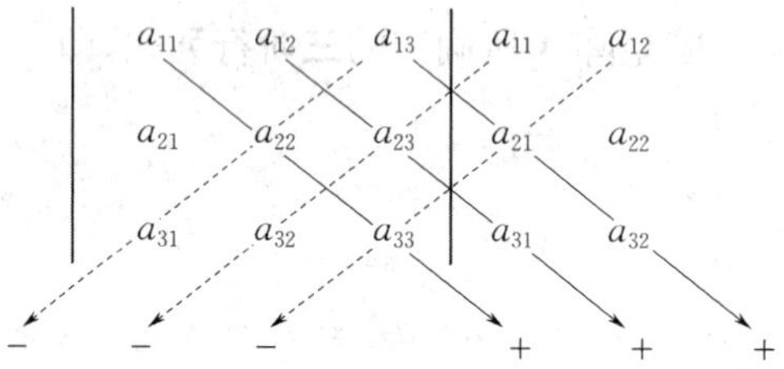

图 2.3

特别地，若行列式只有1行1列，不妨假定该元素为 a，则 $|\boldsymbol{A}|=|a|=a$. 例如，行列式 $|-1|=-1$. 要将行列式与绝对值区分开.

例 2.2 计算三阶行列式

$$D=\begin{vmatrix} 0 & 1 & -1 \\ -3 & 0 & 2 \\ 1 & 1 & 0 \end{vmatrix}.$$

解 方法一 根据对角线法则，得

$$D=(0+2+3)-(0+0+0)=5.$$

方法二 根据定义 2.1，得

$$D=a_{11}A_{11}+a_{12}A_{12}+a_{13}A_{13}=0\times(-2)+1\times 2+(-1)\times(-3)=5.$$

三、排列及逆序数

为方便证明行列式的性质及给出 n 阶行列式的另一种定义，下面引入排列及逆序数的概念.

定义 2.2 把自然数 $1,2,\cdots,n$ 按一定的顺序排成一个数组，称为一个 n **级排列**，简称**排列**，并把这个排列记作 $i_1 i_2 \cdots i_n$.

一般地，自然数 $1,2,\cdots,n$ 可组成 $n!$ 个不同的 n 级排列，即 n 级排列的总

数为 $n!$ 个.

定义 2.3 在一个 n 级排列 $i_1i_2\cdots i_t\cdots i_s\cdots i_n$ 中，若 $i_t > i_s$（表明较大的数 i_t 排在较小的数 i_s 前面），则称数 i_t 与 i_s 构成一个**逆序**. 一个 n 级排列中逆序的总数称为该排列的**逆序数**，记作

$$\tau(i_1i_2\cdots i_n).$$

根据上述定义，可按如下方法计算排列的逆序数：

若在一个 n 级排列 $i_1i_2\cdots i_t\cdots i_n$ 中，比 $i_t(t=1,2,\cdots,n)$ 大且排在 i_t 前面的数共有 t_i 个，则 i_t 与该排列中其他数之间构成 t_i 个逆序，而该排列中所有数的逆序之和就是该排列的逆序数，即

$$\tau(i_1i_2\cdots i_n) = t_1 + t_2 + \cdots + t_n.$$

例 2.3 计算排列 32514 的逆序数.

解 $\tau(32514) = 0+1+0+3+1 = 5.$

定义 2.4 逆序数为奇数的排列称为**奇排列**；逆序数为偶数的排列称为**偶排列**.

在 n 级排列 $i_1i_2\cdots i_t\cdots i_s\cdots i_n$ 中，将其中两个数 i_t 和 i_s 互换位置，其余各数位置不变，从而得到另一个排列 $i_1i_2\cdots i_s\cdots i_t\cdots i_n$，称这样的做法为一个**对换**，记作 (i_t, i_s).

定理 2.1 **每一个对换都改变排列的奇偶性.**

证 首先考虑对换两个相邻的数的情形. 设某一个 n 级排列为

$$\cdots ij\cdots,$$

经过对换 (i,j) 得到另一个排列

$$\cdots ji\cdots.$$

在这两个排列中，一方面，除 i,j 以外的其他任何两个数的相对顺序均未改变；另一方面，i,j 以外的任何一个数与 i（或 j）的相对顺序也未改变，而改变的只有 i 与 j 的相对顺序. 因此，新排列比原排列或增加了一个逆序（$i<j$），或减少了一个逆序（$i>j$）. 无论是哪一种情形，原排列与新排列的奇偶性都相反，即对换相邻的两个数，一定会改变排列的奇偶性.

一般地，设对换的两个数 i,j 之间还有 s 个数 $k_1,k_2,\cdots,k_s$，即设原排列为

$$\cdots ik_1k_2\cdots k_sj\cdots,$$

经过对换 (i,j) 后得到新排列

$$\cdots jk_1k_2\cdots k_si\cdots.$$

对于上述两个排列的关系，我们也可以这样理解：在原排列中先把 i 依次与 $k_1,k_2,\cdots,k_s,j$ 做相邻对换（共 $s+1$ 次），则原排列变为

$$\cdots k_1k_2\cdots k_sji\cdots;$$

再把所得排列中的数 j 依次与 $k_s,\cdots,k_2,k_1$ 做相邻对换（共 s 次），就得到新排列

$$\cdots jk_1k_2\cdots k_si\cdots.$$

这样，原排列共经过 $2s+1$ 次相邻对换后得到了新排列，因此排列的奇偶性发生了改变.

定理 2.2 **当 $n\geqslant 2$ 时，在 $n!$ 个 n 级排列中，奇排列与偶排列的个数相等.**

证 设有 p 个不同的 n 级偶排列，q 个不同的 n 级奇排列，则 $p+q=n!$. 对这 p 个偶排列做同一个对换 (i,j)，根据定理 2.1，可得到 p 个奇排列，且 $p\leqslant q$. 同理，对这 q 个奇排列做同一个对换 (i,j)，根据定理 2.1，可得到 q 个偶排列，且 $q\leqslant p$，故 $q=p=\dfrac{n!}{2}$.

习题2.1

1. 选择题：

(1) 下列排列中为五级偶排列的是(　　).

(A) 24315　　(B) 14325　　(C) 41523　　(D) 24351

(2) 如果 n 级排列 $j_1j_2\cdots j_n$ 的逆序数是 k，则排列 $j_n\cdots j_2j_1$ 的逆序数是(　　).

(A) k　　(B) $n-k$　　(C) $\dfrac{n!}{2}-k$　　(D) $\dfrac{n(n-1)}{2}-k$

2. 计算行列式 $\begin{vmatrix} x & y & x+y \\ y & x+y & x \\ x+y & x & y \end{vmatrix}$.

3. 设 a,b,c 两两不等，证明：$\begin{vmatrix} 1 & 1 & 1 \\ a & b & c \\ a^3 & b^3 & c^3 \end{vmatrix}=0$ 的充要条件是 $a+b+c=0$.

第2节 行列式的性质与展开

本节将在逆序数的基础上，给出 n 阶行列式的另一种定义，并介绍行列式的一些性质.

从三阶行列式的定义

$$\begin{vmatrix} a_{11} & a_{12} & a_{13} \\ a_{21} & a_{22} & a_{23} \\ a_{31} & a_{32} & a_{33} \end{vmatrix}$$

$$=a_{11}a_{22}a_{33}+a_{12}a_{23}a_{31}+a_{13}a_{21}a_{32}-a_{11}a_{23}a_{32}-a_{12}a_{21}a_{33}-a_{13}a_{22}a_{31},$$

可以看出：(1) 三阶行列式共有 $3!=6$ 项；(2) 每项都是取自不同行、不同列的 3 个元素的乘积;(3) 每项的符号是:当该项元素的行标按自然序排列后,若对应的列标构成的排列是偶排列则取正号,是奇排列则取负号.

因此,三阶行列式又可定义为

$$\begin{vmatrix} a_{11} & a_{12} & a_{13} \\ a_{21} & a_{22} & a_{23} \\ a_{31} & a_{32} & a_{33} \end{vmatrix} = \sum_{j_1j_2j_3} (-1)^{\tau(j_1j_2j_3)} a_{1j_1}a_{2j_2}a_{3j_3},$$

其中 $\sum\limits_{j_1j_2j_3}$ 表示对所有三级排列 $j_1j_2j_3$ 所对应的项 $(-1)^{\tau(j_1j_2j_3)}a_{1j_1}a_{2j_2}a_{3j_3}$ 求和.

定义 2.5 n 阶行列式

$$D = \begin{vmatrix} a_{11} & a_{12} & \cdots & a_{1n} \\ a_{21} & a_{22} & \cdots & a_{2n} \\ \vdots & \vdots & & \vdots \\ a_{n1} & a_{n2} & \cdots & a_{nn} \end{vmatrix}$$

可表示为所有取自不同行、不同列的 n 个元素乘积 $a_{1j_1}a_{2j_2}\cdots a_{nj_n}$ 的代数和,各项的符号是:当该项各元素的行标按自然序排列后,若对应的列标构成的排列是偶排列则取正号,是奇排列则取负号,即

$$D = \sum_{j_1j_2\cdots j_n} (-1)^{\tau(j_1j_2\cdots j_n)} a_{1j_1}a_{2j_2}\cdots a_{nj_n}, \tag{2.4}$$

其中 $\sum\limits_{j_1j_2\cdots j_n}$ 表示对所有 n 级排列 $j_1j_2\cdots j_n$ 所对应的项 $(-1)^{\tau(j_1j_2\cdots j_n)}a_{1j_1}a_{2j_2}\cdots a_{nj_n}$ 求和(共 $n!$ 项).

由于奇排列和偶排列的个数相同,故(2.4) 式中正、负项各占一半.

主对角线以下(上) 的元素都为 0 的行列式叫作**上(下) 三角行列式**. 除主对角线外,其余元素都为 0 的行列式叫作**对角行列式**. 显然,上(下) 三角行列式、对角行列式的值都等于其主对角线上元素的乘积.

例如,下三角行列式 $\begin{vmatrix} a_{11} & 0 & \cdots & 0 \\ a_{21} & a_{22} & \cdots & 0 \\ \vdots & \vdots & & \vdots \\ a_{n1} & a_{n2} & \cdots & a_{nn} \end{vmatrix} = a_{11}a_{22}\cdots a_{nn}$.

一、行列式的性质

对于行列式

$$D = \begin{vmatrix} a_{11} & a_{12} & \cdots & a_{1n} \\ a_{21} & a_{22} & \cdots & a_{2n} \\ \vdots & \vdots & & \vdots \\ a_{n1} & a_{n2} & \cdots & a_{nn} \end{vmatrix},$$

称

$$D^{\mathrm{T}}=\begin{vmatrix} a_{11} & a_{21} & \cdots & a_{n1} \\ a_{12} & a_{22} & \cdots & a_{n2} \\ \vdots & \vdots & & \vdots \\ a_{1n} & a_{2n} & \cdots & a_{nn} \end{vmatrix}$$

为行列式 D 的**转置行列式**.

性质 2.1 行列式与它的转置行列式相等,即 $D^{\mathrm{T}}=D$.

性质 2.2 设 $\boldsymbol{A},\boldsymbol{B}$ 均为方阵,则 $|\boldsymbol{AB}|=|\boldsymbol{A}||\boldsymbol{B}|$.

性质 2.3 若行列式的某一行(列)元素均是两组数之和,则行列式等于两个行列式之和.

例如,

$$\begin{vmatrix} a_{11} & a_{12} & \cdots & a_{1n} \\ \vdots & \vdots & & \vdots \\ b_{i1}+c_{i1} & b_{i2}+c_{i2} & \cdots & b_{in}+c_{in} \\ \vdots & \vdots & & \vdots \\ a_{n1} & a_{n2} & \cdots & a_{nn} \end{vmatrix}$$

$$=\begin{vmatrix} a_{11} & a_{12} & \cdots & a_{1n} \\ \vdots & \vdots & & \vdots \\ b_{i1} & b_{i2} & \cdots & b_{in} \\ \vdots & \vdots & & \vdots \\ a_{n1} & a_{n2} & \cdots & a_{nn} \end{vmatrix}+\begin{vmatrix} a_{11} & a_{12} & \cdots & a_{1n} \\ \vdots & \vdots & & \vdots \\ c_{i1} & c_{i2} & \cdots & c_{in} \\ \vdots & \vdots & & \vdots \\ a_{n1} & a_{n2} & \cdots & a_{nn} \end{vmatrix}.$$

性质 2.4(行(列)变换) (1) 若方阵 $\boldsymbol{A}$ 的两行(列)对换得到方阵 $\boldsymbol{B}$,则 $|\boldsymbol{B}|=-|\boldsymbol{A}|$.

(2) 若方阵 $\boldsymbol{A}$ 的某行(列)各元素乘以 k 得到方阵 $\boldsymbol{B}$,则 $|\boldsymbol{B}|=k|\boldsymbol{A}|$.

(3) 若方阵 $\boldsymbol{A}$ 的某一行(列)各元素乘以 k 后加到另一行(列)的对应元素上得到方阵 $\boldsymbol{B}$,则 $|\boldsymbol{B}|=|\boldsymbol{A}|$.

推论 2.1 对于 n 阶矩阵 $\boldsymbol{A}$,$|\lambda\boldsymbol{A}|=\lambda^n|\boldsymbol{A}|$.

推论 2.2 若行列式中有两行(列)元素相同,则行列式的值等于 0.

推论 2.3 若行列式中有两行(列)元素对应成比例,则行列式的值等于 0.

推论 2.4 行列式中某一行(列)的所有元素的公因子可以提到行列式记号外面.

因此,可以利用行列式的性质将行列式化为上三角行列式,从而算出行列式的值.

为方便运算,交换行列式的两行(列)记作 $r_i\leftrightarrow r_j(c_i\leftrightarrow c_j)$;行列式的第 i 行(列)所有元素乘以 k 记作 $r_i\times k(c_i\times k)$;行列式的第 j 行(列)所有元素乘以 k 后加到第 i 行(列)对应元素记作 $r_i+kr_j(c_i+kc_j)$.

例 2.4 计算四阶行列式

$$D=\begin{vmatrix}2&1&4&1\\3&-1&2&1\\1&2&3&2\\3&0&1&-4\end{vmatrix}.$$

解 $D=\begin{vmatrix}2&1&4&1\\3&-1&2&1\\1&2&3&2\\3&0&1&-4\end{vmatrix}\xlongequal{c_1\leftrightarrow c_2}-\begin{vmatrix}1&2&4&1\\-1&3&2&1\\2&1&3&2\\0&3&1&-4\end{vmatrix}$

$$\xlongequal[r_3-2r_1]{r_2+r_1}-\begin{vmatrix}1&2&4&1\\0&5&6&2\\0&-3&-5&0\\0&3&1&-4\end{vmatrix}\xlongequal[r_4-\frac{3}{5}r_2]{r_3+\frac{3}{5}r_2}-\begin{vmatrix}1&2&4&1\\0&5&6&2\\0&0&-\frac{7}{5}&\frac{6}{5}\\0&0&-\frac{13}{5}&-\frac{26}{5}\end{vmatrix}$$

$$\xlongequal{r_4-\frac{13}{7}r_3}-\begin{vmatrix}1&2&4&1\\0&5&6&2\\0&0&-\frac{7}{5}&\frac{6}{5}\\0&0&0&-\frac{52}{7}\end{vmatrix}=-5\cdot\left(-\frac{7}{5}\right)\cdot\left(-\frac{52}{7}\right)=-52.$$

例 2.5 计算 n 阶行列式

$$D=\begin{vmatrix}a&b&b&\cdots&b\\b&a&b&\cdots&b\\b&b&a&\cdots&b\\\vdots&\vdots&\vdots&&\vdots\\b&b&b&\cdots&a\end{vmatrix}.$$

解 注意到行列式的各行(列)对应元素之和相等这一特点,把第 2 列至第 n 列的所有元素加到第 1 列的对应元素上,得

$$D=\begin{vmatrix}a+(n-1)b&b&\cdots&b\\a+(n-1)b&a&\cdots&b\\\vdots&\vdots&&\vdots\\a+(n-1)b&b&\cdots&a\end{vmatrix}=[a+(n-1)b]\begin{vmatrix}1&b&\cdots&b\\1&a&\cdots&b\\\vdots&\vdots&&\vdots\\1&b&\cdots&a\end{vmatrix}$$

$$=[a+(n-1)b]\begin{vmatrix}1&b&\cdots&b\\0&a-b&\cdots&0\\\vdots&\vdots&&\vdots\\0&0&\cdots&a-b\end{vmatrix}=[a+(n-1)b](a-b)^{n-1}.$$

二、行列式的展开

将高阶行列式化为低阶行列式是计算行列式的又一途径，前面已经给出了余子式和代数余子式的概念，下面介绍行列式展开的引理及计算方法.

引理 1 **设 D 为 n 阶行列式，如果 D 的第 i 行所有元素除 a_{ij} 外全为 0，则**

$$D = a_{ij}A_{ij}.$$

证 先证 a_{ij} 位于第 1 行、第 1 列的情形，此时

$$D = \begin{vmatrix} a_{11} & 0 & \cdots & 0 \\ a_{21} & a_{22} & \cdots & a_{2n} \\ \vdots & \vdots & & \vdots \\ a_{n1} & a_{n2} & \cdots & a_{nn} \end{vmatrix}.$$

由定义 2.1 可知，$D = a_{11}M_{11} = a_{11}A_{11}$.

再证一般情形，此时

$$D = \begin{vmatrix} a_{11} & \cdots & a_{1j} & \cdots & a_{1n} \\ \vdots & & \vdots & & \vdots \\ 0 & \cdots & a_{ij} & \cdots & 0 \\ \vdots & & \vdots & & \vdots \\ a_{n1} & \cdots & a_{nj} & \cdots & a_{nn} \end{vmatrix}.$$

我们对 D 做如下变换：把 D 的第 i 行依次与第 $i-1, i-2, \cdots, 1$ 行对换，这样数 a_{ij} 就换到了第 1 行、第 j 列的位置，对换次数为 $i-1$ 次；再把第 j 列依次与第 $j-1, j-2, \cdots, 1$ 列对换，于是数 a_{ij} 就换到了第 1 行、第 1 列的位置，对换次数为 $j-1$ 次. 因此，总共经过 $(i-1)+(j-1)$ 次对换，就将数 a_{ij} 换到了第 1 行、第 1 列的位置，而第 1 行其他元素都为 0. 将所得行列式记作 D_1，而 a_{ij} 在 D_1 中的余子式仍然是 a_{ij} 在 D 中的余子式 M_{ij}，从而有

$$D_1 = a_{ij}M_{ij},$$

于是

$$D = (-1)^{i+j}D_1 = (-1)^{i+j}a_{ij}M_{ij} = a_{ij}A_{ij}.$$

定理 2.3 **行列式等于它的任一行(列)的各元素与其对应的代数余子式的乘积之和，即**

$$D = a_{i1}A_{i1} + a_{i2}A_{i2} + \cdots + a_{in}A_{in} \quad (i = 1, 2, \cdots, n) \tag{2.5}$$

或

$$D = a_{1j}A_{1j} + a_{2j}A_{2j} + \cdots + a_{nj}A_{nj} \quad (j = 1, 2, \cdots, n). \tag{2.6}$$

证 这里只证(2.5)式，(2.6)式的证明与之类似.

$$D = \begin{vmatrix} a_{11} & a_{12} & \cdots & a_{1n} \\ \vdots & \vdots & & \vdots \\ a_{i1}+0+\cdots+0 & 0+a_{i2}+\cdots+0 & \cdots & 0+\cdots+0+a_{in} \\ \vdots & \vdots & & \vdots \\ a_{n1} & a_{n2} & \cdots & a_{nn} \end{vmatrix}$$

$$
= \begin{vmatrix} a_{11} & a_{12} & \cdots & a_{1n} \\ \vdots & \vdots & & \vdots \\ a_{i1} & 0 & \cdots & 0 \\ \vdots & \vdots & & \vdots \\ a_{n1} & a_{n2} & \cdots & a_{nn} \end{vmatrix} + \begin{vmatrix} a_{11} & a_{12} & \cdots & a_{1n} \\ \vdots & \vdots & & \vdots \\ 0 & a_{i2} & \cdots & 0 \\ \vdots & \vdots & & \vdots \\ a_{n1} & a_{n2} & \cdots & a_{nn} \end{vmatrix} + \cdots
$$

$$
+ \begin{vmatrix} a_{11} & a_{12} & \cdots & a_{1n} \\ \vdots & \vdots & & \vdots \\ 0 & 0 & \cdots & a_{in} \\ \vdots & \vdots & & \vdots \\ a_{n1} & a_{n2} & \cdots & a_{nn} \end{vmatrix} = a_{i1}A_{i1} + a_{i2}A_{i2} + \cdots + a_{in}A_{in}.
$$

推论 2.5　行列式某一行(列)的元素与另一行(列)的对应元素的代数余子式的乘积之和等于0,即

$$
a_{i1}A_{j1} + a_{i2}A_{j2} + \cdots + a_{in}A_{jn} = 0 \quad (i \neq j)
$$

或

$$
a_{1i}A_{1j} + a_{2i}A_{2j} + \cdots + a_{ni}A_{nj} = 0 \quad (i \neq j).
$$

利用上述定理并结合行列式的性质,可以简化行列式的计算.

例 2.6　设行列式 $D = \begin{vmatrix} 3 & 0 & 2 & 0 \\ 1 & 5 & 0 & 1 \\ 0 & 0 & -3 & 0 \\ 2 & 8 & 4 & 3 \end{vmatrix}$,求:

(1) D;

(2) $A_{41} + A_{42} + A_{43} + A_{44}$.

解　(1) 由于行列式 D 的第 3 行除元素 -3 外其余元素均为 0,故可直接按第 3 行展开,即

$$
D = (-3) \cdot (-1)^{3+3} \begin{vmatrix} 3 & 0 & 0 \\ 1 & 5 & 1 \\ 2 & 8 & 3 \end{vmatrix} = (-3) \cdot 3 \cdot (-1)^{1+1} \begin{vmatrix} 5 & 1 \\ 8 & 3 \end{vmatrix} = -63.
$$

(2) 根据所求式子直接构造新的四阶行列式,有

$$
A_{41} + A_{42} + A_{43} + A_{44} = \begin{vmatrix} 3 & 0 & 2 & 0 \\ 1 & 5 & 0 & 1 \\ 0 & 0 & -3 & 0 \\ 1 & 1 & 1 & 1 \end{vmatrix} = (-3) \cdot (-1)^{3+3} \begin{vmatrix} 3 & 0 & 0 \\ 1 & 5 & 1 \\ 1 & 1 & 1 \end{vmatrix}
$$

$$
= (-3) \cdot 3 \cdot (-1)^{1+1} \begin{vmatrix} 5 & 1 \\ 1 & 1 \end{vmatrix} = -36.
$$

例 2.7　计算 n 阶范德蒙德行列式

$$D_n=\begin{vmatrix}1&1&1&\cdots&1\\a_1&a_2&a_3&\cdots&a_n\\a_1^2&a_2^2&a_3^2&\cdots&a_n^2\\\vdots&\vdots&\vdots&&\vdots\\a_1^{n-1}&a_2^{n-1}&a_3^{n-1}&\cdots&a_n^{n-1}\end{vmatrix}.$$

解 从最后一行开始,每一行减去它上一行的 a_1 倍,得

$$D_n=\begin{vmatrix}1&1&1&\cdots&1\\0&a_2-a_1&a_3-a_1&\cdots&a_n-a_1\\0&a_2(a_2-a_1)&a_3(a_3-a_1)&\cdots&a_n(a_n-a_1)\\\vdots&\vdots&\vdots&&\vdots\\0&a_2^{n-2}(a_2-a_1)&a_3^{n-2}(a_3-a_1)&\cdots&a_n^{n-2}(a_n-a_1)\end{vmatrix}.$$

上式按第 1 列展开后,提出每一列的公因子,得

$$D_n=(a_2-a_1)(a_3-a_1)\cdots(a_n-a_1)\begin{vmatrix}1&1&\cdots&1\\a_2&a_3&\cdots&a_n\\\vdots&\vdots&&\vdots\\a_2^{n-2}&a_3^{n-2}&\cdots&a_n^{n-2}\end{vmatrix}.$$

所得到的行列式是一个 $n-1$ 阶范德蒙德行列式,用 D_{n-1} 来表示,从而可得递归公式

$$D_n=(a_2-a_1)(a_3-a_1)\cdots(a_n-a_1)D_{n-1}.$$

同理可得

$$D_{n-1}=(a_3-a_2)(a_4-a_2)\cdots(a_n-a_2)D_{n-2},$$

其中 D_{n-2} 是一个 $n-2$ 阶范德蒙德行列式. 如此继续下去,最后得

$$\begin{aligned}D_n&=(a_2-a_1)(a_3-a_1)\cdots(a_n-a_1)(a_3-a_2)(a_4-a_2)\cdots(a_n-a_2)\cdots(a_n-a_{n-1})\\&=\prod_{1\leqslant j<i\leqslant n}(a_i-a_j).\end{aligned}$$

习题2.2

1. 选择题:

(1) n 阶行列式的展开式中含 $a_{11}a_{12}$ 的项共有(　　)个.

(A) 0　　(B) $n-2$　　(C) $(n-2)!$　　(D) $(n-1)!$

(2) 行列式 $\begin{vmatrix}0&0&0&1\\0&0&1&0\\0&1&0&0\\1&0&0&0\end{vmatrix}$ 的值为(　　).

(A) 0　　(B) -1　　(C) 1　　(D) 2

(3) 函数 $f(x)=\begin{vmatrix}2x&x&-1&1\\-1&-x&1&2\\3&2&-x&3\\0&0&0&1\end{vmatrix}$ 中 x^3 项的系数是(　　).

(A) 0　　(B) -1　　(C) 1　　(D) 2

(4) 若 $D=\begin{vmatrix} a_{11} & a_{12} & a_{13} \\ a_{21} & a_{22} & a_{23} \\ a_{31} & a_{32} & a_{33} \end{vmatrix}=\frac{1}{2}$,则 $D_1=\begin{vmatrix} 2a_{11} & a_{13} & a_{11}-2a_{12} \\ 2a_{21} & a_{23} & a_{21}-2a_{22} \\ 2a_{31} & a_{33} & a_{31}-2a_{32} \end{vmatrix}=$(　　).

(A) 4　　(B) -4　　(C) 2　　(D) -2

(5) 若 $\begin{vmatrix} a_{11} & a_{12} \\ a_{21} & a_{22} \end{vmatrix}=a$,则 $\begin{vmatrix} a_{12} & ka_{22} \\ a_{11} & ka_{21} \end{vmatrix}=$(　　).

(A) ka　　(B) $-ka$　　(C) k^2a　　(D) $-k^2a$

(6) 已知某四阶行列式中第1行元素依次是$-4,0,1,3$,第3行元素的余子式依次为$-2,5,1,x$,则 $x=$(　　).

(A) 0　　(B) -3　　(C) 3　　(D) 2

(7) 若 $D=\begin{vmatrix} -8 & 7 & 4 & 3 \\ 6 & -2 & 3 & -1 \\ 1 & 1 & 1 & 1 \\ 4 & 3 & -7 & 5 \end{vmatrix}$,则 D 中第1行元素的代数余子式之和为(　　).

(A) -1　　(B) -2　　(C) -3　　(D) 0

(8) 若 $D=\begin{vmatrix} 3 & 0 & 4 & 0 \\ 1 & 1 & 1 & 1 \\ 0 & -1 & 0 & 0 \\ 5 & 3 & -2 & 2 \end{vmatrix}$,则 D 中第4行元素的余子式之和为(　　).

(A) -1　　(B) -2　　(C) -3　　(D) 0

2. 填空题:

(1) 在六阶行列式中项 $a_{32}a_{54}a_{41}a_{65}a_{13}a_{26}$ 所带的符号是________.

(2) 四阶行列式中包含 $a_{22}a_{43}$ 且带正号的项是________.

(3) 若一个 n 阶行列式中至少有 n^2-n+1 个元素等于0,则这个行列式的值等于________.

(4) 行列式 $\begin{vmatrix} a_{11} & \cdots & a_{1,n-1} & a_{1n} \\ a_{21} & \cdots & a_{2,n-1} & 0 \\ \vdots & & \vdots & \vdots \\ a_{n1} & \cdots & 0 & 0 \end{vmatrix}=$________.

(5) 已知 $D=\begin{vmatrix} a_{11} & a_{12} & a_{13} \\ a_{21} & a_{22} & a_{23} \\ a_{31} & a_{32} & a_{33} \end{vmatrix}=M$,则 $D_1=\begin{vmatrix} a_{11} & a_{13}-3a_{12} & 3a_{12} \\ a_{21} & a_{23}-3a_{22} & 3a_{22} \\ a_{31} & a_{33}-3a_{32} & 3a_{32} \end{vmatrix}=$________.

(6) 已知某五阶行列式的值为5,将其第1行与第5行交换后转置,再用2乘以所有元素,则所得新行列式的值为________.

(7) n 阶行列式 $\begin{vmatrix} 1+\lambda & 1 & \cdots & 1 \\ 1 & 1+\lambda & \cdots & 1 \\ \vdots & \vdots & & \vdots \\ 1 & 1 & \cdots & 1+\lambda \end{vmatrix}=$________.

(8) 已知某三阶行列式中第2列元素依次为1,2,3,其对应的余子式依次为3,2,1,则该行列式的值为________.

3. 设行列式 $D=\begin{vmatrix}1&2&3&4\\5&6&7&8\\4&3&2&1\\8&7&6&5\end{vmatrix}$，$A_{4j}(j=1,2,3,4)$ 为 D 中第 4 行元素的代数余子式，求 $4A_{41}+3A_{42}+2A_{43}+A_{44}$.

4. 证明：$\begin{vmatrix}a&b&c&d\\-b&a&-d&c\\-c&d&a&-b\\-d&-c&b&a\end{vmatrix}=(a^2+b^2+c^2+d^2)^2$.

第3节 行列式的应用

一、行列式在逆矩阵中的应用

由前面的学习可知，任何一个 n 阶矩阵 $\boldsymbol{A}$ 通过有限次的行初等变换（假定行的对换次数为 k）都可以化为行阶梯形矩阵 $\boldsymbol{U}$，即

$$\boldsymbol{A}\overset{r}{\sim}\boldsymbol{U}=\begin{pmatrix}u_{11}&u_{12}&\cdots&u_{1n}\\0&u_{22}&\cdots&u_{2n}\\\vdots&\vdots&&\vdots\\0&0&\cdots&u_{nn}\end{pmatrix},$$

从而有 $|\boldsymbol{A}|=(-1)^k|\boldsymbol{U}|$. 由于 $\boldsymbol{U}$ 是上三角矩阵，故 $|\boldsymbol{U}|$ 的值为主对角线上的元素 $u_{11},u_{22},\cdots,u_{nn}$ 的乘积. 因此，有如下公式成立：

$$|\boldsymbol{A}|=\begin{cases}(-1)^k|\boldsymbol{U}|, & \boldsymbol{A}\text{ 可逆},\\0, & \boldsymbol{A}\text{ 不可逆},\end{cases}$$

于是可以得到下面的定理.

定理 2.4 **若矩阵 $\boldsymbol{A}$ 可逆，则 $|\boldsymbol{A}|\neq 0$.**

证 因为矩阵 $\boldsymbol{A}$ 可逆，所以存在 $\boldsymbol{A}^{-1}$，使得 $\boldsymbol{A}\boldsymbol{A}^{-1}=\boldsymbol{E}$，从而 $|\boldsymbol{A}||\boldsymbol{A}^{-1}|=|\boldsymbol{E}|=1$，即 $|\boldsymbol{A}|\neq 0$.

定义 2.6 称矩阵

$$\boldsymbol{A}^*=\begin{pmatrix}A_{11}&A_{21}&\cdots&A_{n1}\\A_{12}&A_{22}&\cdots&A_{n2}\\\vdots&\vdots&&\vdots\\A_{1n}&A_{2n}&\cdots&A_{nn}\end{pmatrix}$$

为矩阵 $\boldsymbol{A}$ 的**伴随矩阵**，其中 $A_{ij}(i,j=1,2,\cdots,n)$ 为行列式 $|\boldsymbol{A}|$ 的代数余

子式.

显然，

$$AA^* = A^*A = \begin{pmatrix} |A| & & & \\ & |A| & & \\ & & \ddots & \\ & & & |A| \end{pmatrix} = |A|E,$$

进而得到下面的结论.

定理 2.5　若 $|A| \neq 0$，则 A 可逆，且有 $A^{-1} = \frac{1}{|A|}A^*$.

当 $|A| = 0$ 时，称 A 为**奇异矩阵**；否则，称 A 为**非奇异矩阵**. 显然，可逆矩阵就是非奇异矩阵.

例 2.8　设矩阵

$$A = \begin{pmatrix} a & b \\ c & d \end{pmatrix} \quad (ad \neq bc),$$

求 A^{-1}.

解　由于 $|A| = ad - bc \neq 0$，因此 A 可逆. 又 $A^* = \begin{pmatrix} d & -b \\ -c & a \end{pmatrix}$，故

$$A^{-1} = \frac{1}{|A|}A^* = \frac{1}{ad-bc}\begin{pmatrix} d & -b \\ -c & a \end{pmatrix}.$$

例 2.9　设矩阵

$$A = \begin{pmatrix} 1 & 2 & 3 \\ 3 & 4 & 1 \\ -1 & 2 & 2 \end{pmatrix},$$

求 A^{-1}.

解　由于 $|A| = \begin{vmatrix} 1 & 2 & 3 \\ 3 & 4 & 1 \\ -1 & 2 & 2 \end{vmatrix} = 22 \neq 0$，因此 A 可逆. 又

$$A_{11} = \begin{vmatrix} 4 & 1 \\ 2 & 2 \end{vmatrix} = 6, \quad A_{21} = -\begin{vmatrix} 2 & 3 \\ 2 & 2 \end{vmatrix} = 2, \quad A_{31} = \begin{vmatrix} 2 & 3 \\ 4 & 1 \end{vmatrix} = -10,$$

$$A_{12} = -\begin{vmatrix} 3 & 1 \\ -1 & 2 \end{vmatrix} = -7, \quad A_{22} = \begin{vmatrix} 1 & 3 \\ -1 & 2 \end{vmatrix} = 5, \quad A_{32} = -\begin{vmatrix} 1 & 3 \\ 3 & 1 \end{vmatrix} = 8,$$

$$A_{13} = \begin{vmatrix} 3 & 4 \\ -1 & 2 \end{vmatrix} = 10, \quad A_{23} = -\begin{vmatrix} 1 & 2 \\ -1 & 2 \end{vmatrix} = -4, \quad A_{33} = \begin{vmatrix} 1 & 2 \\ 3 & 4 \end{vmatrix} = -2,$$

故

$$A^{-1} = \frac{1}{|A|}A^* = \frac{1}{22}\begin{pmatrix} 6 & 2 & -10 \\ -7 & 5 & 8 \\ 10 & -4 & -2 \end{pmatrix}.$$

显然，用行列式的方法求矩阵的逆矩阵时，矩阵的阶数越高，计算量越大.

在矩阵的运算中，已定义了 n 阶矩阵 $\boldsymbol{A}$ 的 m 次多项式 $\varphi(\boldsymbol{A})=a_m\boldsymbol{A}^m+\cdots+a_1\boldsymbol{A}+a_0\boldsymbol{E}$（$\varphi(\boldsymbol{A})$ 也是 n 阶矩阵），即将 m 次多项式 $\varphi(x)=a_mx^m+\cdots+a_1x+a_0$ 中的 x 用 n 阶矩阵 $\boldsymbol{A}$ 替代.

定理 2.6 **设 $\varphi(x)$ 为 m 次多项式. 若 $\boldsymbol{\Lambda}=\mathrm{diag}(\lambda_1,\lambda_2,\cdots,\lambda_n)$，则 $\varphi(\boldsymbol{\Lambda})=\mathrm{diag}(\varphi(\lambda_1),\varphi(\lambda_2),\cdots,\varphi(\lambda_n))$.**

证 设 $\boldsymbol{\Lambda}=\begin{pmatrix}\lambda_1&0&\cdots&0\\0&\lambda_2&\cdots&0\\\vdots&\vdots&&\vdots\\0&0&\cdots&\lambda_n\end{pmatrix}$，显然 $\boldsymbol{\Lambda}^t=\begin{pmatrix}\lambda_1^t&0&\cdots&0\\0&\lambda_2^t&\cdots&0\\\vdots&\vdots&&\vdots\\0&0&\cdots&\lambda_n^t\end{pmatrix}$，$t=1,2,\cdots$. 于是

$$\varphi(\boldsymbol{\Lambda})=a_m\boldsymbol{\Lambda}^m+\cdots+a_1\boldsymbol{\Lambda}+a_0\boldsymbol{E}$$

$$=\begin{pmatrix}a_m\lambda_1^m+\cdots+a_1\lambda_1+a_0&0&\cdots&0\\0&a_m\lambda_2^m+\cdots+a_1\lambda_2+a_0&\cdots&0\\\vdots&\vdots&&\vdots\\0&0&\cdots&a_m\lambda_n^m+\cdots+a_1\lambda_n+a_0\end{pmatrix}$$

$$=\begin{pmatrix}\varphi(\lambda_1)&0&\cdots&0\\0&\varphi(\lambda_2)&\cdots&0\\\vdots&\vdots&&\vdots\\0&0&\cdots&\varphi(\lambda_n)\end{pmatrix}=\mathrm{diag}(\varphi(\lambda_1),\varphi(\lambda_2),\cdots,\varphi(\lambda_n)).$$

定理 2.7 **设 $\boldsymbol{A},\boldsymbol{P},\boldsymbol{B}$ 为同阶方阵，$\varphi(x)$ 为 m 次多项式，其中 $\boldsymbol{P}$ 为可逆矩阵. 若 $\boldsymbol{AP}=\boldsymbol{PB}$，则 $\boldsymbol{A}=\boldsymbol{PBP}^{-1}$，$\boldsymbol{A}^n=\boldsymbol{PB}^n\boldsymbol{P}^{-1}$，且 $\varphi(\boldsymbol{A})=\boldsymbol{P}\varphi(\boldsymbol{B})\boldsymbol{P}^{-1}$.**

证 设 $\varphi(\boldsymbol{A})=a_m\boldsymbol{A}^m+\cdots+a_1\boldsymbol{A}+a_0\boldsymbol{E}$，由 $\boldsymbol{AP}=\boldsymbol{PB}$，得 $\boldsymbol{A}=\boldsymbol{PBP}^{-1}$，所以

$$\boldsymbol{A}^2=\boldsymbol{PBP}^{-1}\boldsymbol{PBP}^{-1}=\boldsymbol{PB}^2\boldsymbol{P}^{-1},\quad\cdots,\quad\boldsymbol{A}^n=\boldsymbol{PB}^n\boldsymbol{P}^{-1},$$

且

$$\begin{aligned}\varphi(\boldsymbol{A})&=a_m\boldsymbol{PB}^m\boldsymbol{P}^{-1}+\cdots+a_1\boldsymbol{PBP}^{-1}+a_0\boldsymbol{PEP}^{-1}\\&=\boldsymbol{P}(a_m\boldsymbol{B}^m+\cdots+a_1\boldsymbol{B}+a_0\boldsymbol{E})\boldsymbol{P}^{-1}\\&=\boldsymbol{P}\varphi(\boldsymbol{B})\boldsymbol{P}^{-1}.\end{aligned}$$

例 2.10 设矩阵

$$\boldsymbol{P}=\begin{pmatrix}1&2\\3&4\end{pmatrix},\quad\boldsymbol{\Lambda}=\begin{pmatrix}1&0\\0&2\end{pmatrix},$$

且 $\boldsymbol{AP}=\boldsymbol{P\Lambda}$，求 $\boldsymbol{A}^n$.

解 因 $\boldsymbol{AP}=\boldsymbol{P\Lambda}$，故 $\boldsymbol{A}^n=\boldsymbol{P\Lambda}^n\boldsymbol{P}^{-1}=\begin{pmatrix}1&2\\3&4\end{pmatrix}\begin{pmatrix}1^n&0\\0&2^n\end{pmatrix}\begin{pmatrix}1&2\\3&4\end{pmatrix}^{-1}$. 又由例 2.8 可知，$\begin{pmatrix}1&2\\3&4\end{pmatrix}^{-1}=-\dfrac{1}{2}\begin{pmatrix}4&-2\\-3&1\end{pmatrix}$，所以

$$A^n = \begin{pmatrix} 1 & 2 \\ 3 & 4 \end{pmatrix}\begin{pmatrix} 1^n & 0 \\ 0 & 2^n \end{pmatrix}\begin{pmatrix} 1 & 2 \\ 3 & 4 \end{pmatrix}^{-1} = \begin{pmatrix} 1 & 2^{n+1} \\ 3 & 2^{n+2} \end{pmatrix}\cdot\left(-\frac{1}{2}\right)\cdot\begin{pmatrix} 4 & -2 \\ -3 & 1 \end{pmatrix}$$

$$= \begin{pmatrix} 3\cdot 2^n - 2 & 1 - 2^n \\ 3\cdot 2^{n+1} - 6 & 3 - 2^{n+1} \end{pmatrix}.$$

例 2.11　设矩阵

$$P = \begin{pmatrix} 1 & 1 & 1 \\ 1 & 0 & -2 \\ 1 & -1 & 1 \end{pmatrix},\quad \Lambda = \begin{pmatrix} -1 & 0 & 0 \\ 0 & 1 & 0 \\ 0 & 0 & 5 \end{pmatrix},$$

且 $AP = P\Lambda$，求 $\varphi(A) = A^8(5E - 6A + A^2)$.

解　已知 $\varphi(A) = A^8(5E - 6A + A^2) = A^{10} - 6A^9 + 5A^8$，其对应的多项式为 $\varphi(x) = x^{10} - 6x^9 + 5x^8$. 由 $|P| = -6 \neq 0$，可知 P 可逆，故 $A = P\Lambda P^{-1}$，从而 $A^n = P\Lambda^n P^{-1}$. 又

$$\varphi(\Lambda) = \begin{pmatrix} \varphi(-1) & 0 & 0 \\ 0 & \varphi(1) & 0 \\ 0 & 0 & \varphi(5) \end{pmatrix} = \begin{pmatrix} 12 & 0 & 0 \\ 0 & 0 & 0 \\ 0 & 0 & 0 \end{pmatrix},$$

所以

$$\varphi(A) = P\varphi(\Lambda)P^{-1} = \begin{pmatrix} 12 & 0 & 0 \\ 12 & 0 & 0 \\ 12 & 0 & 0 \end{pmatrix}\cdot\frac{1}{|P|}\begin{pmatrix} P_{11} & P_{21} & P_{31} \\ P_{12} & P_{22} & P_{32} \\ P_{13} & P_{23} & P_{33} \end{pmatrix}$$

$$= -2\begin{pmatrix} 1 & 0 & 0 \\ 1 & 0 & 0 \\ 1 & 0 & 0 \end{pmatrix}\begin{pmatrix} P_{11} & P_{21} & P_{31} \\ P_{12} & P_{22} & P_{32} \\ P_{13} & P_{23} & P_{33} \end{pmatrix} = -2\begin{pmatrix} P_{11} & P_{21} & P_{31} \\ P_{11} & P_{21} & P_{31} \\ P_{11} & P_{21} & P_{31} \end{pmatrix}.$$

显然，只需求代数余子式 P_{11}, P_{21}, P_{31} 即可，因此

$$\varphi(A) = -2\begin{pmatrix} -2 & -2 & -2 \\ -2 & -2 & -2 \\ -2 & -2 & -2 \end{pmatrix} = 4\begin{pmatrix} 1 & 1 & 1 \\ 1 & 1 & 1 \\ 1 & 1 & 1 \end{pmatrix}.$$

二、克拉默法则

由第 1 节中二阶行列式的定义可知，对于二元线性方程组

$$\begin{cases} a_{11}x_1 + a_{12}x_2 = b_1, \\ a_{21}x_1 + a_{22}x_2 = b_2, \end{cases}$$

其解可用行列式来表示，即

$$x_1 = \frac{|A_1|}{|A|},\quad x_2 = \frac{|A_2|}{|A|},$$

其中 $A = \begin{pmatrix} a_{11} & a_{12} \\ a_{21} & a_{22} \end{pmatrix}$ 为系数矩阵，$A_1 = \begin{pmatrix} b_1 & a_{12} \\ b_2 & a_{22} \end{pmatrix}$，$A_2 = \begin{pmatrix} a_{11} & b_1 \\ a_{21} & b_2 \end{pmatrix}$.

那么，对于更一般的线性方程组是否有类似的结论呢？答案是肯定的. 对于含有 n 个未知数、n 个方程的线性方程组

$$\begin{cases} a_{11}x_1+a_{12}x_2+\cdots+a_{1n}x_n=b_1, \\ a_{21}x_1+a_{22}x_2+\cdots+a_{2n}x_n=b_2, \\ \cdots\cdots \\ a_{n1}x_1+a_{n2}x_2+\cdots+a_{nn}x_n=b_n, \end{cases} \tag{2.7}$$

其系数矩阵为 $\boldsymbol{A}=\begin{pmatrix} a_{11} & a_{12} & \cdots & a_{1n} \\ a_{21} & a_{22} & \cdots & a_{2n} \\ \vdots & \vdots & & \vdots \\ a_{n1} & a_{n2} & \cdots & a_{nn} \end{pmatrix}$,如果 $|\boldsymbol{A}|\neq 0$,则有以下定理.

定理 2.8(克拉默法则) **如果方程组(2.7)的系数行列式 $|\boldsymbol{A}|\neq 0$,则该方程组有唯一解,且解为**

$$x_1=\frac{|\boldsymbol{A}_1|}{|\boldsymbol{A}|},\quad x_2=\frac{|\boldsymbol{A}_2|}{|\boldsymbol{A}|},\quad \cdots,\quad x_n=\frac{|\boldsymbol{A}_n|}{|\boldsymbol{A}|}, \tag{2.8}$$

其中 $\boldsymbol{A}_j\,(j=1,2,\cdots,n)$ 是将方程组(2.7)的系数行列式 $|\boldsymbol{A}|$ 中第 j 列元素用 $b_1,b_2,\cdots,b_n$ 代替后所得到的行列式.

证 把方程组(2.7)写成矩阵形式 $\boldsymbol{Ax}=\boldsymbol{b}$,由于 $|\boldsymbol{A}|\neq 0$,故 $\boldsymbol{A}^{-1}$ 存在,从而 $\boldsymbol{x}=\boldsymbol{A}^{-1}\boldsymbol{b}$ 为方程组(2.7)的解向量.又因为矩阵的逆矩阵是唯一的,所以 $\boldsymbol{x}=\boldsymbol{A}^{-1}\boldsymbol{b}$ 也是唯一的解向量.

由 $\boldsymbol{A}^{-1}=\dfrac{1}{|\boldsymbol{A}|}\boldsymbol{A}^*$,得 $\boldsymbol{x}=\dfrac{1}{|\boldsymbol{A}|}\boldsymbol{A}^*\boldsymbol{b}$,即

$$\begin{pmatrix} x_1 \\ x_2 \\ \vdots \\ x_n \end{pmatrix}=\frac{1}{|\boldsymbol{A}|}\begin{pmatrix} A_{11} & A_{21} & \cdots & A_{n1} \\ A_{12} & A_{22} & \cdots & A_{n2} \\ \vdots & \vdots & & \vdots \\ A_{1n} & A_{2n} & \cdots & A_{nn} \end{pmatrix}\begin{pmatrix} b_1 \\ b_2 \\ \vdots \\ b_n \end{pmatrix}$$

$$=\frac{1}{|\boldsymbol{A}|}\begin{pmatrix} b_1A_{11}+b_2A_{21}+\cdots+b_nA_{n1} \\ b_1A_{12}+b_2A_{22}+\cdots+b_nA_{n2} \\ \vdots \\ b_1A_{1n}+b_2A_{2n}+\cdots+b_nA_{nn} \end{pmatrix},$$

即

$$x_j=\frac{1}{|\boldsymbol{A}|}(b_1A_{1j}+b_2A_{2j}+\cdots+b_nA_{nj})=\frac{1}{|\boldsymbol{A}|}|\boldsymbol{A}_j| \quad (j=1,2,\cdots,n).$$

例 2.12 解线性方程组

$$\begin{cases} x_1+3x_2-2x_3+x_4=1, \\ 2x_1+5x_2-3x_3+2x_4=3, \\ -3x_1+4x_2+8x_3-2x_4=4, \\ 6x_1-x_2-6x_3+4x_4=2. \end{cases}$$

解 因为

$$|\boldsymbol{A}|=\begin{vmatrix}1&3&-2&1\\2&5&-3&2\\-3&4&8&-2\\6&-1&-6&4\end{vmatrix}=\begin{vmatrix}1&3&-2&1\\0&-1&1&0\\0&13&2&1\\0&-19&6&-2\end{vmatrix}$$

$$=\begin{vmatrix}1&3&-2&1\\0&-1&1&0\\0&0&15&1\\0&0&-13&-2\end{vmatrix}=\begin{vmatrix}1&3&-2&1\\0&-1&1&0\\0&0&15&1\\0&0&0&-\dfrac{17}{15}\end{vmatrix}=17\neq 0,$$

所以方程组有唯一解. 又

$$|\boldsymbol{A}_1|=\begin{vmatrix}1&3&-2&1\\3&5&-3&2\\4&4&8&-2\\2&-1&-6&4\end{vmatrix}=-34,\quad |\boldsymbol{A}_2|=\begin{vmatrix}1&1&-2&1\\2&3&-3&2\\-3&4&8&-2\\6&2&-6&4\end{vmatrix}=0,$$

$$|\boldsymbol{A}_3|=\begin{vmatrix}1&3&1&1\\2&5&3&2\\-3&4&4&-2\\6&-1&2&4\end{vmatrix}=17,\quad |\boldsymbol{A}_4|=\begin{vmatrix}1&3&-2&1\\2&5&-3&3\\-3&4&8&4\\6&-1&-6&2\end{vmatrix}=85,$$

即得唯一解为

$$x_1=-\frac{34}{17}=-2,\quad x_2=\frac{0}{17}=0,\quad x_3=\frac{17}{17}=1,\quad x_4=\frac{85}{17}=5.$$

定理2.8的逆否命题为:如果方程组(2.7)无解或至少有两个不同的解,则它的系数行列式$|\boldsymbol{A}|=0$.

对于齐次线性方程组$\boldsymbol{Ax}=\boldsymbol{0}$,即

$$\begin{cases}a_{11}x_1+a_{12}x_2+\cdots+a_{1n}x_n=0,\\a_{21}x_1+a_{22}x_2+\cdots+a_{2n}x_n=0,\\\qquad\cdots\cdots\\a_{n1}x_1+a_{n2}x_2+\cdots+a_{nn}x_n=0,\end{cases}\tag{2.9}$$

显然$(0,0,\cdots,0)^{\mathrm{T}}$一定是它的解,称为**零解**. 对于齐次线性方程组(2.9),我们关心的问题是,它除零解外是否有其他解,即是否有非零解.

将克拉默法则用于齐次线性方程组(2.9),可得以下定理.

定理 2.9　**如果齐次线性方程组(2.9)的系数行列式$|\boldsymbol{A}|\neq 0$,那么它只有零解. 也就是说,如果齐次线性方程组(2.9)有非零解,那么必有$|\boldsymbol{A}|=0$.**

定理2.9的结论是显然的,因为$|\boldsymbol{A}_j|=0(j=1,2,\cdots,n)$.

定理2.9告诉我们,齐次线性方程组(2.9)的系数行列式$|\boldsymbol{A}|=0$是方程组有非零解的必要条件,下一章将证明这个条件也是充分的.

例 2.13　已知线性方程组

$$\begin{cases} x_1 + \ x_2 + \lambda x_3 = -2, \\ x_1 + \lambda x_2 + \ x_3 = -2, \\ \lambda x_1 + \ x_2 + \ x_3 = \lambda - 3, \end{cases}$$

讨论 λ 为何值时,方程组无解、有唯一解、有无穷多个解.

解　方法一　利用行列式求解.该方程组的系数行列式

$$|\boldsymbol{A}| = \begin{vmatrix} 1 & 1 & \lambda \\ 1 & \lambda & 1 \\ \lambda & 1 & 1 \end{vmatrix} = (\lambda + 2)\begin{vmatrix} 1 & 1 & \lambda \\ 1 & \lambda & 1 \\ 1 & 1 & 1 \end{vmatrix} = -(\lambda + 2)(\lambda - 1)^2.$$

显然,当 $|\boldsymbol{A}| \neq 0$,即 $\lambda \neq -2$ 且 $\lambda \neq 1$ 时,方程组有唯一解.

当 $\lambda = -2$ 时,对方程组的增广矩阵 $(\boldsymbol{A}, \boldsymbol{b})$ 施行行初等变换:

$$(\boldsymbol{A}, \boldsymbol{b}) = \begin{pmatrix} 1 & 1 & -2 & -2 \\ 1 & -2 & 1 & -2 \\ -2 & 1 & 1 & -5 \end{pmatrix} \xrightarrow[r_3 + 2r_1]{r_2 - r_1} \begin{pmatrix} 1 & 1 & -2 & -2 \\ 0 & -3 & 3 & 0 \\ 0 & 3 & -3 & -9 \end{pmatrix}$$

$$\xrightarrow{r_3 + r_2} \begin{pmatrix} 1 & 1 & -2 & -2 \\ 0 & -3 & 3 & 0 \\ 0 & 0 & 0 & -9 \end{pmatrix}.$$

显然,最后一行对应矛盾方程 $0 = -9$ 时,方程组无解.

当 $\lambda = 1$ 时,对方程组的增广矩阵 $(\boldsymbol{A}, \boldsymbol{b})$ 施行行初等变换:

$$(\boldsymbol{A}, \boldsymbol{b}) = \begin{pmatrix} 1 & 1 & 1 & -2 \\ 1 & 1 & 1 & -2 \\ 1 & 1 & 1 & -2 \end{pmatrix} \xrightarrow[r_3 - r_1]{r_2 - r_1} \begin{pmatrix} 1 & 1 & 1 & -2 \\ 0 & 0 & 0 & 0 \\ 0 & 0 & 0 & 0 \end{pmatrix}.$$

显然,方程组中只有 1 个方程,3 个未知数,故有无穷多个解.

方法二　利用矩阵的初等变换求解.对该方程组的增广矩阵 $(\boldsymbol{A}, \boldsymbol{b})$ 施行行初等变换:

$$(\boldsymbol{A}, \boldsymbol{b}) = \begin{pmatrix} 1 & 1 & \lambda & -2 \\ 1 & \lambda & 1 & -2 \\ \lambda & 1 & 1 & \lambda - 3 \end{pmatrix} \xrightarrow[r_3 - \lambda r_1]{r_2 - r_1} \begin{pmatrix} 1 & 1 & \lambda & -2 \\ 0 & \lambda - 1 & 1 - \lambda & 0 \\ 0 & 1 - \lambda & 1 - \lambda^2 & 3\lambda - 3 \end{pmatrix}$$

$$\xrightarrow{r_3 + r_2} \begin{pmatrix} 1 & 1 & \lambda & -2 \\ 0 & \lambda - 1 & 1 - \lambda & 0 \\ 0 & 0 & (1 - \lambda)(\lambda + 2) & 3(\lambda - 1) \end{pmatrix}.$$

显然,当 $\lambda = -2$ 时,方程组无解;当 $\lambda \neq -2$ 且 $\lambda \neq 1$ 时,方程组有唯一解;当 $\lambda = 1$ 时,

$(\boldsymbol{A}, \boldsymbol{b}) \overset{r}{\sim} \begin{pmatrix} 1 & 1 & 1 & -2 \\ 0 & 0 & 0 & 0 \\ 0 & 0 & 0 & 0 \end{pmatrix}$,方程组有无穷多个解.

习题2.3

1. 填空题:

(1) 齐次线性方程组 $\begin{cases} kx_1 + 2x_2 + x_3 = 0, \\ 2x_1 + kx_2 \qquad\ = 0, \\ x_1 - \ x_2 + x_3 = 0 \end{cases}$ 仅有零解的充要条件是________.

(2) 若齐次线性方程组 $\begin{cases} x_1+2x_2+\ \ x_3=0, \\ \qquad\ \ 2x_2+5x_3=0, \\ -3x_1-2x_2+kx_3=0 \end{cases}$ 有非零解，则 $k=$ ________.

2. 用伴随矩阵的方法，求矩阵 $\boldsymbol{A}=\begin{pmatrix} 3 & 7 & -3 \\ -2 & -5 & 2 \\ -4 & -10 & 3 \end{pmatrix}$ 的逆矩阵.

3. 利用逆矩阵求解线性方程组 $\begin{cases} 3x_1+\ 7x_2-3x_3=2, \\ -2x_1-\ 5x_2+2x_3=1, \\ -4x_1-10x_2+3x_3=3. \end{cases}$

4. 利用克拉默法则求解线性方程组 $\begin{cases} x_1+x_2-2x_3=-2, \\ \qquad x_2+2x_3=1, \\ x_1-x_2\qquad\ \ =2. \end{cases}$

5. 设矩阵 $\boldsymbol{P}=\begin{pmatrix} -1 & 1 & 1 \\ 1 & 0 & 2 \\ 1 & 1 & -1 \end{pmatrix}$，$\boldsymbol{\Lambda}=\begin{pmatrix} 1 & 0 & 0 \\ 0 & 2 & 0 \\ 0 & 0 & -3 \end{pmatrix}$，且 $\boldsymbol{AP}=\boldsymbol{P\Lambda}$，求 $\varphi(\boldsymbol{A})=\boldsymbol{A}^3+2\boldsymbol{A}^2-3\boldsymbol{A}$.

第4节　行列式计算中的Matlab实现

在 Matlab 中，我们只需借助函数 det 就可以求出行列式 $|\boldsymbol{A}|$ 的值，其格式为 det(A)，其中 $\boldsymbol{A}$ 为 n 阶矩阵.

例 2.14　求矩阵 $\boldsymbol{A}=\begin{pmatrix} 1 & 0 & 2 & 1 \\ -1 & 2 & 2 & 3 \\ 2 & 3 & 3 & 1 \\ 0 & 1 & 2 & 1 \end{pmatrix}$ 的行列式的值.

解　在 Matlab 的命令行窗口输入：

```
clear
A=[1 0 2 1;-1 2 2 3;2 3 3 1;0 1 2 1];
det(A)
```

运行程序后输出：

```
ans =
      14
```

注　clear 的作用是清除内存中的变量.

例 2.15　计算行列式

$$\begin{vmatrix} a & 1 & 0 & 0 \\ -1 & b & 1 & 0 \\ 0 & -1 & c & 1 \\ 0 & 0 & -1 & d \end{vmatrix}.$$

解 在Matlab的命令行窗口输入：

```
clear
syms a b c d  %声明变量
A=[a 1 0 0;-1 b 1 0;0-1 c 1;0 0-1 d];
DA=det(A)
```

运行程序后输出：

```
DA=
    a*b+a*d+c*d+a*b*c*d+1
```

注 DA表示定义的新变量名，否则就默认ans.

例2.16 求解二元线性方程组

$$\begin{cases} x+2y=1, \\ 3x-2y=4. \end{cases}$$

解 在Matlab的命令行窗口输入：

```
clear
A=[1 2;3-2];B=[1;4];x=A\B
```

运行程序后输出：

```
X=
      1.2500
     -0.1250
```

总习题2

一、选择题

1. 设 n 级排列 $i_1 i_2 \cdots i_n$ 经过相邻对换变为 $i_n \cdots i_2 i_1$，则相邻对换的次数为（　　）.

(A) n　　(B) $\frac{n}{2}$　　(C) 2^n　　(D) $\frac{n(n-1)}{2}$

2. 在函数 $f(x)=\begin{vmatrix} 2x & 1 & -1 \\ -2x & -x & 4x \\ 1 & 2 & x \end{vmatrix}$ 中，x^3 的系数为（　　）.

(A) -2　　(B) 2　　(C) -4　　(D) 4

3. 若 n 阶行列式 $D=\det(a_{ij})=1$，则 $\det(-a_{ij})=$（　　）.

(A) 1　　(B) -1　　(C) $(-1)^n$　　(D) $(-1)^{\frac{n(n-1)}{2}}$

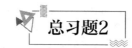

4. 设 $\begin{vmatrix} \lambda_1 & & & \\ & \lambda_2 & & \\ & & \ddots & \\ & & & \lambda_n \end{vmatrix} = \begin{vmatrix} & & & \lambda_1 \\ & & \lambda_2 & \\ & \iddots & & \\ \lambda_n & & & \end{vmatrix}$，则下列值中 n 不可取的是（　　）.

(A) 7　　(B) $2^k+1(k\geqslant 2)$　　(C) $2^k(k\geqslant 2)$　　(D) 17

5. 下列行列式中等于 0 的是（　　）.

(A) $\begin{vmatrix} 3 & 2 & 1 \\ -3 & 2 & 1 \\ 0 & 0 & 1 \end{vmatrix}$　　(B) $\begin{vmatrix} 0 & 0 & 3 \\ 0 & -1 & 0 \\ 1 & 3 & 0 \end{vmatrix}$　　(C) $\begin{vmatrix} 0 & -1 & 0 \\ 3 & 0 & 0 \\ 0 & 0 & 1 \end{vmatrix}$　　(D) $\begin{vmatrix} 3 & -1 & 6 \\ 2 & 2 & 4 \\ 1 & 6 & 2 \end{vmatrix}$

6. 行列式 D 不等于 0 的充分条件是（　　）.

(A) D 的所有元素非零

(B) D 至少有 n 个元素非零

(C) D 的任何两行元素不成比例

(D) 以 D 为系数行列式的非齐次线性方程组有唯一解

7. $\begin{vmatrix} a^2+1 & ab & ac \\ ab & b^2+1 & bc \\ ac & bc & c^2+1 \end{vmatrix} =$（　　）.

(A) $\begin{vmatrix} a^2 & ab & ac \\ ab & b^2 & bc \\ ac & bc & c^2 \end{vmatrix} + \begin{vmatrix} 1 & 0 & 0 \\ 0 & 1 & 0 \\ 0 & 0 & 1 \end{vmatrix}$

(B) $\begin{vmatrix} a^2 & ab & ac \\ ab & b^2+1 & bc \\ ac & bc & c^2+1 \end{vmatrix} + \begin{vmatrix} 1 & ab & ac \\ ab & b^2+1 & bc \\ ac & bc & c^2+1 \end{vmatrix}$

(C) $\begin{vmatrix} a^2 & ab & ac \\ ab & b^2+1 & bc \\ ac & bc & c^2+1 \end{vmatrix} + \begin{vmatrix} 1 & ab & ac \\ 0 & b^2+1 & bc \\ 0 & bc & c^2+1 \end{vmatrix}$

(D) $\begin{vmatrix} a^2 & ab & ac \\ ab & b^2 & bc \\ ac & bc & c^2 \end{vmatrix} + \begin{vmatrix} 1 & ab & ac \\ ab & 1 & bc \\ ac & bc & 1 \end{vmatrix}$

8. 若齐次线性方程组 $\begin{cases} x_1+2x_2-2x_3=0, \\ 2x_1-x_2+\lambda x_3=0, \\ 3x_1+x_2-x_3=0 \end{cases}$ 只有零解，则 λ 应满足的条件是（　　）.

(A) $\lambda=0$　　(B) $\lambda=2$　　(C) $\lambda=1$　　(D) $\lambda\neq 1$

二、填空题

1. 在五阶行列式中，$a_{12}a_{53}a_{41}a_{24}a_{35}$ 的符号是________.

2. 五阶行列式 $\begin{vmatrix} 0 & 0 & 0 & 1 & 3 \\ 0 & 0 & 0 & 3 & 2 \\ 0 & 0 & 1 & 8 & 3 \\ 0 & 2 & 0 & 7 & 5 \\ 3 & 0 & 0 & 2 & 6 \end{vmatrix} =$ ________.

3. 设行列式 $D=\begin{vmatrix}-1 & 5 & 7 & -8\\ 1 & 1 & 1 & 1\\ 2 & 0 & -9 & 6\\ -3 & 4 & 3 & 7\end{vmatrix}$，则 $5A_{14}+A_{24}+A_{44}=$ ________.

4. 若 a,b 是实数，则当 $a=$ ________ 且 $b=$ ________ 时，行列式 $\begin{vmatrix}a & b & 0\\ -b & a & 0\\ -1 & 0 & -1\end{vmatrix}=0$.

5. 设 x_1,x_2,x_3 是方程 $x^3+px+q=0$ 的根，则行列式 $\begin{vmatrix}x_1 & x_2 & x_3\\ x_3 & x_1 & x_2\\ x_2 & x_3 & x_1\end{vmatrix}=$ ________.

三、计算题

1. 计算下列行列式：

(1) $\begin{vmatrix}0 & 1 & 0 & \cdots & 0\\ 0 & 0 & 2 & \cdots & 0\\ \vdots & \vdots & \vdots & & \vdots\\ 0 & 0 & 0 & \cdots & n-1\\ n & 0 & 0 & \cdots & 0\end{vmatrix}$；　(2) $\begin{vmatrix}0 & \cdots & 0 & 1 & 0\\ 0 & \cdots & 2 & 0 & 0\\ \vdots & & \vdots & \vdots & \vdots\\ n-1 & \cdots & 0 & 0 & 0\\ 0 & \cdots & 0 & 0 & n\end{vmatrix}$；

(3) $\begin{vmatrix}0 & 0 & \cdots & 0 & a_{1n}\\ 0 & 0 & \cdots & a_{2,n-1} & a_{2n}\\ \vdots & \vdots & & \vdots & \vdots\\ 0 & a_{n-1,2} & \cdots & a_{n-1,n-1} & a_{n-1,n}\\ a_{n1} & a_{n2} & \cdots & a_{n,n-1} & a_{nn}\end{vmatrix}$；　(4) $\begin{vmatrix}a^2 & (a+1)^2 & (a+2)^2 & (a+3)^2\\ b^2 & (b+1)^2 & (b+2)^2 & (b+3)^2\\ c^2 & (c+1)^2 & (c+2)^2 & (c+3)^2\\ d^2 & (d+1)^2 & (d+2)^2 & (d+3)^2\end{vmatrix}$.

2. 已知四阶行列式 D 中第 1 行元素分别为 $1,2,0,-4$，第 3 行各元素的余子式依次为 $6,x,19,2$，试求 x 的值.

3. 当 k 取何值时，齐次线性方程组 $\begin{cases}kx+y+z=0,\\ x+ky-z=0,\\ 2x-y+z=0\end{cases}$ 仅有零解？

4. 当 λ,μ 取何值时，齐次线性方程组 $\begin{cases}\lambda x_1+x_2+x_3=0,\\ x_1+\mu x_2+x_3=0,\\ x_1+2\mu x_2+x_3=0\end{cases}$ 有非零解.

5. 设函数 $f(x)=\begin{vmatrix}x & x & 1 & 0\\ 1 & x & 2 & 3\\ 2 & 3 & x & 2\\ 1 & 1 & 2 & x\end{vmatrix}$，求 $f(x)$ 的常数项.

6. 设函数 $f(x)=\begin{vmatrix}x & x^2 & x^3\\ 1 & 2x & 3x^2\\ 0 & 2 & 6x\end{vmatrix}$，求 $f'(x)$ 以及 $f'\left(\frac{1}{\sqrt{6}}\right)$.

四、证明题

证明：n 阶行列式 $D_n=\begin{vmatrix}1 & -1 & -1 & \cdots & -1\\ 1 & 1 & -1 & \cdots & -1\\ 1 & 1 & 1 & \cdots & -1\\ \vdots & \vdots & \vdots & & \vdots\\ 1 & 1 & 1 & \cdots & 1\end{vmatrix}$ 的展开式中正项项数为 $2^{n-2}+\dfrac{1}{2}n!$.

第3章 矩阵的秩与向量组的线性相关性

课程思政案例

矩阵的秩是矩阵的重要数字特征，而线性方程组是线性代数重要的研究对象. 本章首先引入矩阵的秩的概念；其次利用初等变换讨论矩阵的秩的性质并总结出求解矩阵的秩的有效方法；接着利用矩阵的秩讨论线性方程组是否有解的问题；然后通过研究向量组的线性相关性及秩的问题，讨论线性方程组的解的结构；最后给出相关问题的 Matlab 实现.

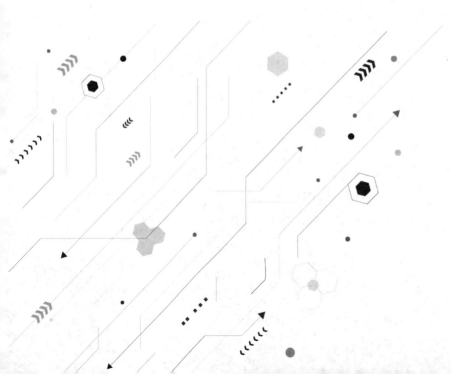

第1节　矩阵的秩

由第1章第5节可知,任何矩阵都可经过有限次行初等变换化为行阶梯形矩阵. 一个矩阵的行阶梯形矩阵虽不唯一,但它们所含非零行的行数是唯一的,这个唯一的非零行的行数实际上就是本节要讨论的矩阵的秩. 矩阵的秩是矩阵的一个重要数字特征,是矩阵在初等变换中的一个不变量.

一、矩阵的秩的定义

定义 3.1　设 $\boldsymbol{A}$ 是一个 $m\times n$ 矩阵,在 $\boldsymbol{A}$ 中任取 k 行 k 列(k 为正整数,且 $k\leqslant\min\{m,n\}$),由位于这 k 行 k 列交叉处的元素按原来在 $\boldsymbol{A}$ 中位置次序所构成的 k 阶行列式,称为矩阵 $\boldsymbol{A}$ 的一个 k **阶子式**.

$m\times n$ 矩阵 $\boldsymbol{A}$ 共有 $C_m^kC_n^k$ 个 k 阶子式. 特别地,n 阶矩阵 $\boldsymbol{A}$ 的 n 阶子式只有一个,即 $|\boldsymbol{A}|$.

定义 3.2　若 $m\times n$ 矩阵 $\boldsymbol{A}$ 有一个 r 阶子式 D_r 不为 0,而 $\boldsymbol{A}$ 的所有 $r+1$ 阶子式(若存在的话)全为 0,则称 D_r 为矩阵 $\boldsymbol{A}$ 的**最高阶非零子式**,并称数 r 为矩阵 $\boldsymbol{A}$ 的**秩**,记作 $R(\boldsymbol{A})$,即 $R(\boldsymbol{A})=r$.

规定零矩阵的秩为 0.

根据行列式的性质,当矩阵 $\boldsymbol{A}$ 的所有 $r+1$ 阶子式全为 0 时,所有高于 $r+1$ 阶的子式也全为 0,矩阵 $\boldsymbol{A}$ 的秩 $R(\boldsymbol{A})$ 就是 $\boldsymbol{A}$ 的非零子式的最高阶数.

特别地,对于 $m\times n$ 矩阵 $\boldsymbol{A}$,若 $R(\boldsymbol{A})=n$,则称 $\boldsymbol{A}$ 为**列满秩矩阵**;若 $R(\boldsymbol{A})=m$,则称 $\boldsymbol{A}$ 为**行满秩矩阵**. 若 $\boldsymbol{A}$ 为 n 阶矩阵,且 $R(\boldsymbol{A})=n$,则称 $\boldsymbol{A}$ 为**满秩矩阵**.

例 3.1　求矩阵 $\boldsymbol{A}$ 和 $\boldsymbol{B}$ 的秩,其中

$$\boldsymbol{A}=\begin{pmatrix}1&-1&2\\5&2&10\\2&5&4\end{pmatrix},\quad \boldsymbol{B}=\begin{pmatrix}-3&1&2&5&-9\\0&2&3&0&11\\0&0&0&1&5\\0&0&0&0&0\end{pmatrix}.$$

解　矩阵 $\boldsymbol{A}$ 为三阶矩阵,其三阶子式只有一个,且

$$|\boldsymbol{A}|=\begin{vmatrix}1&-1&2\\5&2&10\\2&5&4\end{vmatrix}\xlongequal{r_2-r_3}\begin{vmatrix}1&-1&2\\3&-3&6\\2&5&4\end{vmatrix}=0\quad(\text{第 1 列与第 3 列对应元素成比例}).$$

容易发现,$\boldsymbol{A}$ 的二阶子式 $\begin{vmatrix}1&-1\\5&2\end{vmatrix}=7\neq0$,因此 $R(\boldsymbol{A})=2$.

矩阵 $\boldsymbol{B}$ 是一个行阶梯形矩阵，容易看出 $\boldsymbol{B}$ 的所有四阶子式均为 0，而 $\boldsymbol{B}$ 的三阶子式

$$\begin{vmatrix} -3 & 1 & 5 \\ 0 & 2 & 0 \\ 0 & 0 & 1 \end{vmatrix} = -6 \neq 0,$$

因此 $\mathrm{R}(\boldsymbol{B}) = 3$.

例 3.1 表明，利用定义 3.2 求矩阵的秩，需要从最高阶子式依次向低阶子式逐个验证，直到找到一个不为 0 的 r 阶子式，才能得到矩阵的秩 $\mathrm{R}(\boldsymbol{A}) = r$. 当矩阵的行数与列数较大时，用定义 3.2 求矩阵的秩的计算量会很大，但对于行阶梯形矩阵而言，很容易找到它的一个最高阶非零子式，并且行阶梯形矩阵的秩刚好等于它的非零行的行数. 而任何一个矩阵经过有限次行初等变换都能化为行阶梯形矩阵，如果矩阵的行初等变换不改变矩阵的秩，则可以通过行初等变换求矩阵的秩. 另外，对于行列式 D，由于 $D^{\mathrm{T}} = D$，因此矩阵的行初等变换与列初等变换对矩阵的秩的影响是一样的. 那么，矩阵的初等变换是否对矩阵的秩有影响呢？

定理 3.1 **矩阵的初等变换不改变矩阵的秩.**

只需讨论三种初等变换不会影响矩阵的子式是否为 0，便可证明定理 3.1. 请读者自行完成定理 3.1 的证明.

推论 3.1 设 $\boldsymbol{A}$ 为 $m \times n$ 矩阵，则对 m 阶可逆矩阵 $\boldsymbol{P}$ 和 n 阶可逆矩阵 $\boldsymbol{Q}$，有

$$\mathrm{R}(\boldsymbol{A}) = \mathrm{R}(\boldsymbol{PA}) = \mathrm{R}(\boldsymbol{AQ}) = \mathrm{R}(\boldsymbol{PAQ}).$$

推论 3.2 设 n 阶矩阵 $\boldsymbol{A}$ 可逆，则以下结论是等价的：

(1) $|\boldsymbol{A}| \neq 0$；

(2) $\mathrm{R}(\boldsymbol{A}) = n$；

(3) $\boldsymbol{A}$ 是满秩矩阵.

不可逆的矩阵(奇异矩阵)也称为**降秩矩阵**.

根据定理 3.1，可得求矩阵 $\boldsymbol{A}$ 的秩的步骤为

(1) 利用矩阵的行初等变换，把矩阵 $\boldsymbol{A}$ 化为行阶梯形矩阵；

(2) 行阶梯形矩阵的非零行的行数 r 就是矩阵的秩，即 $\mathrm{R}(\boldsymbol{A}) = r$.

例 3.2 求矩阵 $\boldsymbol{A} = \begin{pmatrix} 1 & -2 & 4 & 5 & -1 \\ 2 & 6 & 3 & 7 & 5 \\ -3 & 1 & 3 & 1 & 6 \\ -1 & 7 & 6 & 8 & 11 \end{pmatrix}$ 的秩.

解 利用矩阵的行初等变换把矩阵 $\boldsymbol{A}$ 化为行阶梯形矩阵：

$$A=\begin{pmatrix}1&-2&4&5&-1\\2&6&3&7&5\\-3&1&3&1&6\\-1&7&6&8&11\end{pmatrix}\xrightarrow[r_4+r_1]{\substack{r_2-2r_1\\r_3+3r_1}}\begin{pmatrix}1&-2&4&5&-1\\0&10&-5&-3&7\\0&-5&15&16&3\\0&5&10&13&10\end{pmatrix}$$

$$\xrightarrow[r_4+r_2]{\substack{r_2\leftrightarrow r_3\\r_3+2r_2}}\begin{pmatrix}1&-2&4&5&-1\\0&-5&15&16&3\\0&0&25&29&13\\0&0&25&29&13\end{pmatrix}\xrightarrow{r_4-r_3}\begin{pmatrix}1&-2&4&5&-1\\0&-5&15&16&3\\0&0&25&29&13\\0&0&0&0&0\end{pmatrix},$$

故 $R(A)=3$.

例 3.3　设矩阵 $A=\begin{pmatrix}1&2&-1&1\\2&0&a+1&-2\\5&6&3&b\end{pmatrix}$,问:

(1) 当常数 a,b 取何值时,矩阵 A 的秩 $R(A)=2$?

(2) 当常数 a,b 取何值时,矩阵 A 的秩 $R(A)=3$?

解　$$A=\begin{pmatrix}1&2&-1&1\\2&0&a+1&-2\\5&6&3&b\end{pmatrix}\xrightarrow[r_3-5r_1]{r_2-2r_1}\begin{pmatrix}1&2&-1&1\\0&-4&a+3&-4\\0&-4&8&b-5\end{pmatrix}$$

$$\xrightarrow{r_3-r_2}\begin{pmatrix}1&2&-1&1\\0&-4&a+3&-4\\0&0&5-a&b-1\end{pmatrix}.$$

因此,(1) 当 $5-a=0$ 且 $b-1=0$,即 $a=5$ 且 $b=1$ 时,$R(A)=2$;(2) 当 $5-a$ 和 $b-1$ 不同时为 0,即 $a\neq5$ 或 $b\neq1$ 时,$R(A)=3$.

二、矩阵的秩的性质

通过前面的讨论,下面归纳矩阵的秩的一些基本性质.

性质 3.1　若 A 为 $m\times n$ 矩阵,则 $0\leqslant R(A)\leqslant\min\{m,n\}$.

性质 3.2　$R(A^{T})=R(A)$.

性质 3.3　若 $A\sim B$,则 $R(A)=R(B)$.

下面再介绍几个常用的矩阵的秩的性质.

性质 3.4　$\max\{R(A),R(B)\}\leqslant R(A,B)\leqslant R(A)+R(B)$.

特别地,当 B 为非零列向量时,有 $R(A)\leqslant R(A,B)\leqslant R(A)+1$.

利用定义 3.2 和性质 3.3,可以证明性质 3.4,请读者自行证明.

性质 3.5　$R(A+B)\leqslant R(A)+R(B)$.

利用性质 3.3 和性质 3.4,可以证明性质 3.5,请读者自行证明.

性质 3.6　$R(AB)\leqslant\min\{R(A),R(B)\}$.

性质 3.7　若 $A_{m\times n}B_{n\times s}=O$,则 $R(A)+R(B)\leqslant n$.

例 3.4 设 $\boldsymbol{A}$ 为 n 阶矩阵，$\boldsymbol{E}$ 为 n 阶单位矩阵，证明：$\mathrm{R}(\boldsymbol{A}+\boldsymbol{E})+\mathrm{R}(\boldsymbol{A}-\boldsymbol{E})\geqslant n$.

证 由于 $\mathrm{R}(\boldsymbol{A}-\boldsymbol{E})=\mathrm{R}(\boldsymbol{E}-\boldsymbol{A})$，且 $\mathrm{R}(\boldsymbol{E})=n$，故根据性质 3.5，有

$$\begin{aligned}\mathrm{R}(\boldsymbol{A}+\boldsymbol{E})+\mathrm{R}(\boldsymbol{A}-\boldsymbol{E})&=\mathrm{R}(\boldsymbol{A}+\boldsymbol{E})+\mathrm{R}(\boldsymbol{E}-\boldsymbol{A})\\&\geqslant\mathrm{R}((\boldsymbol{A}+\boldsymbol{E})+(\boldsymbol{E}-\boldsymbol{A}))=\mathrm{R}(2\boldsymbol{E})=n.\end{aligned}$$

例 3.5 证明：若 $\boldsymbol{A}_{m\times n}\boldsymbol{B}_{n\times s}=\boldsymbol{C}$ 且 $\mathrm{R}(\boldsymbol{A})=n$，则 $\mathrm{R}(\boldsymbol{B})=\mathrm{R}(\boldsymbol{C})$.

证 因为 $\mathrm{R}(\boldsymbol{A})=n$，故 $\boldsymbol{A}$ 的行最简形矩阵为 $\begin{pmatrix}\boldsymbol{E}_n\\\boldsymbol{O}\end{pmatrix}_{m\times n}$，即存在 m 阶可逆矩阵 $\boldsymbol{P}$，使得 $\boldsymbol{PA}=\begin{pmatrix}\boldsymbol{E}_n\\\boldsymbol{O}\end{pmatrix}_{m\times n}$. 又

$$\boldsymbol{PC}=\boldsymbol{PAB}=\begin{pmatrix}\boldsymbol{E}_n\\\boldsymbol{O}\end{pmatrix}\boldsymbol{B}=\begin{pmatrix}\boldsymbol{B}\\\boldsymbol{O}\end{pmatrix},$$

故 $\boldsymbol{C}\sim\begin{pmatrix}\boldsymbol{B}\\\boldsymbol{O}\end{pmatrix}$，从而由性质 3.3 可知，$\mathrm{R}(\boldsymbol{C})=\mathrm{R}\begin{pmatrix}\boldsymbol{B}\\\boldsymbol{O}\end{pmatrix}=\mathrm{R}(\boldsymbol{B})$.

若例 3.5 中的 $\boldsymbol{C}=\boldsymbol{O}$，即 $\boldsymbol{A}_{m\times n}\boldsymbol{B}_{n\times s}=\boldsymbol{O}$ 且 $\mathrm{R}(\boldsymbol{A})=n$，则有

$$\mathrm{R}(\boldsymbol{B})=\mathrm{R}(\boldsymbol{O})=0,$$

从而可得 $\boldsymbol{B}=\boldsymbol{O}$.

结论 3.1 若 $\boldsymbol{A}_{m\times n}\boldsymbol{B}_{n\times s}=\boldsymbol{O}$ 且 $\boldsymbol{A}$ 为列满秩矩阵，则 $\boldsymbol{B}=\boldsymbol{O}$.

根据矩阵的转置以及例 3.5，还可以得到以下两个结论.

结论 3.2 若 $\boldsymbol{A}_{m\times n}\boldsymbol{B}_{n\times s}=\boldsymbol{C}$ 且 $\boldsymbol{B}$ 为行满秩矩阵，则 $\mathrm{R}(\boldsymbol{A})=\mathrm{R}(\boldsymbol{C})$.

结论 3.3 若 $\boldsymbol{A}_{m\times n}\boldsymbol{B}_{n\times s}=\boldsymbol{O}$ 且 $\boldsymbol{B}$ 为行满秩矩阵，则 $\boldsymbol{A}=\boldsymbol{O}$.

习题3.1

1. 求下列矩阵的秩：

(1) $\begin{pmatrix}1&-1&1&2\\2&0&3&3\\1&1&2&1\end{pmatrix}$；　　(2) $\begin{pmatrix}1&0&2&0&3\\-1&2&2&4&11\\1&0&11&4&23\\2&3&1&2&7\end{pmatrix}$.

2. 设三阶矩阵 $\boldsymbol{A}=\begin{pmatrix}1&-2&3k\\2&2k-6&9k-3\\k&-2&3\end{pmatrix}$，问：

(1) 当 k 为何值时，$\mathrm{R}(\boldsymbol{A})=3$？

(2) 当 k 为何值时，$\mathrm{R}(\boldsymbol{A})=2$？

(3) 当 k 为何值时，$\mathrm{R}(\boldsymbol{A})=1$？

3. 求非零矩阵 $\boldsymbol{A}=\begin{pmatrix} a_1b_1 & a_1b_2 & \cdots & a_1b_n \\ a_2b_1 & a_2b_2 & \cdots & a_2b_n \\ \vdots & \vdots & & \vdots \\ a_nb_1 & a_nb_2 & \cdots & a_nb_n \end{pmatrix}$ 的秩.

4. 设四阶矩阵 $\boldsymbol{A}=\begin{pmatrix} 1 & a & a & a \\ a & 1 & a & a \\ a & a & 1 & a \\ a & a & a & 1 \end{pmatrix}$ 的秩为 3,求常数 a 的值.

5. 设 n 阶矩阵 $\boldsymbol{A}$ 满足 $\boldsymbol{A}^2=\boldsymbol{E}$,即 $\boldsymbol{A}$ 是**对合矩阵**,证明:$\mathrm{R}(\boldsymbol{A}+\boldsymbol{E})+\mathrm{R}(\boldsymbol{A}-\boldsymbol{E})=n$.

6. 设 $\boldsymbol{A}$ 为 n 阶矩阵,且 $\mathrm{R}(\boldsymbol{A})=1$,证明:存在 n 维非零列向量 $\boldsymbol{\alpha},\boldsymbol{\beta}$,使得 $\boldsymbol{A}=\boldsymbol{\alpha}\boldsymbol{\beta}^{\mathrm{T}}$. 该命题的逆命题是否成立?

7. 设 $\boldsymbol{A},\boldsymbol{B}$ 均为 $m\times n$ 矩阵,证明:$\boldsymbol{A}\sim\boldsymbol{B}$ 的充要条件是 $\mathrm{R}(\boldsymbol{A})=\mathrm{R}(\boldsymbol{B})$.

第2节 线性方程组的解的判定定理

本节主要讨论一般线性方程组是否有解、何时有解、有多少解等问题.

对于含有 n 个未知数、m 个方程的线性方程组

$$\begin{cases} a_{11}x_1+a_{12}x_2+\cdots+a_{1n}x_n=b_1, \\ a_{21}x_1+a_{22}x_2+\cdots+a_{2n}x_n=b_2, \\ \cdots\cdots \\ a_{m1}x_1+a_{m2}x_2+\cdots+a_{mn}x_n=b_m, \end{cases} \tag{3.1}$$

若记其系数矩阵为 $\boldsymbol{A}=(a_{ij})_{m\times n}$,未知数矩阵为 $\boldsymbol{x}=(x_1,x_2,\cdots,x_n)^{\mathrm{T}}$,常数项矩阵为 $\boldsymbol{b}=(b_1,b_2,\cdots,b_m)^{\mathrm{T}}$,则方程组(3.1)可写为

$$\boldsymbol{Ax}=\boldsymbol{b}. \tag{3.2}$$

一般地,如果方程组(3.1)有解,则称它是**相容的**;否则,称它是**不相容的**.

事实上,利用系数矩阵 $\boldsymbol{A}$ 和增广矩阵 $(\boldsymbol{A},\boldsymbol{b})$ 的秩,也可以讨论方程组(3.1)是否有解,有唯一解还是有无穷多个解的问题. 为此,有以下定理.

定理 3.2 **对于 n 元线性方程组 $\boldsymbol{Ax}=\boldsymbol{b}$,**

(1) **方程组 $\boldsymbol{Ax}=\boldsymbol{b}$ 无解的充要条件是** $\mathrm{R}(\boldsymbol{A})<\mathrm{R}(\boldsymbol{A},\boldsymbol{b})$;

(2) **方程组 $\boldsymbol{Ax}=\boldsymbol{b}$ 有唯一解的充要条件是** $\mathrm{R}(\boldsymbol{A})=\mathrm{R}(\boldsymbol{A},\boldsymbol{b})=n$;

(3) **方程组 $\boldsymbol{Ax}=\boldsymbol{b}$ 有无穷多个解的充要条件是** $\mathrm{R}(\boldsymbol{A})=\mathrm{R}(\boldsymbol{A},\boldsymbol{b})<n$.

证 由于(1),(2),(3)中条件的必要性依次是(2)(3),(1)(3),(1)(2)中条件的充分性的逆否命题,因此只需证明该定理条件的充分性即可.

设 $\mathrm{R}(\boldsymbol{A})=r$. 为叙述方便,不妨设增广矩阵 $\boldsymbol{B}=(\boldsymbol{A},\boldsymbol{b})$ 经过有限次行初

等变换可化为

$$\widetilde{\boldsymbol{B}}=\begin{pmatrix}1&0&\cdots&0&c_{11}&c_{12}&\cdots&c_{1,n-r}&d_1\\0&1&\cdots&0&c_{21}&c_{22}&\cdots&c_{2,n-r}&d_2\\\vdots&\vdots&&\vdots&\vdots&\vdots&&\vdots&\vdots\\0&0&\cdots&1&c_{r1}&c_{r2}&\cdots&c_{r,n-r}&d_r\\0&0&\cdots&0&0&0&\cdots&0&d_{r+1}\\0&0&\cdots&0&0&0&\cdots&0&0\\\vdots&\vdots&&\vdots&\vdots&\vdots&&\vdots&\vdots\\0&0&\cdots&0&0&0&\cdots&0&0\end{pmatrix}. \tag{3.3}$$

(1) 若 $\mathrm{R}(\boldsymbol{A})<\mathrm{R}(\boldsymbol{A},\boldsymbol{b})$，则 $d_{r+1}\neq 0$，此时 $\widetilde{\boldsymbol{B}}$ 的第 $r+1$ 行对应矛盾方程，故线性方程组 $\boldsymbol{Ax}=\boldsymbol{b}$ 无解.

(2) 若 $\mathrm{R}(\boldsymbol{A})=\mathrm{R}(\boldsymbol{A},\boldsymbol{b})=r=n$，则 $m\geqslant n$，且当 $m>n$ 时，$d_{r+1}=d_{n+1}=0$；当 $m=n$ 时，$\widetilde{\boldsymbol{B}}$ 只有 n 行. 此时，$\widetilde{\boldsymbol{B}}$ 中的 c_{ij} 都是 0，且 $\widetilde{\boldsymbol{B}}$ 对应的方程组为

$$\begin{cases}x_1=d_1,\\x_2=d_2,\\\cdots\cdots\\x_n=d_n,\end{cases}$$

故线性方程组 $\boldsymbol{Ax}=\boldsymbol{b}$ 有唯一解.

(3) 若 $\mathrm{R}(\boldsymbol{A})=\mathrm{R}(\boldsymbol{A},\boldsymbol{b})=r<n$，则 $\widetilde{\boldsymbol{B}}$ 中 $d_{r+1}=0$，$\widetilde{\boldsymbol{B}}$ 对应的方程组为

$$\begin{cases}x_1=d_1-c_{11}x_{r+1}-c_{12}x_{r+2}-\cdots-c_{1,n-r}x_n,\\x_2=d_2-c_{21}x_{r+1}-c_{22}x_{r+2}-\cdots-c_{2,n-r}x_n,\\\cdots\cdots\\x_r=d_r-c_{r1}x_{r+1}-c_{r2}x_{r+2}-\cdots-c_{r,n-r}x_n,\end{cases} \tag{3.4}$$

其中 $x_{r+1},x_{r+2},\cdots,x_n$ 为 $n-r$ 个自由未知数，可取任意值. 不妨设 $x_{r+1}=k_1$，$x_{r+2}=k_2,\cdots,x_n=k_{n-r}$，其中 $k_1,k_2,\cdots,k_{n-r}$ 为任意常数，则方程组 $\boldsymbol{Ax}=\boldsymbol{b}$ 有无穷多个解，且解为

$$\boldsymbol{x}=\begin{pmatrix}x_1\\x_2\\\vdots\\x_r\\x_{r+1}\\x_{r+2}\\\vdots\\x_n\end{pmatrix}=\begin{pmatrix}d_1-k_1c_{11}-k_2c_{12}-\cdots-k_{n-r}c_{1,n-r}\\d_2-k_1c_{21}-k_2c_{22}-\cdots-k_{n-r}c_{2,n-r}\\\vdots\\d_r-k_1c_{r1}-k_2c_{r2}-\cdots-k_{n-r}c_{r,n-r}\\k_1\\k_2\\\vdots\\k_{n-r}\end{pmatrix}$$

$$=k_1\begin{pmatrix}-c_{11}\\-c_{21}\\\vdots\\-c_{r1}\\1\\0\\\vdots\\0\end{pmatrix}+k_2\begin{pmatrix}-c_{12}\\-c_{22}\\\vdots\\-c_{r2}\\0\\1\\\vdots\\0\end{pmatrix}+\cdots+k_{n-r}\begin{pmatrix}-c_{1,n-r}\\-c_{2,n-r}\\\vdots\\-c_{r,n-r}\\0\\0\\\vdots\\1\end{pmatrix}+\begin{pmatrix}d_1\\d_2\\\vdots\\d_r\\0\\0\\\vdots\\0\end{pmatrix}. \tag{3.5}$$

由于含有 $n-r$ 个任意常数的解(3.5)表示方程组(3.4)的所有解，因此解(3.5)也表示线性方程组(3.1)或(3.2)的所有解，通常称解(3.5)为线性方程组(3.1)或(3.2)的**通解**.

从定理3.2的证明过程可归纳出求解 n 元线性方程组 $\boldsymbol{Ax}=\boldsymbol{b}$ 的步骤，具体如下：

(1) 写出增广矩阵 $\boldsymbol{B}=(\boldsymbol{A},\boldsymbol{b})$，并对 $\boldsymbol{B}=(\boldsymbol{A},\boldsymbol{b})$ 只施行行初等变换，把 $\boldsymbol{B}$ 化为行阶梯形矩阵，并判断 $\mathrm{R}(\boldsymbol{A})$ 和 $\mathrm{R}(\boldsymbol{B})$ 的大小.

(2) 若 $\mathrm{R}(\boldsymbol{A})<\mathrm{R}(\boldsymbol{B})$，则方程组无解；若 $\mathrm{R}(\boldsymbol{A})=\mathrm{R}(\boldsymbol{B})$，则继续施行行初等变换，把 $\boldsymbol{B}$ 化为行最简形矩阵 $\boldsymbol{C}$.

(3) 根据行最简形矩阵 $\boldsymbol{C}$，写出与 $\boldsymbol{Ax}=\boldsymbol{b}$ 同解的线性方程组，并进一步写出 $\boldsymbol{Ax}=\boldsymbol{b}$ 的解. 一般地，设 $\mathrm{R}(\boldsymbol{A})=\mathrm{R}(\boldsymbol{B})=r$，把行最简形矩阵 $\boldsymbol{C}$ 中的 r 个非零行的首非零元所对应的未知数作为非自由未知数，其余 $n-r$ 个未知数作为自由未知数，并令自由未知数依次为 $k_1,k_2,\cdots,k_{n-r}$，根据行最简形矩阵 $\boldsymbol{C}$，写出含有 $n-r$ 个任意常数的通解.

由定理3.2还可以得到以下三个定理.

定理 3.3　**线性方程组 $\boldsymbol{Ax}=\boldsymbol{b}$ 有解的充要条件是 $\mathrm{R}(\boldsymbol{A})=\mathrm{R}(\boldsymbol{A},\boldsymbol{b})$.**

定理 3.4　**n 元齐次线性方程组 $\boldsymbol{Ax}=\boldsymbol{0}$ 有非零解的充要条件是**

$$\mathrm{R}(\boldsymbol{A})<n.$$

定理 3.5　**n 元齐次线性方程组 $\boldsymbol{Ax}=\boldsymbol{0}$ 只有零解的充要条件是**

$$\mathrm{R}(\boldsymbol{A})=n.$$

例 3.6　求解非齐次线性方程组

$$\begin{cases}x_1+x_2+2x_3+3x_4=1,\\2x_1+3x_2+5x_3+2x_4=3,\\x_1+2x_2+3x_3-x_4=4.\end{cases}$$

解　对方程组的增广矩阵施行行初等变换：

$$(\boldsymbol{A},\boldsymbol{b})=\begin{pmatrix}1&1&2&3&1\\2&3&5&2&3\\1&2&3&-1&4\end{pmatrix}\xrightarrow[r_3-r_1]{r_2-2r_1}\begin{pmatrix}1&1&2&3&1\\0&1&1&-4&1\\0&1&1&-4&3\end{pmatrix}\xrightarrow{r_3-r_2}\begin{pmatrix}1&1&2&3&1\\0&1&1&-4&1\\0&0&0&0&2\end{pmatrix},$$

此时 $\mathrm{R}(\boldsymbol{A})=2<3=\mathrm{R}(\boldsymbol{A},\boldsymbol{b})$，故原方程组无解.

例 3.7　求解非齐次线性方程组

$$\begin{cases} x_1 + \ \ x_2 + 2x_3 + 3x_4 = 1, \\ 2x_1 + 3x_2 + 5x_3 + 2x_4 = 3, \\ x_1 + 2x_2 + 3x_3 - \ \ x_4 = 2. \end{cases}$$

解 对方程组的增广矩阵施行行初等变换：

$$(\boldsymbol{A},\boldsymbol{b}) = \begin{pmatrix} 1 & 1 & 2 & 3 & 1 \\ 2 & 3 & 5 & 2 & 3 \\ 1 & 2 & 3 & -1 & 2 \end{pmatrix} \xrightarrow[r_3-r_1]{r_2-2r_1} \begin{pmatrix} 1 & 1 & 2 & 3 & 1 \\ 0 & 1 & 1 & -4 & 1 \\ 0 & 1 & 1 & -4 & 1 \end{pmatrix} \xrightarrow{r_3-r_2} \begin{pmatrix} 1 & 1 & 2 & 3 & 1 \\ 0 & 1 & 1 & -4 & 1 \\ 0 & 0 & 0 & 0 & 0 \end{pmatrix},$$

此时 $\mathrm{R}(\boldsymbol{A}) = \mathrm{R}(\boldsymbol{A},\boldsymbol{b}) = 2$，故原方程组有无穷多个解. 继续施行行初等变换将 $(\boldsymbol{A},\boldsymbol{b})$ 化为行最简形矩阵：

$$(\boldsymbol{A},\boldsymbol{b}) \xrightarrow{r_1-r_2} \begin{pmatrix} 1 & 0 & 1 & 7 & 0 \\ 0 & 1 & 1 & -4 & 1 \\ 0 & 0 & 0 & 0 & 0 \end{pmatrix},$$

由此得到与原方程组同解的线性方程组为

$$\begin{cases} x_1 \qquad + x_3 + 7x_4 = 0, \\ \qquad x_2 + x_3 - 4x_4 = 1. \end{cases}$$

选取 x_3, x_4 为自由未知数，并令 $x_3 = k_1, x_4 = k_2$，则原方程组的通解为

$$\begin{cases} x_1 = -k_1 - 7k_2, \\ x_2 = -k_1 + 4k_2 + 1, \\ x_3 = k_1, \\ x_4 = k_2, \end{cases}$$

其中 k_1, k_2 为任意常数. 上述通解也可写成如下列向量形式：

$$\begin{pmatrix} x_1 \\ x_2 \\ x_3 \\ x_4 \end{pmatrix} = k_1 \begin{pmatrix} -1 \\ -1 \\ 1 \\ 0 \end{pmatrix} + k_2 \begin{pmatrix} -7 \\ 4 \\ 0 \\ 1 \end{pmatrix} + \begin{pmatrix} 0 \\ 1 \\ 0 \\ 0 \end{pmatrix},$$

其中 k_1, k_2 为任意常数.

例 3.8 讨论当 λ 分别取何值时，线性方程组

$$\begin{cases} (1+\lambda)x_1 + \qquad x_2 + \qquad x_3 = 0, \\ \qquad x_1 + (1+\lambda)x_2 + \qquad x_3 = 3, \\ \qquad x_1 + \qquad x_2 + (1+\lambda)x_3 = \lambda \end{cases}$$

无解、有唯一解、有无穷多个解，并在有无穷多个解时，求其通解.

解 **方法一** 利用克拉默法则. 因该方程组的系数矩阵 $\boldsymbol{A}$ 是方阵，故由克拉默法则可知，该方程组有唯一解的充要条件是系数行列式 $|\boldsymbol{A}| \neq 0$. 而

$$|\boldsymbol{A}| = \begin{vmatrix} 1+\lambda & 1 & 1 \\ 1 & 1+\lambda & 1 \\ 1 & 1 & 1+\lambda \end{vmatrix} = \lambda^2(\lambda+3),$$

因此当 $\lambda \neq 0$ 且 $\lambda \neq -3$ 时，方程组有唯一解.

当 $\lambda = 0$ 时，对方程组的增广矩阵施行行初等变换：

$$(\boldsymbol{A},\boldsymbol{b})=\begin{pmatrix}1&1&1&0\\1&1&1&3\\1&1&1&0\end{pmatrix}\xrightarrow[r_3-r_1]{r_2-r_1}\begin{pmatrix}1&1&1&0\\0&0&0&3\\0&0&0&0\end{pmatrix},$$

此时 $\mathrm{R}(\boldsymbol{A})=1<2=\mathrm{R}(\boldsymbol{A},\boldsymbol{b})$，故方程组无解.

当 $\lambda=-3$ 时，对方程组的增广矩阵施行行初等变换：

$$(\boldsymbol{A},\boldsymbol{b})=\begin{pmatrix}-2&1&1&0\\1&-2&1&3\\1&1&-2&-3\end{pmatrix}\xrightarrow{r_3\leftrightarrow r_1}\begin{pmatrix}1&1&-2&-3\\1&-2&1&3\\-2&1&1&0\end{pmatrix}$$

$$\xrightarrow[r_3+2r_1]{r_2-r_1}\begin{pmatrix}1&1&-2&-3\\0&-3&3&6\\0&3&-3&-6\end{pmatrix}\xrightarrow[r_2\div(-3)]{r_3+r_2}\begin{pmatrix}1&1&-2&-3\\0&1&-1&-2\\0&0&0&0\end{pmatrix}$$

$$\xrightarrow{r_1-r_2}\begin{pmatrix}1&0&-1&-1\\0&1&-1&-2\\0&0&0&0\end{pmatrix},$$

此时 $\mathrm{R}(\boldsymbol{A})=\mathrm{R}(\boldsymbol{A},\boldsymbol{b})=2<3$，故方程组有无穷多个解，且其通解为

$$\begin{pmatrix}x_1\\x_2\\x_3\end{pmatrix}=k_1\begin{pmatrix}1\\1\\1\end{pmatrix}+\begin{pmatrix}-1\\-2\\0\end{pmatrix},$$

其中 k_1 为任意常数.

方法二　利用行初等变换. 对方程组的增广矩阵施行行初等变换：

$$(\boldsymbol{A},\boldsymbol{b})=\begin{pmatrix}1+\lambda&1&1&0\\1&1+\lambda&1&3\\1&1&1+\lambda&\lambda\end{pmatrix}\xrightarrow{r_3\leftrightarrow r_1}\begin{pmatrix}1&1&1+\lambda&\lambda\\1&1+\lambda&1&3\\1+\lambda&1&1&0\end{pmatrix}$$

$$\xrightarrow[r_3+r_2]{\substack{r_2-r_1\\r_3-(1+\lambda)r_1}}\begin{pmatrix}1&1&1+\lambda&\lambda\\0&\lambda&-\lambda&3-\lambda\\0&0&-\lambda(3+\lambda)&(1-\lambda)(3+\lambda)\end{pmatrix}.$$

当 $\lambda\neq0$ 且 $\lambda\neq-3$ 时，$\mathrm{R}(\boldsymbol{A})=\mathrm{R}(\boldsymbol{A},\boldsymbol{b})=3$，方程组有唯一解.

当 $\lambda=0$ 时，对 $(\boldsymbol{A},\boldsymbol{b})$ 继续施行行初等变换：

$$(\boldsymbol{A},\boldsymbol{b})=\begin{pmatrix}1&1&1&0\\0&0&0&3\\0&0&0&3\end{pmatrix}\xrightarrow{r_3-r_2}\begin{pmatrix}1&1&1&0\\0&0&0&3\\0&0&0&0\end{pmatrix},$$

此时 $\mathrm{R}(\boldsymbol{A})=1<2=\mathrm{R}(\boldsymbol{A},\boldsymbol{b})$，故方程组无解.

当 $\lambda=-3$ 时，对 $(\boldsymbol{A},\boldsymbol{b})$ 继续施行行初等变换：

$$(\boldsymbol{A},\boldsymbol{b})=\begin{pmatrix}1&1&-2&-3\\0&-3&3&6\\0&0&0&0\end{pmatrix}\xrightarrow[r_1-r_2]{r_2\div(-3)}\begin{pmatrix}1&0&-1&-1\\0&1&-1&-2\\0&0&0&0\end{pmatrix},$$

此时 $\mathrm{R}(\boldsymbol{A})=\mathrm{R}(\boldsymbol{A},\boldsymbol{b})=2<3$，故方程组有无穷多个解，且其通解为

$$\begin{pmatrix}x_1\\x_2\\x_3\end{pmatrix}=k_1\begin{pmatrix}1\\1\\1\end{pmatrix}+\begin{pmatrix}-1\\-2\\0\end{pmatrix},$$

其中 k_1 为任意常数.

比较方法一和方法二,显然方法一较为简单,但方法一只适用于方程组的系数矩阵是方阵的情形,即仅适用于方程个数和未知数个数相同的线性方程组的情形.

例 3.9 求解齐次线性方程组

$$\begin{cases} x_1+2x_2+2x_3+x_4=0, \\ 2x_1+x_2-2x_3-2x_4=0, \\ x_1-x_2-4x_3-3x_4=0. \end{cases}$$

解 由于所求方程组的增广矩阵最后一列的元素全为 0,因此只需对其系数矩阵施行行初等变换:

$$\boldsymbol{A}=\begin{pmatrix} 1 & 2 & 2 & 1 \\ 2 & 1 & -2 & -2 \\ 1 & -1 & -4 & -3 \end{pmatrix} \xrightarrow[r_3-r_1]{r_2-2r_1} \begin{pmatrix} 1 & 2 & 2 & 1 \\ 0 & -3 & -6 & -4 \\ 0 & -3 & -6 & -4 \end{pmatrix}$$

$$\xrightarrow[r_2\div(-3)]{r_3-r_2} \begin{pmatrix} 1 & 2 & 2 & 1 \\ 0 & 1 & 2 & \frac{4}{3} \\ 0 & 0 & 0 & 0 \end{pmatrix} \xrightarrow{r_1-2r_2} \begin{pmatrix} 1 & 0 & -2 & -\frac{5}{3} \\ 0 & 1 & 2 & \frac{4}{3} \\ 0 & 0 & 0 & 0 \end{pmatrix},$$

此时 $R(\boldsymbol{A})=2<4$,故方程组有无穷多个解,且与其同解的方程组为

$$\begin{cases} x_1 \qquad -2x_3-\frac{5}{3}x_4=0, \\ \qquad x_2+2x_3+\frac{4}{3}x_4=0. \end{cases}$$

令 $x_3=k_1,x_4=k_2$,则方程组的通解为

$$\begin{pmatrix} x_1 \\ x_2 \\ x_3 \\ x_4 \end{pmatrix}=k_1\begin{pmatrix} 2 \\ -2 \\ 1 \\ 0 \end{pmatrix}+k_2\begin{pmatrix} \frac{5}{3} \\ -\frac{4}{3} \\ 0 \\ 1 \end{pmatrix},$$

其中 k_1,k_2 为任意常数.

定理 3.3 的结论也可以推广到矩阵方程,为此,有以下定理.

定理 3.6 **矩阵方程 $\boldsymbol{AX}=\boldsymbol{B}$ 有解的充要条件是** $R(\boldsymbol{A})=R(\boldsymbol{A},\boldsymbol{B})$.

利用定理 3.6,容易推得第 1 节的性质 3.6,即

$$R(\boldsymbol{AB})\leqslant \min\{R(\boldsymbol{A}),R(\boldsymbol{B})\}.$$

设 $\boldsymbol{AB}=\boldsymbol{C}$,则矩阵方程 $\boldsymbol{AX}=\boldsymbol{C}$ 有解 $\boldsymbol{X}=\boldsymbol{B}$. 于是,由定理 3.6 可得,$R(\boldsymbol{A})=R(\boldsymbol{A},\boldsymbol{C})$. 又由性质 3.4 可知,$R(\boldsymbol{C})\leqslant R(\boldsymbol{A},\boldsymbol{C})$,从而可得 $R(\boldsymbol{C})\leqslant R(\boldsymbol{A})$,即 $R(\boldsymbol{AB})\leqslant R(\boldsymbol{A})$. 根据矩阵的转置运算,有 $(\boldsymbol{AB})^{\mathrm{T}}=\boldsymbol{B}^{\mathrm{T}}\boldsymbol{A}^{\mathrm{T}}=\boldsymbol{C}^{\mathrm{T}}$,则由上述证明过程可知

$$R(\boldsymbol{AB})=R(\boldsymbol{C})=R(\boldsymbol{C}^{\mathrm{T}})\leqslant R(\boldsymbol{B}^{\mathrm{T}})=R(\boldsymbol{B}).$$

综上所述,$R(\boldsymbol{AB})\leqslant \min\{R(\boldsymbol{A}),R(\boldsymbol{B})\}$.

习题3.2

1. 判断下列非齐次线性方程组是否有解，如果有解，求出它的解：

(1) $\begin{cases} x_1+3x_2-3x_3=-8, \\ 3x_1-x_2+2x_3=10, \\ 11x_1+3x_2+x_3=8; \end{cases}$

(2) $\begin{cases} 2x_1+x_2-x_3+x_4=1, \\ 4x_1+2x_2-2x_3+x_4=2, \\ 2x_1+x_2-x_3-x_4=1; \end{cases}$

(3) $\begin{cases} x_1+3x_2-x_3=-4, \\ 2x_1-2x_2+4x_3=-5, \\ 3x_1+8x_2-2x_3=-13, \\ 5x_1-2x_2-6x_3=-3; \end{cases}$

(4) $\begin{cases} x_1+x_2+2x_3+3x_4=1, \\ 2x_1+3x_2+5x_3+2x_4=-3, \\ 3x_1-x_2-x_3-2x_4=-4, \\ 3x_1+5x_2+2x_3-2x_4=-10. \end{cases}$

2. 求解下列齐次线性方程组：

(1) $\begin{cases} 3x_1-x_2-x_4=0, \\ x_1+2x_2-x_3+x_4=0, \\ 5x_1+3x_2-2x_3+x_4=0; \end{cases}$

(2) $\begin{cases} 3x_1+6x_2-x_3-3x_4=0, \\ x_1+2x_2-2x_4=0, \\ x_1+2x_2+x_3-x_4=0. \end{cases}$

3. 讨论 λ 分别取何值时，线性方程组

$$\begin{cases} \lambda x_1+x_2+x_3=1, \\ x_1+\lambda x_2+x_3=\lambda, \\ x_1+x_2+\lambda x_3=\lambda^2 \end{cases}$$

无解、有唯一解、有无穷多个解，并在有无穷多个解时，求其通解.

4. 讨论 λ 分别取何值时，线性方程组

$$\begin{cases} 2x_1+\lambda x_2-x_3=1, \\ \lambda x_1-x_2+x_3=2, \\ 4x_1+5x_2-5x_3=-1 \end{cases}$$

无解、有唯一解、有无穷多个解，并在有无穷多个解时，求其通解.

5. 已知线性方程组 $\boldsymbol{Ax}=\boldsymbol{b}$ 无解，其中 $\boldsymbol{A}=\begin{pmatrix} 1 & 2 & 1 \\ 3 & 5 & k+3 \\ 1 & k & -2 \end{pmatrix}$，$\boldsymbol{b}=\begin{pmatrix} 1 \\ 4 \\ 0 \end{pmatrix}$，求 k 的值.

第3节 向量组及其线性组合

一、向量的概念

在解析几何中，我们把既有大小又有方向的量称为向量，并把可随意移动的有向线段作为向量的几何形象. 在引入坐标系之后，又定义了向量的坐标表示式(二个或三个有序实数组成的数组). 当 $n\leqslant 3$ 时，n 维向量可以把有

向线段作为其几何形象. 然而当 $n>3$ 时, n 维向量并没有直观的几何形象.

第1章已经介绍过列向量的概念,现再叙述如下.

定义 3.3 由 n 个数组成的有序数组

$$(a_1, a_2, \cdots, a_n) \tag{3.6}$$

或

$$\begin{pmatrix} a_1 \\ a_2 \\ \vdots \\ a_n \end{pmatrix} \tag{3.7}$$

称为一个 n **维向量**,简称**向量**. 数 $a_j\,(j=1,2,\cdots,n)$ 称为向量 $\boldsymbol{\alpha}$ 的第 j 个**分量**(或**坐标**).

分量是实数的向量称为**实向量**,分量是复数的向量称为**复向量**. 本章只讨论实向量.

为了区别定义中的两种形式,把向量(3.6)称为行向量,向量(3.7)称为列向量. 两种向量的本质是一样的,其差别仅在于写法不同. 显然,行向量是一个 $1\times n$ 矩阵,列向量是一个 $n\times 1$ 矩阵. 因此,向量的相等、加法、数乘以及乘法等运算和矩阵相同. 一般地,我们用小写的希腊字母 $\boldsymbol{\alpha},\boldsymbol{\beta},\boldsymbol{\gamma},\cdots$ 来表示列向量,用 $\boldsymbol{\alpha}^{\mathrm{T}},\boldsymbol{\beta}^{\mathrm{T}},\boldsymbol{\gamma}^{\mathrm{T}},\cdots$ 来表示行向量.

二、向量组与矩阵

若干个同维数的列向量(行向量)所组成的集合称为一个**向量组**.

例如,给定一个 $m\times n$ 矩阵 $\boldsymbol{A}=\begin{pmatrix} a_{11} & a_{12} & \cdots & a_{1n} \\ a_{21} & a_{22} & \cdots & a_{2n} \\ \vdots & \vdots & & \vdots \\ a_{m1} & a_{m2} & \cdots & a_{mn} \end{pmatrix}$,令它的第 j 列

$$\boldsymbol{\alpha}_j=\begin{pmatrix} a_{1j} \\ a_{2j} \\ \vdots \\ a_{mj} \end{pmatrix} \quad (j=1,2,\cdots,n),$$

则 $\boldsymbol{\alpha}_1,\boldsymbol{\alpha}_2,\cdots,\boldsymbol{\alpha}_n$ 组成一个向量组,称为矩阵 $\boldsymbol{A}$ 的**列向量组**.

同理,令矩阵 $\boldsymbol{A}$ 的第 i 行

$$\boldsymbol{\beta}_i^{\mathrm{T}}=(a_{i1},a_{i2},\cdots,a_{in}) \quad (i=1,2,\cdots,m),$$

则 $\boldsymbol{\beta}_1^{\mathrm{T}},\boldsymbol{\beta}_2^{\mathrm{T}},\cdots,\boldsymbol{\beta}_m^{\mathrm{T}}$ 组成一个向量组,称为矩阵 $\boldsymbol{A}$ 的**行向量组**.

由上面的讨论可知,矩阵 $\boldsymbol{A}$ 可记作

$$\boldsymbol{A}=(\boldsymbol{\alpha}_1,\boldsymbol{\alpha}_2,\cdots,\boldsymbol{\alpha}_n) \quad 或 \quad \boldsymbol{A}=\begin{pmatrix} \boldsymbol{\beta}_1^{\mathrm{T}} \\ \boldsymbol{\beta}_2^{\mathrm{T}} \\ \vdots \\ \boldsymbol{\beta}_m^{\mathrm{T}} \end{pmatrix}.$$

因此,矩阵 $\boldsymbol{A}$ 与其行向量组或列向量组之间建立了一一对应关系.

三、向量组的线性组合

对于 n 元线性方程组

$$\begin{cases} a_{11}x_1+a_{12}x_2+\cdots+a_{1n}x_n=b_1, \\ a_{21}x_1+a_{22}x_2+\cdots+a_{2n}x_n=b_2, \\ \cdots\cdots \\ a_{m1}x_1+a_{m2}x_2+\cdots+a_{mn}x_n=b_m, \end{cases} \tag{3.8}$$

令

$$\boldsymbol{\alpha}_j=\begin{pmatrix} a_{1j} \\ a_{2j} \\ \vdots \\ a_{mj} \end{pmatrix} \quad (j=1,2,\cdots,n), \quad \boldsymbol{\beta}=\begin{pmatrix} b_1 \\ b_2 \\ \vdots \\ b_m \end{pmatrix},$$

则线性方程组(3.8)可写成

$$x_1\boldsymbol{\alpha}_1+x_2\boldsymbol{\alpha}_2+\cdots+x_n\boldsymbol{\alpha}_n=\boldsymbol{\beta}. \tag{3.9}$$

于是,线性方程组(3.8)是否有解,就相当于是否存在一组数 $k_1,k_2,\cdots,k_n$,使得下列等式成立:

$$\boldsymbol{\beta}=k_1\boldsymbol{\alpha}_1+k_2\boldsymbol{\alpha}_2+\cdots+k_n\boldsymbol{\alpha}_n.$$

为了解决上述问题,先介绍几个有关向量组的概念.

定义 3.4 设有 m 个 n 维向量 $\boldsymbol{\alpha}_1,\boldsymbol{\alpha}_2,\cdots,\boldsymbol{\alpha}_m$,对于任意给定的数 $c_1,c_2,\cdots,c_m$,称向量

$$c_1\boldsymbol{\alpha}_1+c_2\boldsymbol{\alpha}_2+\cdots+c_m\boldsymbol{\alpha}_m$$

为向量组 $\boldsymbol{\alpha}_1,\boldsymbol{\alpha}_2,\cdots,\boldsymbol{\alpha}_m$ 的一个**线性组合**,$c_1,c_2,\cdots,c_m$ 称为这个线性组合的**系数**.

定义 3.5 对于向量组 $\boldsymbol{\alpha}_1,\boldsymbol{\alpha}_2,\cdots,\boldsymbol{\alpha}_m$ 及向量 $\boldsymbol{\beta}$,若存在一组数 $\lambda_1,\lambda_2,\cdots,\lambda_m$,使得

$$\boldsymbol{\beta}=\lambda_1\boldsymbol{\alpha}_1+\lambda_2\boldsymbol{\alpha}_2+\cdots+\lambda_m\boldsymbol{\alpha}_m,$$

则称**向量 $\boldsymbol{\beta}$ 能由向量组 $\boldsymbol{\alpha}_1,\boldsymbol{\alpha}_2,\cdots,\boldsymbol{\alpha}_m$ 线性表示**;否则,称**向量 $\boldsymbol{\beta}$ 不能由 $\boldsymbol{\alpha}_1,\boldsymbol{\alpha}_2,\cdots,\boldsymbol{\alpha}_m$ 线性表示**.

因此,讨论线性方程组 $x_1\boldsymbol{\alpha}_1+x_2\boldsymbol{\alpha}_2+\cdots+x_n\boldsymbol{\alpha}_n=\boldsymbol{\beta}$ 是否有解,相当于讨论向量 $\boldsymbol{\beta}$ 能否由向量组 $\boldsymbol{\alpha}_1,\boldsymbol{\alpha}_2,\cdots,\boldsymbol{\alpha}_n$ 线性表示,即

(1) 方程组有唯一解的充要条件是向量 $\boldsymbol{\beta}$ 能由向量组 $\boldsymbol{\alpha}_1,\boldsymbol{\alpha}_2,\cdots,\boldsymbol{\alpha}_n$ 唯一地线性表示;

(2) 方程组有无穷多个解的充要条件是向量 $\boldsymbol{\beta}$ 能由向量组 $\boldsymbol{\alpha}_1,\boldsymbol{\alpha}_2,\cdots,\boldsymbol{\alpha}_n$ 线性表示,而且表达式不唯一;

(3) 方程组无解的充要条件是向量 $\boldsymbol{\beta}$ 不能由向量组 $\boldsymbol{\alpha}_1,\boldsymbol{\alpha}_2,\cdots,\boldsymbol{\alpha}_n$ 线性表示.

由线性表示的定义可以看出,零向量能由任何向量组线性表示.

例 3.10 向量组 $\boldsymbol{\alpha}_1,\boldsymbol{\alpha}_2,\cdots,\boldsymbol{\alpha}_m$ 中的每个向量 $\boldsymbol{\alpha}_i\,(i=1,2,\cdots,m)$ 都可由该向量组线性

表示,这是因为

$$\boldsymbol{\alpha}_i = 0\cdot\boldsymbol{\alpha}_1 + 0\cdot\boldsymbol{\alpha}_2 + \cdots + 0\cdot\boldsymbol{\alpha}_{i-1} + 1\cdot\boldsymbol{\alpha}_i + 0\cdot\boldsymbol{\alpha}_{i+1} + \cdots + 0\cdot\boldsymbol{\alpha}_m \quad (i = 1,2,\cdots,m).$$

例 3.11 设向量 $\boldsymbol{\alpha}_1 = (1,1,1)^{\mathrm{T}}$,$\boldsymbol{\alpha}_2 = (1,1,0)^{\mathrm{T}}$,$\boldsymbol{\alpha}_3 = (1,0,0)^{\mathrm{T}}$,$\boldsymbol{\beta} = (0,1,1)^{\mathrm{T}}$,请将向量 $\boldsymbol{\beta}$ 用向量组 $\boldsymbol{\alpha}_1,\boldsymbol{\alpha}_2,\boldsymbol{\alpha}_3$ 线性表示.

解 设存在一组数 x_1,x_2,x_3,使得 $x_1\boldsymbol{\alpha}_1 + x_2\boldsymbol{\alpha}_2 + x_3\boldsymbol{\alpha}_3 = \boldsymbol{\beta}$,于是问题转化为该线性方程组的求解问题.对该线性方程组的增广矩阵施行行初等变换:

$$(\boldsymbol{\alpha}_1,\boldsymbol{\alpha}_2,\boldsymbol{\alpha}_3,\boldsymbol{\beta}) = \begin{pmatrix} 1 & 1 & 1 & 0 \\ 1 & 1 & 0 & 1 \\ 1 & 0 & 0 & 1 \end{pmatrix} \xrightarrow[r_3-r_1]{r_2-r_1} \begin{pmatrix} 1 & 1 & 1 & 0 \\ 0 & 0 & -1 & 1 \\ 0 & -1 & -1 & 1 \end{pmatrix}$$

$$\xrightarrow[r_3\times(-1)]{\substack{r_2\leftrightarrow r_3 \\ r_2\times(-1)}} \begin{pmatrix} 1 & 1 & 1 & 0 \\ 0 & 1 & 1 & -1 \\ 0 & 0 & 1 & -1 \end{pmatrix} \xrightarrow[r_1-r_3]{r_2-r_3} \begin{pmatrix} 1 & 1 & 0 & 1 \\ 0 & 1 & 0 & 0 \\ 0 & 0 & 1 & -1 \end{pmatrix}$$

$$\xrightarrow{r_1-r_2} \begin{pmatrix} 1 & 0 & 0 & 1 \\ 0 & 1 & 0 & 0 \\ 0 & 0 & 1 & -1 \end{pmatrix},$$

解得 $x_1 = 1, x_2 = 0, x_3 = -1$,因此 $\boldsymbol{\beta} = \boldsymbol{\alpha}_1 - \boldsymbol{\alpha}_3$.

定理 3.7 **向量 $\boldsymbol{\beta}$ 能由向量组 $\boldsymbol{\alpha}_1,\boldsymbol{\alpha}_2,\cdots,\boldsymbol{\alpha}_n$ 线性表示的充要条件是矩阵 $\boldsymbol{A} = (\boldsymbol{\alpha}_1,\boldsymbol{\alpha}_2,\cdots,\boldsymbol{\alpha}_n)$ 的秩等于矩阵 $\boldsymbol{B} = (\boldsymbol{\alpha}_1,\boldsymbol{\alpha}_2,\cdots,\boldsymbol{\alpha}_n,\boldsymbol{\beta})$ 的秩.**

证 由于向量 $\boldsymbol{\beta}$ 能由向量组 $\boldsymbol{\alpha}_1,\boldsymbol{\alpha}_2,\cdots,\boldsymbol{\alpha}_n$ 线性表示,故线性方程组 $x_1\boldsymbol{\alpha}_1 + x_2\boldsymbol{\alpha}_2 + \cdots + x_n\boldsymbol{\alpha}_n = \boldsymbol{\beta}$ 有解,从而方程组的系数矩阵 $\boldsymbol{A} = (\boldsymbol{\alpha}_1,\boldsymbol{\alpha}_2,\cdots,\boldsymbol{\alpha}_n)$ 的秩与增广矩阵 $\boldsymbol{B} = (\boldsymbol{\alpha}_1,\boldsymbol{\alpha}_2,\cdots,\boldsymbol{\alpha}_n,\boldsymbol{\beta})$ 的秩是相同的.

例 3.12 给定向量组 $\boldsymbol{e}_1 = (1,0,\cdots,0)^{\mathrm{T}}$,$\boldsymbol{e}_2 = (0,1,\cdots,0)^{\mathrm{T}}$,$\cdots$,$\boldsymbol{e}_n = (0,0,\cdots,1)^{\mathrm{T}}$,则对任意的向量 $\boldsymbol{\alpha} = (a_1,a_2,\cdots,a_n)^{\mathrm{T}}$,有 $\boldsymbol{\alpha} = a_1\boldsymbol{e}_1 + a_2\boldsymbol{e}_2 + \cdots + a_n\boldsymbol{e}_n$.这就是说,任何 n 维列向量都能由向量组 $\boldsymbol{e}_1,\boldsymbol{e}_2,\cdots,\boldsymbol{e}_n$ 线性表示.通常我们称向量组 $\boldsymbol{e}_1,\boldsymbol{e}_2,\cdots,\boldsymbol{e}_n$ 为 n 维**基本单位向量组**.

定义 3.6 如果向量组 $\boldsymbol{\alpha}_1,\boldsymbol{\alpha}_2,\cdots,\boldsymbol{\alpha}_s$ 中的每一个向量 $\boldsymbol{\alpha}_i(i=1,2,\cdots,s)$ 都能由向量组 $\boldsymbol{\beta}_1,\boldsymbol{\beta}_2,\cdots,\boldsymbol{\beta}_t$ 线性表示,则称向量组 $\boldsymbol{\alpha}_1,\boldsymbol{\alpha}_2,\cdots,\boldsymbol{\alpha}_s$ 能由向量组 $\boldsymbol{\beta}_1,\boldsymbol{\beta}_2,\cdots,\boldsymbol{\beta}_t$ 线性表示.如果两个向量组可以相互线性表示,则称这两个向量组**等价**.

由定义 3.6 不难得到:

(1) 每一个向量组都能由它自身线性表示;

(2) 若向量组 $\boldsymbol{\alpha}_1,\boldsymbol{\alpha}_2,\cdots,\boldsymbol{\alpha}_s$ 能由向量组 $\boldsymbol{\beta}_1,\boldsymbol{\beta}_2,\cdots,\boldsymbol{\beta}_t$ 线性表示,而向量组 $\boldsymbol{\beta}_1,\boldsymbol{\beta}_2,\cdots,\boldsymbol{\beta}_t$ 又能由向量组 $\boldsymbol{\gamma}_1,\boldsymbol{\gamma}_2,\cdots,\boldsymbol{\gamma}_m$ 线性表示,则向量组 $\boldsymbol{\alpha}_1,\boldsymbol{\alpha}_2,\cdots,\boldsymbol{\alpha}_s$ 能由向量组 $\boldsymbol{\gamma}_1,\boldsymbol{\gamma}_2,\cdots,\boldsymbol{\gamma}_m$ 线性表示.

因此,向量组之间的等价有如下的性质:

(1) **反身性**:向量组 $\boldsymbol{\alpha}_1,\boldsymbol{\alpha}_2,\cdots,\boldsymbol{\alpha}_s$ 与它自身等价.

(2) **对称性**:如果向量组 $\boldsymbol{\alpha}_1,\boldsymbol{\alpha}_2,\cdots,\boldsymbol{\alpha}_s$ 与向量组 $\boldsymbol{\beta}_1,\boldsymbol{\beta}_2,\cdots,\boldsymbol{\beta}_t$ 等价,那么

$\boldsymbol{\beta}_1,\boldsymbol{\beta}_2,\cdots,\boldsymbol{\beta}_t$ 也与 $\boldsymbol{\alpha}_1,\boldsymbol{\alpha}_2,\cdots,\boldsymbol{\alpha}_s$ 等价.

(3) **传递性**:如果向量组 $\boldsymbol{\alpha}_1,\boldsymbol{\alpha}_2,\cdots,\boldsymbol{\alpha}_s$ 与向量组 $\boldsymbol{\beta}_1,\boldsymbol{\beta}_2,\cdots,\boldsymbol{\beta}_t$ 等价,而向量组 $\boldsymbol{\beta}_1,\boldsymbol{\beta}_2,\cdots,\boldsymbol{\beta}_t$ 又与向量组 $\boldsymbol{\gamma}_1,\boldsymbol{\gamma}_2,\cdots,\boldsymbol{\gamma}_m$ 等价,那么 $\boldsymbol{\alpha}_1,\boldsymbol{\alpha}_2,\cdots,\boldsymbol{\alpha}_s$ 与 $\boldsymbol{\gamma}_1,\boldsymbol{\gamma}_2,\cdots,\boldsymbol{\gamma}_m$ 等价.

习题3.3

1. 选择题:

(1) 设 $\boldsymbol{\alpha}_1,\boldsymbol{\alpha}_2,\boldsymbol{\alpha}_3,\boldsymbol{\beta}_1,\boldsymbol{\beta}_2$ 都是四维列向量,且四阶行列式 $|(\boldsymbol{\alpha}_1,\boldsymbol{\alpha}_2,\boldsymbol{\alpha}_3,\boldsymbol{\beta}_1)|=m$, $|(\boldsymbol{\alpha}_1,\boldsymbol{\beta}_2,\boldsymbol{\alpha}_3,\boldsymbol{\alpha}_2)|=n$,则行列式 $|(\boldsymbol{\alpha}_1,\boldsymbol{\alpha}_2,\boldsymbol{\alpha}_3,\boldsymbol{\beta}_1+\boldsymbol{\beta}_2)|=$(　　).

(A) $m+n$　　(B) $m-n$　　(C) $-m+n$　　(D) $-m-n$

(2) 设 $\boldsymbol{A}$ 为 n 阶矩阵,且 $|\boldsymbol{A}|=0$,则(　　).

(A) $\boldsymbol{A}$ 中有两行(列)元素对应成比例

(B) $\boldsymbol{A}$ 中任一行向量是其他行向量的线性组合

(C) $\boldsymbol{A}$ 中至少有一行元素全为0

(D) $\boldsymbol{A}$ 中必有一行向量是其他行向量的线性组合

2. 设向量 $\boldsymbol{\alpha}_1=(1+\lambda,1,1)^{\mathrm{T}},\boldsymbol{\alpha}_2=(1,1+\lambda,1)^{\mathrm{T}},\boldsymbol{\alpha}_3=(1,1,1+\lambda)^{\mathrm{T}},\boldsymbol{\beta}=(0,\lambda,\lambda^2)^{\mathrm{T}}$,问:

(1) 当 λ 为何值时,向量 $\boldsymbol{\beta}$ 能由向量组 $\boldsymbol{\alpha}_1,\boldsymbol{\alpha}_2,\boldsymbol{\alpha}_3$ 唯一地线性表示?

(2) 当 λ 为何值时,向量 $\boldsymbol{\beta}$ 能由向量组 $\boldsymbol{\alpha}_1,\boldsymbol{\alpha}_2,\boldsymbol{\alpha}_3$ 线性表示,但表达式不唯一?

(3) 当 λ 为何值时,向量 $\boldsymbol{\beta}$ 不能由向量组 $\boldsymbol{\alpha}_1,\boldsymbol{\alpha}_2,\boldsymbol{\alpha}_3$ 线性表示?

3. 填空题:

(1) 已知 $\boldsymbol{\alpha}_1-5\boldsymbol{\alpha}_2+2\boldsymbol{\alpha}_3=\boldsymbol{\beta}$,其中 $\boldsymbol{\alpha}_1=(3,4,-1)^{\mathrm{T}},\boldsymbol{\alpha}_2=(1,0,3)^{\mathrm{T}},\boldsymbol{\beta}=(0,2,-5)^{\mathrm{T}}$,则 $\boldsymbol{\alpha}_3=$ ________.

(2) 设向量 $\boldsymbol{\alpha}_1=(1,1,1)^{\mathrm{T}},\boldsymbol{\alpha}_2=(1,1,0)^{\mathrm{T}},\boldsymbol{\alpha}_3=(1,0,0)^{\mathrm{T}},\boldsymbol{\beta}=(0,1,1)^{\mathrm{T}}$,则向量 $\boldsymbol{\beta}$ 由向量组 $\boldsymbol{\alpha}_1,\boldsymbol{\alpha}_2,\boldsymbol{\alpha}_3$ 线性表示的表达式为________.

4. 设向量 $\boldsymbol{\alpha}_1=(1,0,2,3)^{\mathrm{T}},\boldsymbol{\alpha}_2=(1,1,3,5)^{\mathrm{T}},\boldsymbol{\alpha}_3=(1,1,a+2,1)^{\mathrm{T}},\boldsymbol{\alpha}_4=(1,2,4,a+8)^{\mathrm{T}}$, $\boldsymbol{\beta}=(1,1,b+3,5)^{\mathrm{T}}$,问:

(1) 当 a,b 为何值时,向量 $\boldsymbol{\beta}$ 不能表示为向量组 $\boldsymbol{\alpha}_1,\boldsymbol{\alpha}_2,\boldsymbol{\alpha}_3,\boldsymbol{\alpha}_4$ 的线性组合?

(2) 当 a,b 为何值时,向量 $\boldsymbol{\beta}$ 能唯一地表示为向量组 $\boldsymbol{\alpha}_1,\boldsymbol{\alpha}_2,\boldsymbol{\alpha}_3,\boldsymbol{\alpha}_4$ 的线性组合?

第4节　向量组的线性相关性

下面给出向量组线性相关和线性无关的概念.

定义 3.7　给定 n 维向量组 $\boldsymbol{\alpha}_1,\boldsymbol{\alpha}_2,\cdots,\boldsymbol{\alpha}_m$,若存在不全为0的数 c_1,

$c_2,\cdots,c_m$，使得

$$c_1\boldsymbol{\alpha}_1+c_2\boldsymbol{\alpha}_2+\cdots+c_m\boldsymbol{\alpha}_m=\mathbf{0},$$

则称向量组 $\boldsymbol{\alpha}_1,\boldsymbol{\alpha}_2,\cdots,\boldsymbol{\alpha}_m$ **线性相关**；否则，称向量组 $\boldsymbol{\alpha}_1,\boldsymbol{\alpha}_2,\cdots,\boldsymbol{\alpha}_m$ **线性无关**.

显然，向量组 $\boldsymbol{\alpha}_1=(1,-1,3,1)^{\mathrm{T}},\boldsymbol{\alpha}_2=(2,-2,5,4)^{\mathrm{T}},\boldsymbol{\alpha}_3=(1,-1,4,-1)^{\mathrm{T}}$ 是线性相关的，这是因为 $3\boldsymbol{\alpha}_1-\boldsymbol{\alpha}_2-\boldsymbol{\alpha}_3=\mathbf{0}$.

由一个向量组中的部分向量构成的集合，称为该向量组的**部分向量组**，简称**部分组**.

从定义 3.7 可以看出：

(1) 如果一个向量组的一个部分组线性相关，那么这个向量组一定线性相关. 换句话说，如果一个向量组线性无关，那么它的任何一个非空部分组也线性无关.

(2) 如果一个向量组中含有零向量，那么这个向量组一定是线性相关的.

一般来说，向量组 $\boldsymbol{\alpha}_1,\boldsymbol{\alpha}_2,\cdots,\boldsymbol{\alpha}_m$ 线性相关是指 $m\geqslant 2$ 的情形，但定义3.7也适用于 $m=1$ 的情形. 当 $m=1$ 时，向量组只含一个向量，对于只含一个向量 $\boldsymbol{\alpha}$ 的向量组，当 $\boldsymbol{\alpha}=\mathbf{0}$ 时，它是线性相关的；当 $\boldsymbol{\alpha}\neq\mathbf{0}$ 时，它是线性无关的.

当 $m\geqslant 2$ 时，向量组的线性相关性还可以定义如下.

定义 3.8 若向量组 $\boldsymbol{\alpha}_1,\boldsymbol{\alpha}_2,\cdots,\boldsymbol{\alpha}_m(m\geqslant 2)$ 中至少有一个向量是其余向量的线性组合，则称该向量组是线性相关的.

设有向量组 $\boldsymbol{\alpha}_1,\boldsymbol{\alpha}_2,\cdots,\boldsymbol{\alpha}_m$，不妨设向量 $\boldsymbol{\alpha}_i$ 是其余向量的线性组合，即

$$\boldsymbol{\alpha}_i=k_1\boldsymbol{\alpha}_1+\cdots+k_{i-1}\boldsymbol{\alpha}_{i-1}+k_{i+1}\boldsymbol{\alpha}_{i+1}+\cdots+k_m\boldsymbol{\alpha}_m,$$

亦即

$$k_1\boldsymbol{\alpha}_1+\cdots+k_{i-1}\boldsymbol{\alpha}_{i-1}+(-1)\boldsymbol{\alpha}_i+k_{i+1}\boldsymbol{\alpha}_{i+1}+\cdots+k_m\boldsymbol{\alpha}_m=\mathbf{0}.$$

因为 $k_1,\cdots,k_{i-1},-1,k_{i+1},\cdots,k_m$ 不全为0，故向量组 $\boldsymbol{\alpha}_1,\boldsymbol{\alpha}_2,\cdots,\boldsymbol{\alpha}_m$ 线性相关.

反之，若向量组 $\boldsymbol{\alpha}_1,\boldsymbol{\alpha}_2,\cdots,\boldsymbol{\alpha}_m$ 线性相关，则存在一组不全为 0 的数 $k_1,k_2,\cdots,k_m$，使得

$$k_1\boldsymbol{\alpha}_1+\cdots+k_{i-1}\boldsymbol{\alpha}_{i-1}+k_i\boldsymbol{\alpha}_i+k_{i+1}\boldsymbol{\alpha}_{i+1}+\cdots+k_m\boldsymbol{\alpha}_m=\mathbf{0}.$$

因 $k_1,k_2,\cdots,k_m$ 不全为 0，不妨设 $k_i\neq 0$，由上式可得

$$\begin{aligned}\boldsymbol{\alpha}_i=&\left(-\frac{k_1}{k_i}\right)\boldsymbol{\alpha}_1+\left(-\frac{k_2}{k_i}\right)\boldsymbol{\alpha}_2+\cdots+\left(-\frac{k_{i-1}}{k_i}\right)\boldsymbol{\alpha}_{i-1}\\&+\left(-\frac{k_{i+1}}{k_i}\right)\boldsymbol{\alpha}_{i+1}+\cdots+\left(-\frac{k_m}{k_i}\right)\boldsymbol{\alpha}_m,\end{aligned}$$

故 $\boldsymbol{\alpha}_i$ 能由其余向量 $\boldsymbol{\alpha}_1,\boldsymbol{\alpha}_2,\cdots,\boldsymbol{\alpha}_{i-1},\boldsymbol{\alpha}_{i+1},\cdots,\boldsymbol{\alpha}_m$ 线性表示.

特别地，当 $m=3$ 时，向量组 $\boldsymbol{\alpha}_1,\boldsymbol{\alpha}_2,\boldsymbol{\alpha}_3$ 线性相关的几何意义是三个向量共面，因为由定义 3.8 可知，一个向量是其余向量的线性组合. 例如，对于向量组 $\boldsymbol{\alpha}_1,\boldsymbol{\alpha}_2,\boldsymbol{\alpha}_3$，$\boldsymbol{\alpha}_1=k\boldsymbol{\alpha}_2+l\boldsymbol{\alpha}_3$ 表示 $\boldsymbol{\alpha}_1$ 在 $\boldsymbol{\alpha}_2$ 与 $\boldsymbol{\alpha}_3$ 所在的平面上，即 $\boldsymbol{\alpha}_1,\boldsymbol{\alpha}_2,\boldsymbol{\alpha}_3$ 共面.

例 3.13 证明：n 维基本单位向量组 $\boldsymbol{e}_1=(1,0,\cdots,0)^{\mathrm{T}},\boldsymbol{e}_2=(0,1,\cdots,0)^{\mathrm{T}},\cdots,\boldsymbol{e}_n=(0,0,\cdots,1)^{\mathrm{T}}$ 线性无关.

证 事实上，由 $c_1\boldsymbol{e}_1+c_2\boldsymbol{e}_2+\cdots+c_n\boldsymbol{e}_n=\mathbf{0}$，即

$c_1(1,0,\cdots,0)^{\mathrm{T}}+c_2(0,1,\cdots,0)^{\mathrm{T}}+\cdots+c_n(0,0,\cdots,1)^{\mathrm{T}}=(c_1,c_2,\cdots,c_n)^{\mathrm{T}}=(0,0,\cdots,0)^{\mathrm{T}}$，可得 $c_1=c_2=\cdots=c_n=0$. 因此，$\boldsymbol{e}_1,\boldsymbol{e}_2,\cdots,\boldsymbol{e}_n$ 线性无关.

事实上，判断一个向量组的线性相关性可以转化为讨论齐次线性方程组是否有非零解的问题.

给定一个向量组

$$\boldsymbol{\alpha}_i=(a_{1i},a_{2i},\cdots,a_{ni})^{\mathrm{T}}\quad(i=1,2,\cdots,m),\tag{3.10}$$

判断其是否线性相关，相当于判断齐次线性方程组

$$x_1\boldsymbol{\alpha}_1+x_2\boldsymbol{\alpha}_2+\cdots+x_m\boldsymbol{\alpha}_m=\mathbf{0},\tag{3.11}$$

即

$$\begin{cases}a_{11}x_1+a_{12}x_2+\cdots+a_{1m}x_m=0,\\a_{21}x_1+a_{22}x_2+\cdots+a_{2m}x_m=0,\\\cdots\cdots\\a_{n1}x_1+a_{n2}x_2+\cdots+a_{nm}x_m=0\end{cases}\tag{3.12}$$

是否有非零解.

设矩阵 $\boldsymbol{A}=(\boldsymbol{\alpha}_1,\boldsymbol{\alpha}_2,\cdots,\boldsymbol{\alpha}_m)=\begin{pmatrix}a_{11}&a_{12}&\cdots&a_{1m}\\a_{21}&a_{22}&\cdots&a_{2m}\\\vdots&\vdots&&\vdots\\a_{n1}&a_{n2}&\cdots&a_{nm}\end{pmatrix}$，则由齐次线性方程组有非零解的充要条件可得以下定理.

定理 3.8 **向量组 $\boldsymbol{\alpha}_1,\boldsymbol{\alpha}_2,\cdots,\boldsymbol{\alpha}_m$ 线性相关的充要条件是 $\mathrm{R}(\boldsymbol{A})<m$；向量组 $\boldsymbol{\alpha}_1,\boldsymbol{\alpha}_2,\cdots,\boldsymbol{\alpha}_m$ 线性无关的充要条件是 $\mathrm{R}(\boldsymbol{A})=m$.**

定理 3.8 在判断向量组的线性相关性时是非常实用的.

例 3.14 已知向量组 $\boldsymbol{\alpha}_1=\begin{pmatrix}1\\2\\0\end{pmatrix},\boldsymbol{\alpha}_2=\begin{pmatrix}2\\1\\1\end{pmatrix},\boldsymbol{\alpha}_3=\begin{pmatrix}4\\5\\1\end{pmatrix}$，试讨论向量组 $\boldsymbol{\alpha}_1,\boldsymbol{\alpha}_2,\boldsymbol{\alpha}_3$ 及向量组 $\boldsymbol{\alpha}_1,\boldsymbol{\alpha}_2$ 的线性相关性.

解 对矩阵 $(\boldsymbol{\alpha}_1,\boldsymbol{\alpha}_2,\boldsymbol{\alpha}_3)$ 施行行初等变换将其化为行阶梯形矩阵：

$$(\boldsymbol{\alpha}_1,\boldsymbol{\alpha}_2,\boldsymbol{\alpha}_3)=\begin{pmatrix}1&2&4\\2&1&5\\0&1&1\end{pmatrix}\xrightarrow{r_2-2r_1}\begin{pmatrix}1&2&4\\0&-3&-3\\0&1&1\end{pmatrix}\xrightarrow[r_3-r_2]{r_2\div(-3)}\begin{pmatrix}1&2&4\\0&1&1\\0&0&0\end{pmatrix}.$$

可见 $\mathrm{R}(\boldsymbol{\alpha}_1,\boldsymbol{\alpha}_2,\boldsymbol{\alpha}_3)=2$，故向量组 $\boldsymbol{\alpha}_1,\boldsymbol{\alpha}_2,\boldsymbol{\alpha}_3$ 线性相关，同时 $\mathrm{R}(\boldsymbol{\alpha}_1,\boldsymbol{\alpha}_2)=2$，从而向量组 $\boldsymbol{\alpha}_1,\boldsymbol{\alpha}_2$ 线性无关.

例 3.15 设有向量组 $\boldsymbol{\alpha}_1=\begin{pmatrix}1\\-1\\1\end{pmatrix},\boldsymbol{\alpha}_2=\begin{pmatrix}2\\1\\-1\end{pmatrix},\boldsymbol{\alpha}_3=\begin{pmatrix}1\\-4\\p\end{pmatrix}$，试讨论向量组 $\boldsymbol{\alpha}_1,\boldsymbol{\alpha}_2,\boldsymbol{\alpha}_3$ 的线性相关性.

解 对矩阵 $(\boldsymbol{\alpha}_1,\boldsymbol{\alpha}_2,\boldsymbol{\alpha}_3)$ 施行行初等变换将其化为行阶梯形矩阵：

$$(\boldsymbol{\alpha}_1,\boldsymbol{\alpha}_2,\boldsymbol{\alpha}_3)=\begin{pmatrix}1&2&1\\-1&1&-4\\1&-1&p\end{pmatrix}\xrightarrow[r_3-r_1]{r_2+r_1}\begin{pmatrix}1&2&1\\0&3&-3\\0&-3&p-1\end{pmatrix}\xrightarrow{r_3+r_2}\begin{pmatrix}1&2&4\\0&3&-3\\0&0&p-4\end{pmatrix}.$$

可见，当 $p\neq 4$ 时，$\mathrm{R}(\boldsymbol{\alpha}_1,\boldsymbol{\alpha}_2,\boldsymbol{\alpha}_3)=3$，向量组 $\boldsymbol{\alpha}_1,\boldsymbol{\alpha}_2,\boldsymbol{\alpha}_3$ 线性无关；当 $p=4$ 时，$\mathrm{R}(\boldsymbol{\alpha}_1,\boldsymbol{\alpha}_2,\boldsymbol{\alpha}_3)=2<3$，向量组 $\boldsymbol{\alpha}_1,\boldsymbol{\alpha}_2,\boldsymbol{\alpha}_3$ 线性相关.

推论 3.3 当向量组中所含向量的个数等于向量的维数时，向量组线性相关的充要条件是由向量组构成的方阵 $\boldsymbol{A}$ 所对应的 $|\boldsymbol{A}|=0$；而向量组线性无关的充要条件是 $|\boldsymbol{A}|\neq 0$.

例 3.16 设向量组 $\boldsymbol{\alpha}_1,\boldsymbol{\alpha}_2,\boldsymbol{\alpha}_3$ 线性无关，且 $\boldsymbol{\beta}_1=\boldsymbol{\alpha}_1+\boldsymbol{\alpha}_2,\boldsymbol{\beta}_2=\boldsymbol{\alpha}_2+\boldsymbol{\alpha}_3,\boldsymbol{\beta}_3=\boldsymbol{\alpha}_3+\boldsymbol{\alpha}_1$，证明：向量组 $\boldsymbol{\beta}_1,\boldsymbol{\beta}_2,\boldsymbol{\beta}_3$ 也线性无关.

证 设存在一组数 x_1,x_2,x_3，使得 $x_1\boldsymbol{\beta}_1+x_2\boldsymbol{\beta}_2+x_3\boldsymbol{\beta}_3=\boldsymbol{0}$，即

$$x_1(\boldsymbol{\alpha}_1+\boldsymbol{\alpha}_2)+x_2(\boldsymbol{\alpha}_2+\boldsymbol{\alpha}_3)+x_3(\boldsymbol{\alpha}_3+\boldsymbol{\alpha}_1)=\boldsymbol{0},$$

整理得

$$(x_1+x_3)\boldsymbol{\alpha}_1+(x_1+x_2)\boldsymbol{\alpha}_2+(x_2+x_3)\boldsymbol{\alpha}_3=\boldsymbol{0}.$$

因向量组 $\boldsymbol{\alpha}_1,\boldsymbol{\alpha}_2,\boldsymbol{\alpha}_3$ 线性无关，故有

$$\begin{cases}x_1+x_3=0,\\x_1+x_2=0,\\x_2+x_3=0.\end{cases}$$

这是一个未知数个数和方程个数相等的齐次线性方程组，其系数行列式

$$\begin{vmatrix}1&0&1\\1&1&0\\0&1&1\end{vmatrix}=2\neq 0,$$

故该方程组只有零解 $x_1=x_2=x_3=0$，从而向量组 $\boldsymbol{\beta}_1,\boldsymbol{\beta}_2,\boldsymbol{\beta}_3$ 线性无关.

由定义 3.8 可知，向量组 $\boldsymbol{\alpha}_1,\boldsymbol{\alpha}_2,\cdots,\boldsymbol{\alpha}_m(m\geqslant 2)$ 线性无关的充要条件是其中任何一个向量都不能由其余 $m-1$ 个向量线性表示.

下面我们介绍与线性相关的性质有关的一些结论.

定理 3.9 **若向量组(3.10) 线性无关，则在每一个向量上添加一个分量得到的 $n+1$ 维向量组**

$$\boldsymbol{\beta}_i=(a_{1i},a_{2i},\cdots,a_{ni},a_{n+1,i})^{\mathrm{T}}\quad(i=1,2,\cdots,m)\tag{3.13}$$

也线性无关.

证 与向量组(3.13) 对应的齐次线性方程组为

$$\begin{cases}a_{11}x_1+a_{12}x_2+\cdots+a_{1m}x_m=0,\\a_{21}x_1+a_{22}x_2+\cdots+a_{2m}x_m=0,\\\qquad\cdots\cdots\\a_{n1}x_1+a_{n2}x_2+\cdots+a_{nm}x_m=0,\\a_{n+1,1}x_1+a_{n+1,2}x_2+\cdots+a_{n+1,m}x_m=0.\end{cases}\tag{3.14}$$

显然，若方程组(3.12) 只有零解，则方程组(3.14) 也只有零解，从而定理成立.

定理3.9中，向量 $\boldsymbol{\alpha}_i$ 在最后添上一个分量得向量 $\boldsymbol{\beta}_i$，显然，添上的分量无论在什么位置，结论仍成立. 事实上，添上若干个分量时结论也成立，故可得如下推论.

推论 3.4　设 r 维向量组的每个向量在相应位置添上 $n-r$ 个分量，成为 n 维向量组. 若 r 维向量组线性无关，则 n 维向量组也线性无关. 反之，若 n 维向量组线性相关，则 r 维向量组也线性相关.

定理 3.10　**设向量组 $\boldsymbol{\alpha}_1,\boldsymbol{\alpha}_2,\cdots,\boldsymbol{\alpha}_m$ 线性无关，而向量组 $\boldsymbol{\alpha}_1,\boldsymbol{\alpha}_2,\cdots,\boldsymbol{\alpha}_m,\boldsymbol{\beta}$ 线性相关，则向量 $\boldsymbol{\beta}$ 能由向量组 $\boldsymbol{\alpha}_1,\boldsymbol{\alpha}_2,\cdots,\boldsymbol{\alpha}_m$ 线性表示，且表达式是唯一的.**

证　令矩阵 $\boldsymbol{A}=(\boldsymbol{\alpha}_1,\boldsymbol{\alpha}_2,\cdots,\boldsymbol{\alpha}_m)$，$\boldsymbol{B}=(\boldsymbol{\alpha}_1,\boldsymbol{\alpha}_2,\cdots,\boldsymbol{\alpha}_m,\boldsymbol{\beta})$，由向量组 $\boldsymbol{\alpha}_1,\boldsymbol{\alpha}_2,\cdots,\boldsymbol{\alpha}_m$ 线性无关，向量组 $\boldsymbol{\alpha}_1,\boldsymbol{\alpha}_2,\cdots,\boldsymbol{\alpha}_m,\boldsymbol{\beta}$ 线性相关可知

$$\mathrm{R}(\boldsymbol{A})=m,\quad \mathrm{R}(\boldsymbol{B})<m+1,$$

故 $\mathrm{R}(\boldsymbol{A})=\mathrm{R}(\boldsymbol{B})=m$.

因此，线性方程组 $x_1\boldsymbol{\alpha}_1+x_2\boldsymbol{\alpha}_2+\cdots+x_m\boldsymbol{\alpha}_m=\boldsymbol{\beta}$ 有解，且解是唯一的，即向量 $\boldsymbol{\beta}$ 能由向量组 $\boldsymbol{\alpha}_1,\boldsymbol{\alpha}_2,\cdots,\boldsymbol{\alpha}_m$ 线性表示，且表达式是唯一的.

定理 3.11　**m 个 n 维向量构成的向量组，当维数 n 小于向量个数 m 时向量组一定线性相关. 特别地，$n+1$ 个 n 维向量一定线性相关.**

证　设 m 个 n 维向量 $\boldsymbol{\alpha}_1,\boldsymbol{\alpha}_2,\cdots,\boldsymbol{\alpha}_m$ 构成矩阵 $\boldsymbol{A}_{n\times m}=(\boldsymbol{\alpha}_1,\boldsymbol{\alpha}_2,\cdots,\boldsymbol{\alpha}_m)$，且 $\mathrm{R}(\boldsymbol{A}_{n\times m})\leqslant n$. 当 $n<m$ 时，$\mathrm{R}(\boldsymbol{A}_{n\times m})<m$，故由定理3.8可知，向量组 $\boldsymbol{\alpha}_1,\boldsymbol{\alpha}_2,\cdots,\boldsymbol{\alpha}_m$ 线性相关.

习题3.4

1. 填空题：

(1) 向量组 $\boldsymbol{\alpha}_1=(1,2,3)^{\mathrm{T}}$，$\boldsymbol{\alpha}_2=(1,4,0)^{\mathrm{T}}$，$\boldsymbol{\alpha}_3=(2,0,0)^{\mathrm{T}}$，$\boldsymbol{\alpha}_4=(100,27,95)^{\mathrm{T}}$ 线性________.

(2) 设有 n 维向量组 $\boldsymbol{\alpha}_1,\boldsymbol{\alpha}_2,\boldsymbol{\alpha}_3,\boldsymbol{\alpha}_4$，若向量组 $\boldsymbol{\alpha}_1,\boldsymbol{\alpha}_2,\boldsymbol{\alpha}_3$ 线性相关，则向量组 $\boldsymbol{\alpha}_1,\boldsymbol{\alpha}_2,\boldsymbol{\alpha}_3,\boldsymbol{\alpha}_4$ 线性________.

(3) 设矩阵 $\boldsymbol{A}=\begin{pmatrix}\boldsymbol{\alpha}_1^{\mathrm{T}}\\ \boldsymbol{\alpha}_2^{\mathrm{T}}\\ \boldsymbol{\alpha}_3^{\mathrm{T}}\end{pmatrix}$，其中 $\boldsymbol{\alpha}_1^{\mathrm{T}},\boldsymbol{\alpha}_2^{\mathrm{T}},\boldsymbol{\alpha}_3^{\mathrm{T}}$ 是线性相关的三维行向量，则 $|\boldsymbol{A}|=$________.

2. 选择题：

(1) 若一向量组线性无关，则它的部分组(　　).

(A) 线性无关　　(B) 线性相关

(C) 或线性无关，或线性相关　　(D) 既线性无关，也线性相关

(2) 向量组 $\boldsymbol{\alpha}_1,\boldsymbol{\alpha}_2,\cdots,\boldsymbol{\alpha}_m$ 线性无关的必要条件是(　　).

(A) 该向量组中含有零向量

(B) 该向量组的任一部分组线性相关

(C) 该向量组的任一部分组线性无关

(D) 该向量组中至少有一个向量能由其余向量线性表示

3. 讨论下列向量组的线性相关性：

(1) $\boldsymbol{\beta}_1=(1,1,1,1)^{\mathrm{T}},\boldsymbol{\beta}_2=(0,1,-1,\lambda_1)^{\mathrm{T}},\boldsymbol{\beta}_3=(2,3,\lambda_2,4)^{\mathrm{T}},\boldsymbol{\beta}_4=(3,5,1,7)^{\mathrm{T}}$；

(2) $\boldsymbol{\alpha}_1=(2,-1,\lambda,5)^{\mathrm{T}},\boldsymbol{\alpha}_2=(1,\lambda,-1,2)^{\mathrm{T}},\boldsymbol{\alpha}_3=(1,10,-6,1)^{\mathrm{T}}$.

4. 设向量组 $\boldsymbol{\alpha}_1,\boldsymbol{\alpha}_2,\cdots,\boldsymbol{\alpha}_n$ 线性无关，证明：向量组 $\boldsymbol{\alpha}_1,\boldsymbol{\alpha}_1-\boldsymbol{\alpha}_2,\cdots,\boldsymbol{\alpha}_1-\boldsymbol{\alpha}_2-\cdots-\boldsymbol{\alpha}_n$ 也线性无关.

5. 设 $\boldsymbol{A}$ 是 n 阶矩阵，$\boldsymbol{\alpha}$ 是 n 维列向量. 若 $\boldsymbol{A}^{m-1}\boldsymbol{\alpha}\neq\mathbf{0}$，而 $\boldsymbol{A}^m\boldsymbol{\alpha}=\mathbf{0}$，其中 m 为大于 1 的正整数，证明：向量组 $\boldsymbol{\alpha},\boldsymbol{A\alpha},\boldsymbol{A}^2\boldsymbol{\alpha},\cdots,\boldsymbol{A}^{m-1}\boldsymbol{\alpha}$ 线性无关.

第5节 向量组的秩

对于任意给定的一个向量组，研究其线性无关的部分组最多含有多少个向量，在理论及应用上都是十分重要的. 为此，给出以下定义.

定义 3.9 设有向量组 A，如果

(1) 在 A 中有 r 个向量 $\boldsymbol{\alpha}_1,\boldsymbol{\alpha}_2,\cdots,\boldsymbol{\alpha}_r$ 线性无关；

(2) 除 $\boldsymbol{\alpha}_1,\boldsymbol{\alpha}_2,\cdots,\boldsymbol{\alpha}_r$ 外，从 A 中任意添加一个向量(如果还有的话) 所得的 $r+1$ 个向量都线性相关，

则称 $\boldsymbol{\alpha}_1,\boldsymbol{\alpha}_2,\cdots,\boldsymbol{\alpha}_r$ 为向量组 A 的一个**极大线性无关向量组**，简称**极大无关组**，r 称为向量组 A 的**秩**.

特殊地，只含零向量的向量组没有极大无关组，规定它的秩为 0.

例如，对于向量组 $\boldsymbol{\alpha}_1=(2,-1,3,0)^{\mathrm{T}},\boldsymbol{\alpha}_2=(0,-1,-4,1)^{\mathrm{T}},\boldsymbol{\alpha}_3=(2,-2,-1,1)^{\mathrm{T}}$，显然向量组 $\boldsymbol{\alpha}_1,\boldsymbol{\alpha}_2$ 线性无关，而向量组 $\boldsymbol{\alpha}_1,\boldsymbol{\alpha}_2,\boldsymbol{\alpha}_3$ 线性相关. 因此，$\boldsymbol{\alpha}_1,\boldsymbol{\alpha}_2$ 是该向量组的一个极大无关组. 不难看出，$\boldsymbol{\alpha}_1,\boldsymbol{\alpha}_3$ 也是该向量组的一个极大无关组. 这说明极大无关组并不是唯一的.

注意到，一个线性无关的向量组的极大无关组就是这个向量组本身.

性质 3.8 向量组的任意一个极大无关组都与向量组本身等价.

证 设有向量组 $\boldsymbol{\alpha}_1,\boldsymbol{\alpha}_2,\cdots,\boldsymbol{\alpha}_r,\cdots,\boldsymbol{\alpha}_s$，其中 $\boldsymbol{\alpha}_1,\boldsymbol{\alpha}_2,\cdots,\boldsymbol{\alpha}_r$ 是它的一个极大无关组. 一方面，当 $1\leqslant i\leqslant r$ 时，有

$$\boldsymbol{\alpha}_i=0\cdot\boldsymbol{\alpha}_1+\cdots+0\cdot\boldsymbol{\alpha}_{i-1}+1\cdot\boldsymbol{\alpha}_i+\cdots+0\cdot\boldsymbol{\alpha}_s,$$

因此向量组 $\boldsymbol{\alpha}_1,\boldsymbol{\alpha}_2,\cdots,\boldsymbol{\alpha}_r$ 能由向量组 $\boldsymbol{\alpha}_1,\boldsymbol{\alpha}_2,\cdots,\boldsymbol{\alpha}_r,\cdots,\boldsymbol{\alpha}_s$ 线性表示.

另一方面，当 $r+1\leqslant j\leqslant s$ 时，由极大无关组的定义可知，向量组 $\boldsymbol{\alpha}_1,\boldsymbol{\alpha}_2,\cdots,\boldsymbol{\alpha}_r,\boldsymbol{\alpha}_j$ 线性相关. 而向量组 $\boldsymbol{\alpha}_1,\boldsymbol{\alpha}_2,\cdots,\boldsymbol{\alpha}_r$ 线性无关，故由定理 3.10 可知，向量 $\boldsymbol{\alpha}_j(r+1\leqslant j\leqslant s)$ 能由向量组 $\boldsymbol{\alpha}_1,\boldsymbol{\alpha}_2,\cdots,\boldsymbol{\alpha}_r$ 线性表示. 显然，向量组 $\boldsymbol{\alpha}_1,\boldsymbol{\alpha}_2,\cdots,\boldsymbol{\alpha}_r$ 中的每个向量能由其自身线性表示，故向量组 $\boldsymbol{\alpha}_1,\boldsymbol{\alpha}_2,\cdots,\boldsymbol{\alpha}_s$ 也

能由向量组 $\boldsymbol{\alpha}_1,\boldsymbol{\alpha}_2,\cdots,\boldsymbol{\alpha}_r$ 线性表示. 因此,向量组与它的极大无关组等价.

从这个证明出发,我们可以得到下面的极大无关组的等价定义.

定义 3.10　设有向量组 A,如果

(1) 在 A 中有 r 个向量 $\boldsymbol{\alpha}_1,\boldsymbol{\alpha}_2,\cdots,\boldsymbol{\alpha}_r$ 线性无关;

(2) A 中的任一向量都能由 $\boldsymbol{\alpha}_1,\boldsymbol{\alpha}_2,\cdots,\boldsymbol{\alpha}_r$ 线性表示,

则称 $\boldsymbol{\alpha}_1,\boldsymbol{\alpha}_2,\cdots,\boldsymbol{\alpha}_r$ 为向量组 A 的一个极大无关组.

推论 3.5　等价向量组的极大无关组所含向量的个数相等.

推论 3.6　一个向量组的所有极大无关组所含向量的个数相等.

例 3.17　全体三维向量构成的向量组记作 $\mathbf{R}^3$,求 $\mathbf{R}^3$ 的一个极大无关组以及 $\mathbf{R}^3$ 的秩.

解　取三维基本单位向量组 $\boldsymbol{e}_1=(1,0,0)^{\mathrm{T}},\boldsymbol{e}_2=(0,1,0)^{\mathrm{T}},\boldsymbol{e}_3=(0,0,1)^{\mathrm{T}}$,显然 $\boldsymbol{e}_1,\boldsymbol{e}_2$, $\boldsymbol{e}_3$ 线性无关. 对任意的向量 $\boldsymbol{\alpha}=(a_1,a_2,a_3)^{\mathrm{T}}\in\mathbf{R}^3$,有 $\boldsymbol{\alpha}=a_1\boldsymbol{e}_1+a_2\boldsymbol{e}_2+a_3\boldsymbol{e}_3$,因此 $\boldsymbol{e}_1,\boldsymbol{e}_2,\boldsymbol{e}_3$ 是 $\mathbf{R}^3$ 的一个极大无关组,且 $\mathbf{R}^3$ 的秩为 3.

同理,可以证明 $\boldsymbol{e}_1=(1,0,\cdots,0)^{\mathrm{T}},\boldsymbol{e}_2=(0,1,\cdots,0)^{\mathrm{T}},\cdots,\boldsymbol{e}_n=(0,\cdots,0,1)^{\mathrm{T}}$ 是 $\mathbf{R}^n$ 的一个极大无关组. 显然,任何 n 个线性无关的 n 维向量都是 $\mathbf{R}^n$ 的一个极大无关组.

从前面的例子可以看出,向量组的极大无关组不唯一. 但向量组的每一个极大无关组都与向量组本身等价,因此,向量组的任何两个极大无关组等价.

由向量组等价的传递性可知,任意两个等价的向量组的极大无关组也等价,因此可以得到:等价的向量组有相同的秩.

定理 3.12　**矩阵的秩等于它的列向量组的秩,也等于它的行向量组的秩.**

证　设 $n\times m$ 矩阵 $\boldsymbol{A}=(\boldsymbol{\alpha}_1,\boldsymbol{\alpha}_2,\cdots,\boldsymbol{\alpha}_m)$,$\mathrm{R}(\boldsymbol{A})=r$,且 $\boldsymbol{A}$ 的 r 阶子式 $D_r\neq 0$. 由 $D_r\neq 0$ 可知,D_r 所在的 r 列构成的 $n\times r$ 矩阵的秩为 r,故此 r 个列向量线性无关. 又由 $\boldsymbol{A}$ 中所有 $r+1$ 阶子式均为 0 可知,$\boldsymbol{A}$ 中任意 $r+1$ 个列向量构成的 $n\times(r+1)$ 矩阵的秩小于 $r+1$,故此 $r+1$ 个列向量线性相关. 因此,D_r 所在的列是 $\boldsymbol{A}$ 的列向量组的一个极大无关组,即列向量组的秩等于 r.

类似可证矩阵 $\boldsymbol{A}$ 的行向量组的秩也等于 $\mathrm{R}(\boldsymbol{A})$.

例 3.18　已知向量组 $\boldsymbol{\alpha}_1=(1,-1,2,4)^{\mathrm{T}},\boldsymbol{\alpha}_2=(0,3,1,2)^{\mathrm{T}},\boldsymbol{\alpha}_3=(3,0,7,14)^{\mathrm{T}}$, $\boldsymbol{\alpha}_4=(1,-1,2,0)^{\mathrm{T}},\boldsymbol{\alpha}_5=(2,1,5,6)^{\mathrm{T}}$,求向量组的秩和一个极大无关组,并把其余向量用该极大无关组线性表示.

解　对矩阵 $\boldsymbol{A}=(\boldsymbol{\alpha}_1,\boldsymbol{\alpha}_2,\boldsymbol{\alpha}_3,\boldsymbol{\alpha}_4,\boldsymbol{\alpha}_5)$ 施行行初等变换将其化为行阶梯形矩阵:

$$\boldsymbol{A}=(\boldsymbol{\alpha}_1,\boldsymbol{\alpha}_2,\boldsymbol{\alpha}_3,\boldsymbol{\alpha}_4,\boldsymbol{\alpha}_5)=\begin{pmatrix}1&0&3&1&2\\-1&3&0&-1&1\\2&1&7&2&5\\4&2&14&0&6\end{pmatrix}\overset{r}{\sim}\begin{pmatrix}1&0&3&1&2\\0&1&1&0&1\\0&0&0&-4&-4\\0&0&0&0&0\end{pmatrix},$$

故向量组 $\boldsymbol{\alpha}_1,\boldsymbol{\alpha}_2,\boldsymbol{\alpha}_3,\boldsymbol{\alpha}_4,\boldsymbol{\alpha}_5$ 的秩为 3,极大无关组中有 3 个向量,取非零行的首非零元所在的 1,2,4 列对应的向量 $\boldsymbol{\alpha}_1,\boldsymbol{\alpha}_2,\boldsymbol{\alpha}_4$ 为向量组 $\boldsymbol{\alpha}_1,\boldsymbol{\alpha}_2,\boldsymbol{\alpha}_3,\boldsymbol{\alpha}_4,\boldsymbol{\alpha}_5$ 的一个极大无关组. 为将向量 $\boldsymbol{\alpha}_3,\boldsymbol{\alpha}_5$ 用向量组 $\boldsymbol{\alpha}_1,\boldsymbol{\alpha}_2,\boldsymbol{\alpha}_4$ 线性表示出来,继续施行行初等变换将 $\boldsymbol{A}$ 化为行最简形矩阵:

$$\boldsymbol{A} \overset{r}{\sim} \begin{pmatrix} 1 & 0 & 3 & 0 & 1 \\ 0 & 1 & 1 & 0 & 1 \\ 0 & 0 & 0 & 1 & 1 \\ 0 & 0 & 0 & 0 & 0 \end{pmatrix},$$

因此 $\boldsymbol{\alpha}_3 = 3\boldsymbol{\alpha}_1 + \boldsymbol{\alpha}_2, \boldsymbol{\alpha}_5 = \boldsymbol{\alpha}_1 + \boldsymbol{\alpha}_2 + \boldsymbol{\alpha}_4$.

习题3.5

1. 已知向量 $\boldsymbol{\alpha}_1 = (1,0,2,3)^{\mathrm{T}}, \boldsymbol{\alpha}_2 = (1,-1,a,1)^{\mathrm{T}}, \boldsymbol{\alpha}_3 = (1,1,3,5)^{\mathrm{T}}, \boldsymbol{\beta} = (1,b,4,7)^{\mathrm{T}}$,问:

(1) 当 a 为何值时,向量组 $\boldsymbol{\alpha}_1,\boldsymbol{\alpha}_2,\boldsymbol{\alpha}_3$ 线性相关? 并求出向量组 $\boldsymbol{\alpha}_1,\boldsymbol{\alpha}_2,\boldsymbol{\alpha}_3$ 的一个极大无关组.

(2) 当 a,b 为何值时,向量 $\boldsymbol{\beta}$ 能由向量组 $\boldsymbol{\alpha}_1,\boldsymbol{\alpha}_2,\boldsymbol{\alpha}_3$ 线性表示? 并写出其表达式.

2. 判断向量组 $\boldsymbol{\alpha}_1 = (-2,-4,2,-8)^{\mathrm{T}}, \boldsymbol{\alpha}_2 = (1,2,-1,4)^{\mathrm{T}}, \boldsymbol{\alpha}_3 = (9,100,10,4)^{\mathrm{T}}$ 的线性相关性,并求该向量组的秩以及它的一个极大无关组.

3. 求向量组 $\boldsymbol{\alpha}_1 = (1,0,2,1)^{\mathrm{T}}, \boldsymbol{\alpha}_2 = (1,2,0,1)^{\mathrm{T}}, \boldsymbol{\alpha}_3 = (2,1,3,0)^{\mathrm{T}}, \boldsymbol{\alpha}_4 = (2,5,-1,4)^{\mathrm{T}}, \boldsymbol{\alpha}_5 = (1,-1,3,-1)^{\mathrm{T}}$ 的秩和它的一个极大无关组,并将其余向量用此极大无关组线性表示.

4. 设有向量组 $\boldsymbol{\alpha}_1 = \begin{pmatrix} 1 \\ 0 \\ 1 \\ 2 \end{pmatrix}, \boldsymbol{\alpha}_2 = \begin{pmatrix} 0 \\ 1 \\ 1 \\ 2 \end{pmatrix}, \boldsymbol{\alpha}_3 = \begin{pmatrix} -1 \\ 1 \\ 0 \\ a-3 \end{pmatrix}, \boldsymbol{\alpha}_4 = \begin{pmatrix} 1 \\ 2 \\ a \\ 6 \end{pmatrix}, \boldsymbol{\alpha}_5 = \begin{pmatrix} 1 \\ 1 \\ 2 \\ 3 \end{pmatrix}$,

(1) 当 a 为何值时,该向量组的秩等于 3?

(2) 求该向量组的一个极大无关组.

5. 已知向量 $\boldsymbol{\alpha}_1 = \begin{pmatrix} 1 \\ 0 \\ -1 \\ -1 \end{pmatrix}, \boldsymbol{\alpha}_2 = \begin{pmatrix} 3 \\ -1 \\ -4 \\ -5 \end{pmatrix}, \boldsymbol{\beta}_1 = \begin{pmatrix} 1 \\ 2 \\ 1 \\ 3 \end{pmatrix}, \boldsymbol{\beta}_2 = \begin{pmatrix} 4 \\ -1 \\ -5 \\ -6 \end{pmatrix}$,证明:向量组 $\boldsymbol{\alpha}_1,\boldsymbol{\alpha}_2$ 与向量组 $\boldsymbol{\beta}_1,\boldsymbol{\beta}_2$ 等价.

第6节 向量空间

从数学的角度来看,一个工程学系统的输入信号和输出信号都是函数,这些函数的加法和数乘在应用中是非常重要的. 函数的这两种运算具有完全

类似于 $\mathbf{R}^n$ 中向量的加法和数乘的代数性质,因此所有可能的输入(函数)的集合称为一个向量空间.

定义 3.11 设非空向量集合 $V \subset \mathbf{R}^n$ 满足以下条件:

(1) 对任意的 $\boldsymbol{\alpha},\boldsymbol{\beta} \in V$,有 $\boldsymbol{\alpha}+\boldsymbol{\beta} \in V$;

(2) 对任意的 $k \in \mathbf{R},\boldsymbol{\alpha} \in V$,有 $k\boldsymbol{\alpha} \in V$,

那么称 V 为一个**向量空间**.

当非空向量集合 V 满足上述条件(1),(2) 时,称 V 对加法和数乘封闭.向量空间除对加法和数乘封闭外,还满足以下运算律:

(1) $\boldsymbol{\alpha}+\boldsymbol{\beta}=\boldsymbol{\beta}+\boldsymbol{\alpha}$;

(2) $(\boldsymbol{\alpha}+\boldsymbol{\beta})+\boldsymbol{\gamma}=\boldsymbol{\alpha}+(\boldsymbol{\beta}+\boldsymbol{\gamma})$;

(3) V 中存在一个零向量 $\mathbf{0}$,使得 $\boldsymbol{\alpha}+\mathbf{0}=\boldsymbol{\alpha}$;

(4) 对 V 中的每个向量 $\boldsymbol{\alpha}$,存在一个负向量 $-\boldsymbol{\alpha} \in V$,使得 $\boldsymbol{\alpha}+(-\boldsymbol{\alpha})=\mathbf{0}$;

(5) $1 \cdot \boldsymbol{\alpha}=\boldsymbol{\alpha}$.

显然,在 V 中,零向量和负向量是唯一的.

由定义 3.11 可知,平面向量中全部向量组成的集合 $\mathbf{R}^2$ 以及几何空间中全部向量组成的集合 $\mathbf{R}^3$ 都是向量空间.更一般地,全体 n 维向量组成的集合 $\mathbf{R}^n$ 也是一个向量空间. $\mathbf{R}^n$ 是 $\mathbf{R}^2$, $\mathbf{R}^3$ 的推广,但当 $n>3$ 时,$\mathbf{R}^n$ 不具有直观的几何意义.

例 3.19 集合 $V_1=\{(x_1,x_2,\cdots,x_n)^{\mathrm{T}} \mid x_1+x_2+\cdots+x_n=0,x_i \in \mathbf{R}(i=1,2,\cdots,n)\}$ 是一个向量空间.这是因为,对任意 $\boldsymbol{\alpha}=(x_1,x_2,\cdots,x_n)^{\mathrm{T}} \in V_1$, $\boldsymbol{\beta}=(y_1,y_2,\cdots,y_n)^{\mathrm{T}} \in V_1$, $k \in \mathbf{R}$,有

$$\boldsymbol{\alpha}+\boldsymbol{\beta}=(x_1+y_1,x_2+y_2,\cdots,x_n+y_n)^{\mathrm{T}},$$

且

$$\sum_{i=1}^{n}(x_i+y_i)=\sum_{i=1}^{n}x_i+\sum_{i=1}^{n}y_i=0+0=0, \quad \sum_{i=1}^{n}kx_i=k\sum_{i=1}^{n}x_i=k \cdot 0=0,$$

即

$$\boldsymbol{\alpha}+\boldsymbol{\beta} \in V_1, \quad k\boldsymbol{\alpha} \in V_1.$$

例 3.20 集合 $V_2=\{(x_1,x_2,\cdots,x_n)^{\mathrm{T}} \mid x_1+x_2+\cdots+x_n=1,x_i \in \mathbf{R}(i=1,2,\cdots,n)\}$ 不是向量空间.这是因为,对任意 $\boldsymbol{\alpha}=(x_1,x_2,\cdots,x_n)^{\mathrm{T}} \in V_2$, $\boldsymbol{\beta}=(y_1,y_2,\cdots,y_n)^{\mathrm{T}} \in V_2$,有

$$\boldsymbol{\alpha}+\boldsymbol{\beta}=(x_1+y_1,x_2+y_2,\cdots,x_n+y_n)^{\mathrm{T}},$$

而

$$\sum_{i=1}^{n}(x_i+y_i)=\sum_{i=1}^{n}x_i+\sum_{i=1}^{n}y_i=1+1=2,$$

即

$$\boldsymbol{\alpha}+\boldsymbol{\beta} \notin V_2.$$

定义 3.12 设有向量空间 V, V_1.若 $V_1 \subseteq V$,则称 V_1 是 V 的**子空间**.

向量空间 V 的子空间 V_1 满足如下三个性质:

(1) V 中的零向量在 V_1 中；

(2) V_1 对加法封闭，即对 V_1 中的任意向量 $\boldsymbol{\alpha},\boldsymbol{\beta}$，有 $\boldsymbol{\alpha}+\boldsymbol{\beta}\in V_1$；

(3) V_1 对数乘封闭，即对 V_1 中的任意向量 $\boldsymbol{\alpha}$ 和任意实数 k，有 $k\boldsymbol{\alpha}\in V_1$.

特殊地，在向量空间中，由单个的零向量所组成的集合是一个向量空间，称为**零子空间**. 向量空间 V 本身也是 V 的一个子空间.

在向量空间中，零子空间和 V 本身这两个子空间称为**平凡子空间**，而其他子空间称为**非平凡子空间**. 例如，例 3.19 中的 V_1 就是 $\mathbf{R}^n$ 的一个非平凡子空间.

例 3.21 设 V_1,V_2 是向量空间 V 的两个子空间，则 $V_1\cap V_2$ 也是 V 的子空间.

例 3.22 设 $\boldsymbol{\alpha}_1,\boldsymbol{\alpha}_2,\cdots,\boldsymbol{\alpha}_r$ 是 n 维向量，

$$L=\{\boldsymbol{\alpha}=k_1\boldsymbol{\alpha}_1+k_2\boldsymbol{\alpha}_2+\cdots+k_r\boldsymbol{\alpha}_r\mid k_1,k_2,\cdots,k_r\in\mathbf{R}\}.$$

容易证明，L 是一个向量空间. 显然，L 是向量空间 $\mathbf{R}^n$ 的子空间，并且这个子空间叫作由向量组 $\boldsymbol{\alpha}_1,\boldsymbol{\alpha}_2,\cdots,\boldsymbol{\alpha}_r$ 生成的子空间，记作 $L=L(\boldsymbol{\alpha}_1,\boldsymbol{\alpha}_2,\cdots,\boldsymbol{\alpha}_r)$. 若 $\boldsymbol{\alpha}_{i_1},\boldsymbol{\alpha}_{i_2},\cdots,\boldsymbol{\alpha}_{i_t}$ 是向量组 $\boldsymbol{\alpha}_1,\boldsymbol{\alpha}_2,\cdots,\boldsymbol{\alpha}_r$ 的一个极大无关组，则很容易可以证明：

$$L(\boldsymbol{\alpha}_1,\boldsymbol{\alpha}_2,\cdots,\boldsymbol{\alpha}_r)=L(\boldsymbol{\alpha}_{i_1},\boldsymbol{\alpha}_{i_2},\cdots,\boldsymbol{\alpha}_{i_t}).$$

关于子空间，有以下定理.

定理 3.13 **两个向量组生成相同的子空间的充要条件是这两个向量组等价.**

证　必要性　设 $\boldsymbol{\alpha}_1,\boldsymbol{\alpha}_2,\cdots,\boldsymbol{\alpha}_s$ 与 $\boldsymbol{\beta}_1,\boldsymbol{\beta}_2,\cdots,\boldsymbol{\beta}_t$ 是两个向量组. 若 $L(\boldsymbol{\alpha}_1,\boldsymbol{\alpha}_2,\cdots,\boldsymbol{\alpha}_s)=L(\boldsymbol{\beta}_1,\boldsymbol{\beta}_2,\cdots,\boldsymbol{\beta}_t)$，则 $\boldsymbol{\alpha}_i(i=1,2,\cdots,s)\in L(\boldsymbol{\beta}_1,\boldsymbol{\beta}_2,\cdots,\boldsymbol{\beta}_t)$，即向量 $\boldsymbol{\alpha}_i(i=1,2,\cdots,s)$ 能由向量组 $\boldsymbol{\beta}_1,\boldsymbol{\beta}_2,\cdots,\boldsymbol{\beta}_t$ 线性表示，从而向量组 $\boldsymbol{\alpha}_1,\boldsymbol{\alpha}_2,\cdots,\boldsymbol{\alpha}_s$ 能由向量组 $\boldsymbol{\beta}_1,\boldsymbol{\beta}_2,\cdots,\boldsymbol{\beta}_t$ 线性表示. 同理可得，向量组 $\boldsymbol{\beta}_1,\boldsymbol{\beta}_2,\cdots,\boldsymbol{\beta}_t$ 能由向量组 $\boldsymbol{\alpha}_1,\boldsymbol{\alpha}_2,\cdots,\boldsymbol{\alpha}_s$ 线性表示. 因此，向量组 $\boldsymbol{\alpha}_1,\boldsymbol{\alpha}_2,\cdots,\boldsymbol{\alpha}_s$ 与向量组 $\boldsymbol{\beta}_1,\boldsymbol{\beta}_2,\cdots,\boldsymbol{\beta}_t$ 等价.

充分性　设 $\boldsymbol{\alpha}\in L(\boldsymbol{\alpha}_1,\boldsymbol{\alpha}_2,\cdots,\boldsymbol{\alpha}_s)$，则 $\boldsymbol{\alpha}$ 能由向量组 $\boldsymbol{\alpha}_1,\boldsymbol{\alpha}_2,\cdots,\boldsymbol{\alpha}_s$ 线性表示. 若向量组 $\boldsymbol{\alpha}_1,\boldsymbol{\alpha}_2,\cdots,\boldsymbol{\alpha}_s$ 与向量组 $\boldsymbol{\beta}_1,\boldsymbol{\beta}_2,\cdots,\boldsymbol{\beta}_t$ 等价，则向量组 $\boldsymbol{\alpha}_1,\boldsymbol{\alpha}_2,\cdots,\boldsymbol{\alpha}_s$ 能由向量组 $\boldsymbol{\beta}_1,\boldsymbol{\beta}_2,\cdots,\boldsymbol{\beta}_t$ 线性表示，故 $\boldsymbol{\alpha}$ 能由 $\boldsymbol{\beta}_1,\boldsymbol{\beta}_2,\cdots,\boldsymbol{\beta}_t$ 线性表示，从而

$$L(\boldsymbol{\alpha}_1,\boldsymbol{\alpha}_2,\cdots,\boldsymbol{\alpha}_s)\subseteq L(\boldsymbol{\beta}_1,\boldsymbol{\beta}_2,\cdots,\boldsymbol{\beta}_t).$$

同理可得

$$L(\boldsymbol{\beta}_1,\boldsymbol{\beta}_2,\cdots,\boldsymbol{\beta}_t)\subseteq L(\boldsymbol{\alpha}_1,\boldsymbol{\alpha}_2,\cdots,\boldsymbol{\alpha}_s).$$

因此

$$L(\boldsymbol{\alpha}_1,\boldsymbol{\alpha}_2,\cdots,\boldsymbol{\alpha}_s)=L(\boldsymbol{\beta}_1,\boldsymbol{\beta}_2,\cdots,\boldsymbol{\beta}_t).$$

定义 3.13 设 V 是一个向量空间，$\boldsymbol{\alpha}_1,\boldsymbol{\alpha}_2,\cdots,\boldsymbol{\alpha}_r$ 是 V 中 r 个线性无关的向量. 若 V 中任一向量都能由向量组 $\boldsymbol{\alpha}_1,\boldsymbol{\alpha}_2,\cdots,\boldsymbol{\alpha}_r$ 线性表示，则称 $\boldsymbol{\alpha}_1,\boldsymbol{\alpha}_2,\cdots,\boldsymbol{\alpha}_r$ 为 V 的一组**基**，r 称为 V 的**维数**，记作 $\dim V=r$.

规定只含零向量的向量空间的维数为 0.

若把向量空间 V 看作向量组，则由极大无关组的等价定义 3.10 可知，V

的基就是向量组的极大无关组，V 的维数就是向量组的秩.

例如，对于 n 维基本单位向量组 $\boldsymbol{e}_1=(1,0,\cdots,0)^{\mathrm{T}},\boldsymbol{e}_2=(0,1,\cdots,0)^{\mathrm{T}},\cdots,\boldsymbol{e}_n=(0,0,\cdots,1)^{\mathrm{T}}$，显然 $\boldsymbol{e}_1,\boldsymbol{e}_2,\cdots,\boldsymbol{e}_n$ 线性无关，且对任意的 $\boldsymbol{\alpha}=(a_1,a_2,\cdots,a_n)^{\mathrm{T}}\in\mathbf{R}^n$，有 $\boldsymbol{\alpha}=a_1\boldsymbol{e}_1+a_2\boldsymbol{e}_2+\cdots+a_n\boldsymbol{e}_n$. 因此，$\boldsymbol{e}_1,\boldsymbol{e}_2,\cdots,\boldsymbol{e}_n$ 是 $\mathbf{R}^n$ 的一组基，且 $\dim\mathbf{R}^n=n$. 由线性无关的性质可知，$\mathbf{R}^n$ 中任意 n 个线性无关的向量都构成 $\mathbf{R}^n$ 的一组基.

例 3.23　求例 3.19 中向量空间 V_1 的一组基及其维数.

解　设有向量组

$$\boldsymbol{\varepsilon}_1=(-1,1,\cdots,0,0)^{\mathrm{T}},\quad \boldsymbol{\varepsilon}_2=(-1,0,1,\cdots,0)^{\mathrm{T}},\quad \cdots,\quad \boldsymbol{\varepsilon}_{n-1}=(-1,0,\cdots,0,1)^{\mathrm{T}},$$

容易证明 $\boldsymbol{\varepsilon}_1,\boldsymbol{\varepsilon}_2,\cdots,\boldsymbol{\varepsilon}_{n-1}$ 线性无关. 对任意的 $\boldsymbol{\alpha}=(a_1,a_2,\cdots,a_n)^{\mathrm{T}}\in V_1$，有 $a_1+a_2+\cdots+a_n=0$，即 $a_1=-a_2-\cdots-a_n$，故 $\boldsymbol{\alpha}=a_2\boldsymbol{\varepsilon}_1+\cdots+a_n\boldsymbol{\varepsilon}_{n-1}$. 因此，$\boldsymbol{\varepsilon}_1,\boldsymbol{\varepsilon}_2,\cdots,\boldsymbol{\varepsilon}_{n-1}$ 是 V_1 的一组基，且 $\dim V_1=n-1$.

由前面的定理3.10可知，若向量组 $\boldsymbol{\alpha}_1,\boldsymbol{\alpha}_2,\cdots,\boldsymbol{\alpha}_r$ 线性无关，而向量组 $\boldsymbol{\alpha}_1,\boldsymbol{\alpha}_2,\cdots,\boldsymbol{\alpha}_r,\boldsymbol{\beta}$ 线性相关，则 $\boldsymbol{\beta}$ 能由 $\boldsymbol{\alpha}_1,\boldsymbol{\alpha}_2,\cdots,\boldsymbol{\alpha}_r$ 线性表示，而且表达式唯一. 因此，向量空间中的任一向量都可以由它的一组基唯一线性表示，从而可以在向量空间中建立坐标的概念.

定义 3.14　在 n 维向量空间 V 中，设 n 个线性无关的向量 $\boldsymbol{\alpha}_1,\boldsymbol{\alpha}_2,\cdots,\boldsymbol{\alpha}_n$ 是 V 的一组基. 若对任意的 $\boldsymbol{\alpha}\in V$，存在唯一一组有序数 $x_1,x_2,\cdots,x_n$，使得

$$\boldsymbol{\alpha}=x_1\boldsymbol{\alpha}_1+x_2\boldsymbol{\alpha}_2+\cdots+x_n\boldsymbol{\alpha}_n,$$

则称 $x_1,x_2,\cdots,x_n$ 为向量 $\boldsymbol{\alpha}$ 在基 $\boldsymbol{\alpha}_1,\boldsymbol{\alpha}_2,\cdots,\boldsymbol{\alpha}_n$ 下的**坐标**，记作 $(x_1,x_2,\cdots,x_n)$.

例 3.24　在 n 维向量空间 $\mathbf{R}^n$ 中，$\boldsymbol{e}_1,\boldsymbol{e}_2,\cdots,\boldsymbol{e}_n$ 是它的一组基. 对于每一个向量 $\boldsymbol{\alpha}=(a_1,a_2,\cdots,a_n)^{\mathrm{T}}\in\mathbf{R}^n$，都有 $\boldsymbol{\alpha}=a_1\boldsymbol{e}_1+a_2\boldsymbol{e}_2+\cdots+a_n\boldsymbol{e}_n$，所以 $(a_1,a_2,\cdots,a_n)$ 是向量 $\boldsymbol{\alpha}$ 在这组基下的坐标. 可见，向量 $\boldsymbol{\alpha}$ 在基 $\boldsymbol{e}_1,\boldsymbol{e}_2,\cdots,\boldsymbol{e}_n$ 中的坐标就是该向量的分量，因此基 $\boldsymbol{e}_1,\boldsymbol{e}_2,\cdots,\boldsymbol{e}_n$ 也叫作 $\mathbf{R}^n$ 的**自然基**.

不难证明，$\boldsymbol{e}_1'=(1,1,\cdots,1)^{\mathrm{T}},\boldsymbol{e}_2'=(0,1,\cdots,1)^{\mathrm{T}},\cdots,\boldsymbol{e}_n'=(0,0,\cdots,1)^{\mathrm{T}}$ 是 $\mathbf{R}^n$ 中 n 个线性无关的向量，故也是 $\mathbf{R}^n$ 的一组基. 向量 $\boldsymbol{\alpha}=(a_1,a_2,\cdots,a_n)^{\mathrm{T}}$ 在基 $\boldsymbol{e}_1',\boldsymbol{e}_2',\cdots,\boldsymbol{e}_n'$ 下的坐标为

$$(a_1,a_2-a_1,\cdots,a_n-a_{n-1}).$$

例 3.25　已知向量 $\boldsymbol{\alpha}_1=(1,1,1,1)^{\mathrm{T}},\boldsymbol{\alpha}_2=(1,1,-1,-1)^{\mathrm{T}},\boldsymbol{\alpha}_3=(1,-1,1,-1)^{\mathrm{T}},\boldsymbol{\alpha}_4=(1,-1,-1,1)^{\mathrm{T}}$.

(1) 证明：$\boldsymbol{\alpha}_1,\boldsymbol{\alpha}_2,\boldsymbol{\alpha}_3,\boldsymbol{\alpha}_4$ 是 $\mathbf{R}^4$ 的一组基；

(2) 设向量 $\boldsymbol{\beta}=(1,2,1,1)^{\mathrm{T}}$，求 $\boldsymbol{\beta}$ 在基 $\boldsymbol{\alpha}_1,\boldsymbol{\alpha}_2,\boldsymbol{\alpha}_3,\boldsymbol{\alpha}_4$ 下的坐标.

解　(1) $$|(\boldsymbol{\alpha}_1,\boldsymbol{\alpha}_2,\boldsymbol{\alpha}_3,\boldsymbol{\alpha}_4)|=\begin{vmatrix}1&1&1&1\\1&1&-1&-1\\1&-1&1&-1\\1&-1&-1&1\end{vmatrix}=\begin{vmatrix}1&1&1&1\\0&0&-2&-2\\0&-2&0&-2\\0&-2&-2&0\end{vmatrix}$$

$$=-16\neq 0,$$

故向量组 $\boldsymbol{\alpha}_1,\boldsymbol{\alpha}_2,\boldsymbol{\alpha}_3,\boldsymbol{\alpha}_4$ 线性无关，即 $\boldsymbol{\alpha}_1,\boldsymbol{\alpha}_2,\boldsymbol{\alpha}_3,\boldsymbol{\alpha}_4$ 构成 $\mathbf{R}^4$ 的一组基.

(2) 设 $\boldsymbol{\beta}=x_1\boldsymbol{\alpha}_1+x_2\boldsymbol{\alpha}_2+x_3\boldsymbol{\alpha}_3+x_4\boldsymbol{\alpha}_4$，则可以得到如下方程组：

$$\begin{cases} x_1+x_2+x_3+x_4=1, \\ x_1+x_2-x_3-x_4=2, \\ x_1-x_2+x_3-x_4=1, \\ x_1-x_2-x_3+x_4=1. \end{cases}$$

求得该方程组的解为

$$\begin{cases} x_1=\dfrac{5}{4}, \\ x_2=\dfrac{1}{4}, \\ x_3=-\dfrac{1}{4}, \\ x_4=-\dfrac{1}{4}, \end{cases}$$

故 $\boldsymbol{\beta}$ 在基 $\boldsymbol{\alpha}_1,\boldsymbol{\alpha}_2,\boldsymbol{\alpha}_3,\boldsymbol{\alpha}_4$ 下的坐标为 $\left(\dfrac{5}{4},\dfrac{1}{4},-\dfrac{1}{4},-\dfrac{1}{4}\right)$.

从例 3.25 可以看出，一个向量在不同基下有不同的坐标. 下面我们讨论向量在不同基下的坐标之间的关系.

设 $\boldsymbol{\alpha}_1,\boldsymbol{\alpha}_2,\cdots,\boldsymbol{\alpha}_r$ 和 $\boldsymbol{\beta}_1,\boldsymbol{\beta}_2,\cdots,\boldsymbol{\beta}_r$ 是向量空间 V 的两组基，且它们的关系为

$$\begin{cases} \boldsymbol{\beta}_1=p_{11}\boldsymbol{\alpha}_1+p_{21}\boldsymbol{\alpha}_2+\cdots+p_{r1}\boldsymbol{\alpha}_r, \\ \boldsymbol{\beta}_2=p_{12}\boldsymbol{\alpha}_1+p_{22}\boldsymbol{\alpha}_2+\cdots+p_{r2}\boldsymbol{\alpha}_r, \\ \qquad\cdots\cdots \\ \boldsymbol{\beta}_r=p_{1r}\boldsymbol{\alpha}_1+p_{2r}\boldsymbol{\alpha}_2+\cdots+p_{rr}\boldsymbol{\alpha}_r, \end{cases}$$

即

$$(\boldsymbol{\beta}_1,\boldsymbol{\beta}_2,\cdots,\boldsymbol{\beta}_r)=(\boldsymbol{\alpha}_1,\boldsymbol{\alpha}_2,\cdots,\boldsymbol{\alpha}_r)\begin{pmatrix} p_{11} & p_{12} & \cdots & p_{1r} \\ p_{21} & p_{22} & \cdots & p_{2r} \\ \vdots & \vdots & & \vdots \\ p_{r1} & p_{r2} & \cdots & p_{rr} \end{pmatrix}.$$

矩阵 $\boldsymbol{P}=\begin{pmatrix} p_{11} & p_{12} & \cdots & p_{1r} \\ p_{21} & p_{22} & \cdots & p_{2r} \\ \vdots & \vdots & & \vdots \\ p_{r1} & p_{r2} & \cdots & p_{rr} \end{pmatrix}$ 称为由基 $\boldsymbol{\alpha}_1,\boldsymbol{\alpha}_2,\cdots,\boldsymbol{\alpha}_r$ 到基 $\boldsymbol{\beta}_1,\boldsymbol{\beta}_2,\cdots,\boldsymbol{\beta}_r$ 的过渡矩阵，它是可逆矩阵.

定理 3.14（坐标变换公式） **设 $\boldsymbol{\alpha}_1,\boldsymbol{\alpha}_2,\cdots,\boldsymbol{\alpha}_r$ 和 $\boldsymbol{\beta}_1,\boldsymbol{\beta}_2,\cdots,\boldsymbol{\beta}_r$ 是向量空间 V 的两组基，$\boldsymbol{P}$ 为由基 $\boldsymbol{\alpha}_1,\boldsymbol{\alpha}_2,\cdots,\boldsymbol{\alpha}_r$ 到基 $\boldsymbol{\beta}_1,\boldsymbol{\beta}_2,\cdots,\boldsymbol{\beta}_r$ 的过渡矩阵，向量 $\boldsymbol{\alpha}\in V$ 在这两组基下的坐标分别为 $(x_1,x_2,\cdots,x_r)$ 与 $(x_1',x_2',\cdots,x_r')$，则有**

$$\begin{pmatrix} x_1 \\ x_2 \\ \vdots \\ x_r \end{pmatrix} = \boldsymbol{P} \begin{pmatrix} x_1' \\ x_2' \\ \vdots \\ x_r' \end{pmatrix}$$

或

$$\begin{pmatrix} x_1' \\ x_2' \\ \vdots \\ x_r' \end{pmatrix} = \boldsymbol{P}^{-1} \begin{pmatrix} x_1 \\ x_2 \\ \vdots \\ x_r \end{pmatrix}.$$

证 为了方便,我们引入一种形式的写法,即

$$\boldsymbol{\alpha} = x_1\boldsymbol{\alpha}_1 + x_2\boldsymbol{\alpha}_2 + \cdots + x_r\boldsymbol{\alpha}_r = (\boldsymbol{\alpha}_1, \boldsymbol{\alpha}_2, \cdots, \boldsymbol{\alpha}_r) \begin{pmatrix} x_1 \\ x_2 \\ \vdots \\ x_r \end{pmatrix},$$

又

$$\boldsymbol{\alpha} = x_1'\boldsymbol{\beta}_1 + x_2'\boldsymbol{\beta}_2 + \cdots + x_r'\boldsymbol{\beta}_r = (\boldsymbol{\beta}_1, \boldsymbol{\beta}_2, \cdots, \boldsymbol{\beta}_r) \begin{pmatrix} x_1' \\ x_2' \\ \vdots \\ x_r' \end{pmatrix}$$

$$= (\boldsymbol{\alpha}_1, \boldsymbol{\alpha}_2, \cdots, \boldsymbol{\alpha}_r)\boldsymbol{P} \begin{pmatrix} x_1' \\ x_2' \\ \vdots \\ x_r' \end{pmatrix},$$

由基向量的线性无关性知

$$\begin{pmatrix} x_1 \\ x_2 \\ \vdots \\ x_r \end{pmatrix} = \boldsymbol{P} \begin{pmatrix} x_1' \\ x_2' \\ \vdots \\ x_r' \end{pmatrix}$$

或

$$\begin{pmatrix} x_1' \\ x_2' \\ \vdots \\ x_r' \end{pmatrix} = \boldsymbol{P}^{-1} \begin{pmatrix} x_1 \\ x_2 \\ \vdots \\ x_r \end{pmatrix}.$$

例 3.26 在例 3.24 中,

$$(\boldsymbol{e}_1', \boldsymbol{e}_2', \cdots, \boldsymbol{e}_n') = (\boldsymbol{e}_1, \boldsymbol{e}_2, \cdots, \boldsymbol{e}_n) \begin{pmatrix} 1 & 0 & \cdots & 0 \\ 1 & 1 & \cdots & 0 \\ \vdots & \vdots & & \vdots \\ 1 & 1 & \cdots & 1 \end{pmatrix},$$

其中$\boldsymbol{P}=\begin{pmatrix}1&0&\cdots&0\\1&1&\cdots&0\\\vdots&\vdots&&\vdots\\1&1&\cdots&1\end{pmatrix}$就是由基$\boldsymbol{e}_1,\boldsymbol{e}_2,\cdots,\boldsymbol{e}_n$到基$\boldsymbol{e}'_1,\boldsymbol{e}'_2,\cdots,\boldsymbol{e}'_n$的过渡矩阵. 容易求得

$$\boldsymbol{P}^{-1}=\begin{pmatrix}1&0&0&\cdots&0\\-1&1&0&\cdots&0\\0&-1&1&\cdots&0\\\vdots&\vdots&\vdots&&\vdots\\0&0&0&\cdots&1\end{pmatrix},$$

故

$$\begin{pmatrix}a'_1\\a'_2\\\vdots\\a'_n\end{pmatrix}=\begin{pmatrix}1&0&0&\cdots&0\\-1&1&0&\cdots&0\\0&-1&1&\cdots&0\\\vdots&\vdots&\vdots&&\vdots\\0&0&0&\cdots&1\end{pmatrix}\begin{pmatrix}a_1\\a_2\\\vdots\\a_n\end{pmatrix},$$

即

$$a'_1=a_1,\quad a'_2=a_2-a_1,\quad \cdots,\quad a'_n=a_n-a_{n-1}.$$

习题3.6

1. 试证明由向量组$\boldsymbol{\alpha}_1=(0,1,1)^{\mathrm{T}},\boldsymbol{\alpha}_2=(1,0,1)^{\mathrm{T}},\boldsymbol{\alpha}_3=(1,1,0)^{\mathrm{T}}$所生成的向量空间为$\mathbf{R}^3$.

2. 已知$\boldsymbol{\alpha}_1=(1,0)^{\mathrm{T}},\boldsymbol{\alpha}_2=(1,-1)^{\mathrm{T}}$是$\mathbf{R}^2$的一组基,$\boldsymbol{\beta}_1=(1,1)^{\mathrm{T}},\boldsymbol{\beta}_2=(1,2)^{\mathrm{T}}$是$\mathbf{R}^2$的另一组基,求由基$\boldsymbol{\alpha}_1,\boldsymbol{\alpha}_2$到基$\boldsymbol{\beta}_1,\boldsymbol{\beta}_2$的过渡矩阵.

3. 设$\boldsymbol{A}$是n阶矩阵,$\boldsymbol{\alpha}_1,\boldsymbol{\alpha}_2,\boldsymbol{\alpha}_3$都是$n$维列向量,证明:若

$$\boldsymbol{A}\boldsymbol{\alpha}_1=\boldsymbol{\alpha}_1\neq\boldsymbol{0},\quad \boldsymbol{A}\boldsymbol{\alpha}_2=\boldsymbol{\alpha}_2+\boldsymbol{\alpha}_3,\quad \boldsymbol{A}\boldsymbol{\alpha}_3=\boldsymbol{\alpha}_3+\boldsymbol{\alpha}_1,$$

则向量组$\boldsymbol{\alpha}_1,\boldsymbol{\alpha}_2,\boldsymbol{\alpha}_3$线性无关.

4. 设$\boldsymbol{\alpha}_1=(1,1,0)^{\mathrm{T}},\boldsymbol{\alpha}_2=(0,1,1)^{\mathrm{T}},\boldsymbol{\alpha}_3=(0,0,1)^{\mathrm{T}}$和$\boldsymbol{\beta}_1=(1,-1,-1)^{\mathrm{T}},\boldsymbol{\beta}_2=(1,1,-1)^{\mathrm{T}},\boldsymbol{\beta}_3=(-1,1,0)^{\mathrm{T}}$是向量空间$\mathbf{R}^3$的两组基,求:

(1) 由基$\boldsymbol{\alpha}_1,\boldsymbol{\alpha}_2,\boldsymbol{\alpha}_3$到基$\boldsymbol{\beta}_1,\boldsymbol{\beta}_2,\boldsymbol{\beta}_3$的过渡矩阵;

(2) 由基$\boldsymbol{\beta}_1,\boldsymbol{\beta}_2,\boldsymbol{\beta}_3$到基$\boldsymbol{\alpha}_1,\boldsymbol{\alpha}_2,\boldsymbol{\alpha}_3$的过渡矩阵;

(3) 向量$\boldsymbol{\alpha}=\boldsymbol{\alpha}_1+2\boldsymbol{\alpha}_2-3\boldsymbol{\alpha}_3$在基$\boldsymbol{\beta}_1,\boldsymbol{\beta}_2,\boldsymbol{\beta}_3$下的坐标.

5. 设$\boldsymbol{\alpha}_1,\boldsymbol{\alpha}_2,\boldsymbol{\alpha}_3$和$\boldsymbol{\beta}_1,\boldsymbol{\beta}_2,\boldsymbol{\beta}_3$是向量空间$\mathbf{R}^3$的两组基,其中$\boldsymbol{\alpha}_1=(1,1,0)^{\mathrm{T}},\boldsymbol{\alpha}_2=(0,1,1)^{\mathrm{T}},\boldsymbol{\alpha}_3=(0,0,1)^{\mathrm{T}}$,且由基$\boldsymbol{\alpha}_1,\boldsymbol{\alpha}_2,\boldsymbol{\alpha}_3$到基$\boldsymbol{\beta}_1,\boldsymbol{\beta}_2,\boldsymbol{\beta}_3$的过渡矩阵为

$$\boldsymbol{A}=\begin{pmatrix}1&1&-2\\-2&0&3\\4&-1&-6\end{pmatrix},$$

求基向量$\boldsymbol{\beta}_1,\boldsymbol{\beta}_2,\boldsymbol{\beta}_3$.

第7节　线性方程组的解的结构

设有线性方程组

$$\begin{cases} a_{11}x_1+a_{12}x_2+\cdots+a_{1n}x_n=b_1, \\ a_{21}x_1+a_{22}x_2+\cdots+a_{2n}x_n=b_2, \\ \cdots\cdots \\ a_{m1}x_1+a_{m2}x_2+\cdots+a_{mn}x_n=b_m, \end{cases} \tag{3.15}$$

若 $b_i(i=1,2,\cdots,m)$ 不全为 0，则称方程组(3.15) 为非齐次线性方程组.

若将方程组(3.15) 中的常数项全部改为 0，则可得到齐次线性方程组

$$\begin{cases} a_{11}x_1+a_{12}x_2+\cdots+a_{1n}x_n=0, \\ a_{21}x_1+a_{22}x_2+\cdots+a_{2n}x_n=0, \\ \cdots\cdots \\ a_{m1}x_1+a_{m2}x_2+\cdots+a_{mn}x_n=0, \end{cases} \tag{3.16}$$

称方程组(3.16) 为方程组(3.15) 的**导出组**.

若令

$$\boldsymbol{A}=\begin{pmatrix} a_{11} & a_{12} & \cdots & a_{1n} \\ a_{21} & a_{22} & \cdots & a_{2n} \\ \vdots & \vdots & & \vdots \\ a_{m1} & a_{m2} & \cdots & a_{mn} \end{pmatrix},\quad \boldsymbol{x}=\begin{pmatrix} x_1 \\ x_2 \\ \vdots \\ x_n \end{pmatrix},\quad \boldsymbol{b}=\begin{pmatrix} b_1 \\ b_2 \\ \vdots \\ b_m \end{pmatrix},$$

则方程组(3.15) 可以写成 $\boldsymbol{Ax}=\boldsymbol{b}$，其导出组为 $\boldsymbol{Ax}=\boldsymbol{0}$.

若 $x_1=c_1,x_2=c_2,\cdots,x_n=c_n$ 是方程组(3.16) 的解，则称 $\boldsymbol{\xi}=\begin{pmatrix} c_1 \\ c_2 \\ \vdots \\ c_n \end{pmatrix}$ 为方程组(3.16) 的**解向量**(简称**解**)，即 $\boldsymbol{A\xi}=\boldsymbol{0}$.

下面我们先讨论齐次线性方程组(3.16) 的解的性质.

性质 3.9　若 $\boldsymbol{\xi}_1,\boldsymbol{\xi}_2$ 是齐次线性方程组(3.16) 的解，则 $\boldsymbol{\xi}_1+\boldsymbol{\xi}_2$ 也是齐次线性方程组(3.16) 的解.

证　只需证明 $\boldsymbol{\xi}_1+\boldsymbol{\xi}_2$ 满足方程 $\boldsymbol{Ax}=\boldsymbol{0}$：

$$\boldsymbol{A}(\boldsymbol{\xi}_1+\boldsymbol{\xi}_2)=\boldsymbol{A\xi}_1+\boldsymbol{A\xi}_2=\boldsymbol{0}+\boldsymbol{0}=\boldsymbol{0}.$$

性质 3.10　若 $\boldsymbol{\xi}$ 是齐次线性方程组(3.16) 的解，则 $k\boldsymbol{\xi}(k\in\mathbf{R})$ 也是齐次线性方程组(3.16) 的解.

证　只需证明 $k\boldsymbol{\xi}$ 满足方程 $\boldsymbol{Ax}=\boldsymbol{0}$：

$$\boldsymbol{A}(k\boldsymbol{\xi})=k(\boldsymbol{A\xi})=k\boldsymbol{0}=\boldsymbol{0}.$$

由性质 3.9 和性质 3.10 可知，齐次线性方程组(3.16) 的解向量构成一个向量空间，称为齐次线性方程组(3.16) 的**解空间**，也称为矩阵 $\boldsymbol{A}$ 的**零空**

间，记作

$$N(\boldsymbol{A})=\{\boldsymbol{\xi}\in\mathbf{R}^n \mid \boldsymbol{A\xi}=\mathbf{0}\}.$$

由前面定理3.4和定理3.5可知，当$R(\boldsymbol{A})<n$时，方程组(3.16)有非零解，$N(\boldsymbol{A})$的维数大于0，这时解空间$N(\boldsymbol{A})$的基称为方程组(3.16)的基础解系. 当$R(\boldsymbol{A})=n$时，方程组(3.16)只有零解，即$N(\boldsymbol{A})$是零维的.

定义 3.15 设$\boldsymbol{\eta}_1,\boldsymbol{\eta}_2,\cdots,\boldsymbol{\eta}_s$为齐次线性方程组(3.16)的一组解. 如果

(1) $\boldsymbol{\eta}_1,\boldsymbol{\eta}_2,\cdots,\boldsymbol{\eta}_s$线性无关；

(2) 齐次线性方程组(3.16)的任意一个解都能由$\boldsymbol{\eta}_1,\boldsymbol{\eta}_2,\cdots,\boldsymbol{\eta}_s$线性表示，

则称$\boldsymbol{\eta}_1,\boldsymbol{\eta}_2,\cdots,\boldsymbol{\eta}_s$为齐次线性方程组(3.16)的一个**基础解系**.

例 3.27 求方程组

$$\begin{cases} x_1+x_2+x_3+x_4+x_5=0,\\ 3x_1+2x_2+x_3+x_4-3x_5=0,\\ x_2+2x_3+2x_4+6x_5=0,\\ 5x_1+4x_2+3x_3+3x_4-x_5=0 \end{cases}$$

的一个基础解系及其通解.

解 对系数矩阵$\boldsymbol{A}$施行行初等变换，将其化为行最简形矩阵：

$$\boldsymbol{A}=\begin{pmatrix}1&1&1&1&1\\3&2&1&1&-3\\0&1&2&2&6\\5&4&3&3&-1\end{pmatrix}\overset{r}{\sim}\begin{pmatrix}1&0&-1&-1&-5\\0&1&2&2&6\\0&0&0&0&0\\0&0&0&0&0\end{pmatrix},$$

可得与所求方程组同解的方程组为

$$\begin{cases} x_1=x_3+x_4+5x_5,\\ x_2=-2x_3-2x_4-6x_5. \end{cases}$$

令$x_3=c_1,x_4=c_2,x_5=c_3$(c_1,c_2,c_3为任意常数)，得所求方程组的通解为

$$\begin{pmatrix}x_1\\x_2\\x_3\\x_4\\x_5\end{pmatrix}=c_1\begin{pmatrix}1\\-2\\1\\0\\0\end{pmatrix}+c_2\begin{pmatrix}1\\-2\\0\\1\\0\end{pmatrix}+c_3\begin{pmatrix}5\\-6\\0\\0\\1\end{pmatrix}.$$

记$\boldsymbol{\xi}_1=\begin{pmatrix}1\\-2\\1\\0\\0\end{pmatrix},\boldsymbol{\xi}_2=\begin{pmatrix}1\\-2\\0\\1\\0\end{pmatrix},\boldsymbol{\xi}_3=\begin{pmatrix}5\\-6\\0\\0\\1\end{pmatrix}$，则$N(\boldsymbol{A})=\{c_1\boldsymbol{\xi}_1+c_2\boldsymbol{\xi}_2+c_3\boldsymbol{\xi}_3 \mid c_1,c_2,c_3\in\mathbf{R}\}$，

即$N(\boldsymbol{A})$中的任一解向量都能由$\boldsymbol{\xi}_1,\boldsymbol{\xi}_2,\boldsymbol{\xi}_3$线性表示. 又$\boldsymbol{\xi}_1,\boldsymbol{\xi}_2,\boldsymbol{\xi}_3$线性无关，故由基础解系的定义可知，$\boldsymbol{\xi}_1,\boldsymbol{\xi}_2,\boldsymbol{\xi}_3$是所求方程组的一个基础解系.

注意到，在例3.27中，$R(\boldsymbol{A})=2$，而基础解系含有$5-2=3$个向量(5为

未知数的个数).一般地,我们有以下定理.

定理 3.15　**若 n 元齐次线性方程组 $\boldsymbol{Ax}=\boldsymbol{0}$ 有非零解,则它有基础解系,并且基础解系中所含解向量的个数等于 $n-r$,其中 r 表示系数矩阵 $\boldsymbol{A}$ 的秩.**

证　已知齐次线性方程组 $\boldsymbol{Ax}=\boldsymbol{0}$ 的系数矩阵 $\boldsymbol{A}$ 的秩为 r,不失一般性,不妨设左上角的 r 阶子式不等于 0.于是,对 $\boldsymbol{A}$ 施行行初等变换后,可将 $\boldsymbol{A}$ 化为如下行最简形矩阵:

$$\boldsymbol{A}\overset{r}{\sim}\begin{pmatrix}1&0&\cdots&0&c_{11}&c_{12}&\cdots&c_{1,n-r}\\0&1&\cdots&0&c_{21}&c_{22}&\cdots&c_{2,n-r}\\\vdots&\vdots&&\vdots&\vdots&\vdots&&\vdots\\0&0&\cdots&1&c_{r1}&c_{r2}&\cdots&c_{r,n-r}\\0&0&\cdots&0&0&0&\cdots&0\\\vdots&\vdots&&\vdots&\vdots&\vdots&&\vdots\\0&0&\cdots&0&0&0&\cdots&0\end{pmatrix},$$

得到与 $\boldsymbol{Ax}=\boldsymbol{0}$ 同解的方程组为

$$\begin{cases}x_1=-c_{11}x_{r+1}-c_{12}x_{r+2}-\cdots-c_{1,n-r}x_n,\\x_2=-c_{21}x_{r+1}-c_{22}x_{r+2}-\cdots-c_{2,n-r}x_n,\\\qquad\cdots\cdots\\x_r=-c_{r1}x_{r+1}-c_{r2}x_{r+2}-\cdots-c_{r,n-r}x_n.\end{cases}\tag{3.17}$$

若 $r=n$,则方程组 $\boldsymbol{Ax}=\boldsymbol{0}$ 没有自由未知数,方程组(3.17)的右边全为 0,故方程组 $\boldsymbol{Ax}=\boldsymbol{0}$ 只有零解,从而没有基础解系.已知方程组 $\boldsymbol{Ax}=\boldsymbol{0}$ 有非零解,则 $r<n$.令 $x_{r+1}=c_1,x_{r+2}=c_2,\cdots,x_n=c_{n-r}$,得方程组 $\boldsymbol{Ax}=\boldsymbol{0}$ 的通解为

$$\begin{pmatrix}x_1\\x_2\\\vdots\\x_r\\x_{r+1}\\x_{r+2}\\\vdots\\x_n\end{pmatrix}=c_1\begin{pmatrix}-c_{11}\\-c_{21}\\\vdots\\-c_{r1}\\1\\0\\\vdots\\0\end{pmatrix}+c_2\begin{pmatrix}-c_{12}\\-c_{22}\\\vdots\\-c_{r2}\\0\\1\\\vdots\\0\end{pmatrix}+\cdots+c_{n-r}\begin{pmatrix}-c_{1,n-r}\\-c_{2,n-r}\\\vdots\\-c_{r,n-r}\\0\\0\\\vdots\\1\end{pmatrix}.$$

令 $\boldsymbol{\xi}_1=\begin{pmatrix}-c_{11}\\-c_{21}\\\vdots\\-c_{r1}\\1\\0\\\vdots\\0\end{pmatrix},\boldsymbol{\xi}_2=\begin{pmatrix}-c_{12}\\-c_{22}\\\vdots\\-c_{r2}\\0\\1\\\vdots\\0\end{pmatrix},\cdots,\boldsymbol{\xi}_{n-r}=\begin{pmatrix}-c_{1,n-r}\\-c_{2,n-r}\\\vdots\\-c_{r,n-r}\\0\\0\\\vdots\\1\end{pmatrix}$,则

$$\mathrm{N}(\boldsymbol{A})=\{c_1\boldsymbol{\xi}_1+c_2\boldsymbol{\xi}_2+\cdots+c_{n-r}\boldsymbol{\xi}_{n-r}\mid c_1,c_2,\cdots,c_{n-r}\in\mathbf{R}\},$$

即 $\mathrm{N}(\boldsymbol{A})$ 中的任一解向量都能由 $\boldsymbol{\xi}_1,\boldsymbol{\xi}_2,\cdots,\boldsymbol{\xi}_{n-r}$ 线性表示.又

$$\begin{pmatrix}1\\0\\\vdots\\0\end{pmatrix},\quad\begin{pmatrix}0\\1\\\vdots\\0\end{pmatrix},\quad\cdots,\quad\begin{pmatrix}0\\0\\\vdots\\1\end{pmatrix}$$

线性无关，则 $\boldsymbol{\xi}_1,\boldsymbol{\xi}_2,\cdots,\boldsymbol{\xi}_{n-r}$ 也线性无关. 由基础解系的定义可知，$\boldsymbol{\xi}_1,\boldsymbol{\xi}_2,\cdots,\boldsymbol{\xi}_{n-r}$ 是齐次线性方程组 $\boldsymbol{Ax}=\boldsymbol{0}$ 的一个基础解系，且基础解系中所含解向量的个数等于 $n-r$.

事实上，从上面的证明我们知道，基础解系中所含解向量的个数和自由未知数的个数相等，同时定理 3.15 的证明过程给出了一个具体求基础解系的方法：我们可以先求出齐次线性方程组的通解，再由通解求得基础解系. 当然，我们也可以反过来先求基础解系，再写出方程组的通解. 这只需在得到方程组(3.17)后，自由未知数 $x_{r+1},x_{r+2},\cdots,x_n$ 分别取下列 $n-r$ 组数：

$$\begin{pmatrix}1\\0\\\vdots\\0\end{pmatrix},\quad\begin{pmatrix}0\\1\\\vdots\\0\end{pmatrix},\quad\cdots,\quad\begin{pmatrix}0\\0\\\vdots\\1\end{pmatrix},$$

即可得方程组 $\boldsymbol{Ax}=\boldsymbol{0}$ 的一个基础解系

$$\boldsymbol{\xi}_1=\begin{pmatrix}-c_{11}\\-c_{21}\\\vdots\\-c_{r1}\\1\\0\\\vdots\\0\end{pmatrix},\quad\boldsymbol{\xi}_2=\begin{pmatrix}-c_{12}\\-c_{22}\\\vdots\\-c_{r2}\\0\\1\\\vdots\\0\end{pmatrix},\quad\cdots,\quad\boldsymbol{\xi}_{n-r}=\begin{pmatrix}-c_{1,n-r}\\-c_{2,n-r}\\\vdots\\-c_{r,n-r}\\0\\0\\\vdots\\1\end{pmatrix}. \tag{3.18}$$

推论 3.7 设 $m\times n$ 矩阵 $\boldsymbol{A}$ 的秩 $\mathrm{R}(\boldsymbol{A})=r$，则 $\dim(\mathrm{N}(\boldsymbol{A}))=n-r$.

推论 3.8 任何一个线性无关的与某个基础解系等价的向量组都是基础解系.

下面讨论非齐次线性方程组 $\boldsymbol{Ax}=\boldsymbol{b}$ 的解的性质. 注意到，非齐次线性方程组 $\boldsymbol{Ax}=\boldsymbol{b}$ 的解集 $S=\{\boldsymbol{x}\mid\boldsymbol{Ax}=\boldsymbol{b}\}$ 不是向量空间. 因为当 S 为空时，S 不是向量空间；当 S 非空时，若 $\boldsymbol{\eta}_1\in S,\boldsymbol{\eta}_2\in S$，则 $\boldsymbol{A}(\boldsymbol{\eta}_1+\boldsymbol{\eta}_2)=\boldsymbol{A\eta}_1+\boldsymbol{A\eta}_2=\boldsymbol{b}+\boldsymbol{b}=2\boldsymbol{b}$，故 $\boldsymbol{\eta}_1+\boldsymbol{\eta}_2\notin S$，即 S 对加法不封闭.

但是，方程组 $\boldsymbol{Ax}=\boldsymbol{b}$ 的解与它的导出组 $\boldsymbol{Ax}=\boldsymbol{0}$ 的解之间有密切的联系.

性质 3.11 若 $\boldsymbol{\varepsilon}_1,\boldsymbol{\varepsilon}_2$ 是方程组 $\boldsymbol{Ax}=\boldsymbol{b}$ 的两个解，则 $\boldsymbol{\varepsilon}_1-\boldsymbol{\varepsilon}_2$ 是它的导出组 $\boldsymbol{Ax}=\boldsymbol{0}$ 的解.

证 由于 $\boldsymbol{A}(\boldsymbol{\varepsilon}_1-\boldsymbol{\varepsilon}_2)=\boldsymbol{A\varepsilon}_1-\boldsymbol{A\varepsilon}_2=\boldsymbol{b}-\boldsymbol{b}=\boldsymbol{0}$，故 $\boldsymbol{\varepsilon}_1-\boldsymbol{\varepsilon}_2$ 是 $\boldsymbol{Ax}=\boldsymbol{0}$ 的解.

性质 3.12 若 $\boldsymbol{\xi}$ 是 $\boldsymbol{Ax}=\boldsymbol{b}$ 的解，$\boldsymbol{\eta}$ 是 $\boldsymbol{Ax}=\boldsymbol{0}$ 的解，则 $\boldsymbol{\xi}+\boldsymbol{\eta}$ 是 $\boldsymbol{Ax}=\boldsymbol{b}$ 的解.

证 由于

$$\boldsymbol{A}(\boldsymbol{\xi}+\boldsymbol{\eta})=\boldsymbol{A}\boldsymbol{\xi}+\boldsymbol{A}\boldsymbol{\eta}=\boldsymbol{b}+\boldsymbol{0}=\boldsymbol{b},$$

故 $\boldsymbol{\xi}+\boldsymbol{\eta}$ 是 $\boldsymbol{A}\boldsymbol{x}=\boldsymbol{b}$ 的解.

根据性质 3.11 和性质 3.12,我们有以下定理.

定理 3.16 **若 $\boldsymbol{\xi}_0$ 是 $\boldsymbol{A}\boldsymbol{x}=\boldsymbol{b}$ 的一个特解,则 $\boldsymbol{A}\boldsymbol{x}=\boldsymbol{b}$ 的任一解 $\boldsymbol{\xi}$ 都可以表示成**

$$\boldsymbol{\xi}=\boldsymbol{\xi}_0+k_1\boldsymbol{\eta}_1+k_2\boldsymbol{\eta}_2+\cdots+k_{n-r}\boldsymbol{\eta}_{n-r},\quad k_1,k_2,\cdots,k_{n-r}\in\mathbf{R},$$

其中 $\boldsymbol{\eta}_1,\boldsymbol{\eta}_2,\cdots,\boldsymbol{\eta}_{n-r}$ 是其导出组 $\boldsymbol{A}\boldsymbol{x}=\boldsymbol{0}$ 的一个基础解系.

证 由性质 3.11 可知,$\boldsymbol{\xi}-\boldsymbol{\xi}_0$ 是 $\boldsymbol{A}\boldsymbol{x}=\boldsymbol{0}$ 的解,故

$$\boldsymbol{\xi}-\boldsymbol{\xi}_0=k_1\boldsymbol{\eta}_1+k_2\boldsymbol{\eta}_2+\cdots+k_{n-r}\boldsymbol{\eta}_{n-r},\quad k_1,k_2,\cdots,k_{n-r}\in\mathbf{R},$$

即

$$\boldsymbol{\xi}=\boldsymbol{\xi}_0+k_1\boldsymbol{\eta}_1+k_2\boldsymbol{\eta}_2+\cdots+k_{n-r}\boldsymbol{\eta}_{n-r},\quad k_1,k_2,\cdots,k_{n-r}\in\mathbf{R}.$$

推论 3.9 若方程组 $\boldsymbol{A}\boldsymbol{x}=\boldsymbol{b}$ 有解,则当且仅当它的导出组 $\boldsymbol{A}\boldsymbol{x}=\boldsymbol{0}$ 只有零解时,方程组 $\boldsymbol{A}\boldsymbol{x}=\boldsymbol{b}$ 的解是唯一的.

习题3.7

1. 当 a 为何值时,方程组 $\begin{cases}ax_1-x_2-x_3=1,\\-x_1+ax_2-x_3=-a,\\-x_1-x_2+ax_3=a^2\end{cases}$ 无解、有唯一解、有无穷多个解?并在有无穷多个解时,求其通解.

2. 设 $\boldsymbol{\eta}^*$ 是非齐次线性方程组 $\boldsymbol{A}\boldsymbol{x}=\boldsymbol{b}$ 的一个解,$\boldsymbol{\xi}_1,\boldsymbol{\xi}_2,\cdots,\boldsymbol{\xi}_{n-r}$ 是其导出组 $\boldsymbol{A}\boldsymbol{x}=\boldsymbol{0}$ 的一个基础解系,证明:

(1) $\boldsymbol{\eta}^*,\boldsymbol{\xi}_1,\boldsymbol{\xi}_2,\cdots,\boldsymbol{\xi}_{n-r}$ 线性无关;

(2) $\boldsymbol{\eta}^*,\boldsymbol{\eta}^*+\boldsymbol{\xi}_1,\boldsymbol{\eta}^*+\boldsymbol{\xi}_2,\cdots,\boldsymbol{\eta}^*+\boldsymbol{\xi}_{n-r}$ 线性无关.

3. 设矩阵 $\boldsymbol{A}=\begin{pmatrix}1&1&1&1\\4&3&5&-1\\x&1&3&y\end{pmatrix}$,齐次线性方程组 $\boldsymbol{A}\boldsymbol{x}=\boldsymbol{0}$ 的解空间的维数为 2,求:

(1) x,y 的值;

(2) 非齐次线性方程组 $\boldsymbol{A}\boldsymbol{x}=\boldsymbol{b}$ 的通解,其中 $\boldsymbol{b}=(1,-1,-3)^{\mathrm{T}}$.

第8节 矩阵的秩与线性方程组求解的Matlab实现

本节主要通过具体例子介绍用 Matlab 求矩阵的秩以及讨论方程组的求

解问题.

例 3.28 设矩阵

$$A=\begin{pmatrix}2&0&1&9&1&0&0&1\\-5&7&-9&7&11&123&-4&6\\5&6&7&8&9&1&2&3\\6&89&32&74&25&58&26&12\\7&7&-8&16&12&123&-4&7\end{pmatrix},$$

求 $\boldsymbol{A}$ 的秩.

解 在 Matlab 的命令行窗口输入：

```
A=[2,0,1,9,1,0,0,1;-5,7,-9,7,11,123,-4,6;5,6,7,8,9,1,2,3;6,89,32,74,25,58,26,12;7,
7,-8,16,12,123,-4,7];
rank(A)
```

运行程序后输出：

```
ans =
      5
```

即 $\boldsymbol{A}$ 的秩为 5.

例 3.29 求解线性方程组

$$\begin{cases}3x_1+2x_2-5x_3+9x_4-11x_5=6,\\-x_1+x_2+3x_3+x_4-2x_5=9,\\x_1+x_2+x_3-x_4=9.\end{cases}$$

解 Matlab 中包含多种处理线性方程组的命令，随着学习的深入将陆续介绍. 目前，可以借助线性方程组增广矩阵(或系数矩阵) 的行最简形矩阵求解.

在 Matlab 的命令行窗口输入：

```
B=[3,2,-5,9,-11,6;-1,1,3,1,-2,9;1,1,1,-1,0,9];
C=rref(B)
```

运行程序后输出：

```
C=
     1    0    0   -3     3   2
     0    1    0    4    -5   5
     0    0    1   -2     2   2
```

即线性方程组的增广矩阵的行最简形矩阵为 $\boldsymbol{C}$. 于是，与原方程组同解的方程组为

$$\begin{cases}x_1-3x_4+3x_5=2,\\x_2+4x_4-5x_5=5,\\x_3-2x_4+2x_5=2,\end{cases}$$

从而可得原方程组的通解为

$$\boldsymbol{x}=k_1\begin{pmatrix}3\\-4\\2\\1\\0\end{pmatrix}+k_2\begin{pmatrix}-3\\5\\-2\\0\\1\end{pmatrix}+\begin{pmatrix}2\\5\\2\\0\\0\end{pmatrix},\quad k_1,k_2\in\mathbf{R}.$$

习题3.8

1. 求下列矩阵的秩：

(1) $\begin{pmatrix} 3 & 20 & 5 & 14 & 6 & 8 \\ -9 & 1 & 7 & 89 & 24 & 5 \\ 7 & -80 & 25 & 1 & 34 & 2 \\ -2 & 6 & 7 & 41 & 80 & 26 \\ 20 & 14 & 4 & -20 & 51 & 9 \end{pmatrix}$；　　(2) $\begin{pmatrix} 128 & 24 & -60 & 14 & 35 \\ 26 & -58 & 21 & 3 & 0 \\ 76 & 42 & 36 & -17 & 2 \end{pmatrix}$.

2. 判断下列线性方程组是否有解，如果有解，求出它的解：

(1) $\begin{cases} 15x_1 + x_2 - 4x_4 - 8x_5 = 10, \\ 6x_1 + 2x_2 + 5x_3 + x_4 - x_5 = 0, \\ -2x_1 + 3x_2 + x_3 + 3x_4 + x_5 = 2; \end{cases}$　　(2) $\begin{cases} 5x_1 + x_2 - x_3 - x_4 = -1, \\ -2x_1 + x_2 + x_3 + 3x_4 = 3, \\ 8x_1 + 3x_2 - x_3 + x_4 = 1, \\ -9x_1 + x_2 + 3x_3 + 7x_4 = 7. \end{cases}$

总习题3

一、选择题

1. 下列说法中不正确的是(　　).

(A) 设 $\boldsymbol{A}$ 为 $m \times l$ 矩阵，则有 $R(\boldsymbol{A}) \leqslant l$

(B) 设 $\boldsymbol{A}$ 为 $m \times l$ 矩阵，则必有 $R(\boldsymbol{A}) \leqslant m$

(C) 设 $\boldsymbol{A}$ 为 $m \times l$ 矩阵，则有 $R(\boldsymbol{A}) = R(\boldsymbol{A}^{\mathrm{T}})$

(D) 设 $\boldsymbol{A},\boldsymbol{B}$ 均为 n 阶矩阵，则有 $R(\boldsymbol{A}+\boldsymbol{B}) = R(\boldsymbol{A}) + R(\boldsymbol{B})$

2. 对于线性方程组 $\boldsymbol{Ax} = \boldsymbol{b}$ 和 $\boldsymbol{Ax} = \boldsymbol{0}$，下列说法中一定成立的是(　　).

(A) 若 $\boldsymbol{Ax} = \boldsymbol{0}$ 仅有零解，则 $\boldsymbol{Ax} = \boldsymbol{b}$ 无解

(B) 若 $\boldsymbol{Ax} = \boldsymbol{0}$ 有非零解，则 $\boldsymbol{Ax} = \boldsymbol{b}$ 有无穷多个解

(C) 若 $\boldsymbol{Ax} = \boldsymbol{b}$ 有无穷多个解，则 $\boldsymbol{Ax} = \boldsymbol{0}$ 有非零解

(D) 若 $\boldsymbol{Ax} = \boldsymbol{b}$ 有唯一解，则 $\boldsymbol{Ax} = \boldsymbol{0}$ 有非零解

3. 设 $\boldsymbol{A}$ 为三阶矩阵且 $\boldsymbol{A}^2 = \boldsymbol{O}$，则下列结论中正确的是(　　).

(A) $\boldsymbol{A} = \boldsymbol{O}$　　(B) $|\boldsymbol{A}| = 0$　　(C) $R(\boldsymbol{A}) = 2$　　(D) $\boldsymbol{A}^3 = \boldsymbol{O}$

4. 若齐次线性方程组 $\begin{cases} \lambda x + y + z = 0, \\ x + \lambda y + z = 0, \\ x + y + z = 0 \end{cases}$ 有非零解，则 λ 的值为(　　).

(A) -1　　(B) 1　　(C) 2　　(D) -2

5. 设 $\boldsymbol{A}$ 为 $m \times n$ 矩阵，$\boldsymbol{C}$ 为 n 阶可逆矩阵，且矩阵 $\boldsymbol{A}$ 的秩为 r，矩阵 $\boldsymbol{B} = \boldsymbol{AC}$ 的秩为 s，则(　　).

(A) $r = s$　　(B) $r > s$

(C) $r < s$　　(D) r 与 s 的大小关系根据矩阵 $\boldsymbol{C}$ 而定

6. 设 $\boldsymbol{A}$ 为 $m \times n$ 矩阵，$R(\boldsymbol{A}) = r < m < n$，则(　　).

(A) $\boldsymbol{A}$ 的阶数小于 r 的子式全为 0　　(B) $\boldsymbol{A}$ 的阶数大于 r 的子式不全为 0

(C) $\boldsymbol{A}$ 通过行初等变换可化为 $\begin{bmatrix} \boldsymbol{E}_r & \boldsymbol{O} \\ \boldsymbol{O} & \boldsymbol{O} \end{bmatrix}$　　(D) $\boldsymbol{A}$ 的 r 阶子式不全为 0

二、填空题

1. 设矩阵 $\boldsymbol{A}=\begin{pmatrix} 2 & 3 & 2 \\ 4 & 6 & 4 \\ 8 & k & 4 \end{pmatrix}$ 的秩为 1，则 $k=$ ________.

2. 如果矩阵 $\boldsymbol{A}=\begin{pmatrix} 1 & x & x & x \\ x & 4 & 0 & 0 \\ x & 0 & 4 & 0 \\ x & 0 & 0 & 4 \end{pmatrix}$ 是不可逆的，则 $x=$ ________.

3. 设方程组 $\boldsymbol{Ax}=\boldsymbol{b}$ 的增广矩阵为 $\begin{pmatrix} 1 & 0 & 0 & 2 & 1 \\ 0 & 1 & 0 & -1 & 2 \\ 0 & 0 & 2 & 4 & 6 \end{pmatrix}$，则其通解为________.

4. 设 $\boldsymbol{\alpha}_1,\boldsymbol{\alpha}_2,\cdots,\boldsymbol{\alpha}_s$ 是非齐次线性方程组 $\boldsymbol{Ax}=\boldsymbol{b}$ 的解. 若 $c_1\boldsymbol{\alpha}_1+c_2\boldsymbol{\alpha}_2+\cdots+c_s\boldsymbol{\alpha}_s$（$c_1,c_2,\cdots,c_s$ 都是实常数）也是 $\boldsymbol{Ax}=\boldsymbol{b}$ 的一个解，则 $c_1+c_2+\cdots+c_s=$ ________.

5. 若 $\mathrm{R}(\boldsymbol{A}_{m\times n})=m$，则线性方程组 $\boldsymbol{Ax}=\boldsymbol{b}$ 的增广矩阵的秩为________.

三、判断题（请说明理由）

1. 若当 $k_1=k_2=\cdots=k_r=0$ 时，$k_1\boldsymbol{\alpha}_1+k_2\boldsymbol{\alpha}_2+\cdots+k_r\boldsymbol{\alpha}_r=\boldsymbol{0}$，则 $\boldsymbol{\alpha}_1,\boldsymbol{\alpha}_2,\cdots,\boldsymbol{\alpha}_r$ 线性无关.

2. 若 $\boldsymbol{\alpha}_1,\boldsymbol{\alpha}_2,\cdots,\boldsymbol{\alpha}_r$ 线性相关，则存在一组全不为 0 的数 $k_1,k_2,\cdots,k_r$，使得 $k_1\boldsymbol{\alpha}_1+k_2\boldsymbol{\alpha}_2+\cdots+k_r\boldsymbol{\alpha}_r=\boldsymbol{0}$.

3. 若 $\boldsymbol{\alpha}_1,\boldsymbol{\alpha}_2,\cdots,\boldsymbol{\alpha}_r$ 线性无关，$\boldsymbol{\beta}_1,\boldsymbol{\beta}_2,\cdots,\boldsymbol{\beta}_s$ 也线性无关，则 $\boldsymbol{\alpha}_1,\boldsymbol{\alpha}_2,\cdots,\boldsymbol{\alpha}_r,\boldsymbol{\beta}_1,\boldsymbol{\beta}_2,\cdots,\boldsymbol{\beta}_s$ 线性无关.

4. 若 $\boldsymbol{\alpha}_1,\boldsymbol{\alpha}_2,\cdots,\boldsymbol{\alpha}_r$ 线性无关，则其中每一个向量都不是其余向量的线性组合.

四、计算题

1. 已知矩阵 $\boldsymbol{A}=\begin{pmatrix} 1 & 0 & 0 \\ 0 & -2 & 0 \\ 0 & 0 & 1 \end{pmatrix}$，它的伴随矩阵 $\boldsymbol{A}^*$ 满足 $\boldsymbol{A}^*\boldsymbol{B}=2\boldsymbol{B}-8\boldsymbol{E}$，求 $\boldsymbol{B}$.

2. 设矩阵 $\boldsymbol{A}=\begin{pmatrix} 1 & 1 & 2 \\ 1 & 2 & 1 \\ 2 & 1 & \lambda \end{pmatrix}$，且齐次线性方程组 $\boldsymbol{Ax}=\boldsymbol{0}$ 有非零解，求：

(1) λ 的值；

(2) 非齐次线性方程组 $\boldsymbol{Ax}=\boldsymbol{b}$ 的通解，其中 $\boldsymbol{b}=(2,2,4)^{\mathrm{T}}$.

3. 求解下列线性方程组：

(1) $\begin{cases} 2x_1+x_2-x_3+x_4=1, \\ x_1+2x_2+x_3-x_4=2, \\ x_1+x_2+2x_3+x_4=3; \end{cases}$　　(2) $\begin{cases} x_1+x_2-3x_3-x_4=1, \\ 3x_1-x_2-3x_3+4x_4=4, \\ x_1+5x_2-9x_3-8x_4=0; \end{cases}$

(3) $\begin{cases} x_1+2x_2-3x_3+x_4=0, \\ 2x_1+5x_2-2x_3+2x_4=0, \\ 3x_1+7x_2-5x_3+3x_4=0. \end{cases}$

4. 设有线性方程组

$$\begin{cases} x_1 + 2x_2 + x_3 = 1, \\ 2x_1 + 3x_2 + (\lambda+2)x_3 = 3, \\ x_1 + \lambda x_2 - 2x_3 = 0, \end{cases}$$

问:当λ取何值时,此方程组无解、有唯一解、有无穷多个解?并在有无穷多个解时,求出它的通解.

5. 当λ取何值时,线性方程组

$$\begin{cases} -2x_1 + x_2 + x_3 = -2, \\ x_1 - 2x_2 + x_3 = \lambda, \\ x_1 + x_2 - 2x_3 = \lambda^2 \end{cases}$$

无解、有唯一解、有无穷多个解?并在有无穷多个解时,求出它的通解.

6. 当k取何值时,线性方程组

$$\begin{cases} x_1 + x_2 + kx_3 = 4, \\ -x_1 + kx_2 + x_3 = k^2, \\ x_1 - x_2 + 2x_3 = -4 \end{cases}$$

无解、有唯一解、有无穷多个解?并在有无穷多个解时,求出它的通解.

7. 求一个非齐次线性方程组,使得它的通解为

$$\begin{pmatrix} x_1 \\ x_2 \\ x_3 \end{pmatrix} = \begin{pmatrix} -1 \\ 1 \\ 3 \end{pmatrix} + k_1 \begin{pmatrix} 3 \\ -1 \\ 2 \end{pmatrix} + k_2 \begin{pmatrix} -3 \\ 2 \\ 1 \end{pmatrix},$$

其中k_1,k_2为任意常数.

8. 已知向量$\boldsymbol{\alpha}_1=(1,4,0,2)^{\mathrm{T}}$,$\boldsymbol{\alpha}_2=(2,7,1,3)^{\mathrm{T}}$,$\boldsymbol{\alpha}_3=(0,1,-1,a)^{\mathrm{T}}$,$\boldsymbol{\beta}=(3,10,b,4)^{\mathrm{T}}$,问:

(1) a,b为何值时,向量$\boldsymbol{\beta}$不能由向量组$\boldsymbol{\alpha}_1,\boldsymbol{\alpha}_2,\boldsymbol{\alpha}_3$线性表示?

(2) a,b为何值时,向量$\boldsymbol{\beta}$能由向量组$\boldsymbol{\alpha}_1,\boldsymbol{\alpha}_2,\boldsymbol{\alpha}_3$线性表示?并写出表达式.

9. 设向量组$\boldsymbol{\alpha}_1,\boldsymbol{\alpha}_2,\boldsymbol{\alpha}_3$线性无关,判断下列向量组$\boldsymbol{\beta}_1,\boldsymbol{\beta}_2,\boldsymbol{\beta}_3$的线性相关性:

(1) $\boldsymbol{\beta}_1=\boldsymbol{\alpha}_1+2\boldsymbol{\alpha}_2$,$\boldsymbol{\beta}_2=2\boldsymbol{\alpha}_2+3\boldsymbol{\alpha}_3$,$\boldsymbol{\beta}_3=3\boldsymbol{\alpha}_3+\boldsymbol{\alpha}_1$;

(2) $\boldsymbol{\beta}_1=\boldsymbol{\alpha}_1-\boldsymbol{\alpha}_2+\boldsymbol{\alpha}_3$,$\boldsymbol{\beta}_2=2\boldsymbol{\alpha}_1+\boldsymbol{\alpha}_3$,$\boldsymbol{\beta}_3=\boldsymbol{\alpha}_1-5\boldsymbol{\alpha}_2+3\boldsymbol{\alpha}_3$;

(3) $\boldsymbol{\beta}_1=\boldsymbol{\alpha}_1-2\boldsymbol{\alpha}_2+\boldsymbol{\alpha}_3$,$\boldsymbol{\beta}_2=\boldsymbol{\alpha}_1+2\boldsymbol{\alpha}_2-\boldsymbol{\alpha}_3$,$\boldsymbol{\beta}_3=-5\boldsymbol{\alpha}_1+2\boldsymbol{\alpha}_2$.

五、证明题

1. 设$\boldsymbol{A}$为$m\times n$矩阵,证明:方程组$\boldsymbol{AX}=\boldsymbol{E}$有解的充要条件是$\mathrm{R}(\boldsymbol{A})=m$.

2. 证明:$\mathrm{R}(\boldsymbol{A})=1$的充要条件是存在非零列向量$\boldsymbol{\alpha}$和$\boldsymbol{\beta}$,使得$\boldsymbol{A}=\boldsymbol{\alpha\beta}^{\mathrm{T}}$.

3. 已知$\boldsymbol{\beta}_1=\boldsymbol{\alpha}_2+\boldsymbol{\alpha}_3+\boldsymbol{\alpha}_4$,$\boldsymbol{\beta}_2=\boldsymbol{\alpha}_1+\boldsymbol{\alpha}_3+\boldsymbol{\alpha}_4$,$\boldsymbol{\beta}_3=\boldsymbol{\alpha}_1+\boldsymbol{\alpha}_2+\boldsymbol{\alpha}_4$,$\boldsymbol{\beta}_4=\boldsymbol{\alpha}_1+\boldsymbol{\alpha}_2+\boldsymbol{\alpha}_3$,证明:向量组$\boldsymbol{\alpha}_1,\boldsymbol{\alpha}_2,\boldsymbol{\alpha}_3,\boldsymbol{\alpha}_4$和向量组$\boldsymbol{\beta}_1,\boldsymbol{\beta}_2,\boldsymbol{\beta}_3,\boldsymbol{\beta}_4$等价.

4. 已知向量组A:$\boldsymbol{\alpha}_1=\begin{pmatrix}3\\2\\0\end{pmatrix}$,$\boldsymbol{\alpha}_2=\begin{pmatrix}1\\1\\-1\end{pmatrix}$,$\boldsymbol{\alpha}_3=\begin{pmatrix}2\\1\\1\end{pmatrix}$和向量组$B$:$\boldsymbol{\beta}_1=\begin{pmatrix}1\\1\\1\end{pmatrix}$,$\boldsymbol{\beta}_2=\begin{pmatrix}1\\1\\0\end{pmatrix}$,$\boldsymbol{\beta}_3=\begin{pmatrix}1\\0\\0\end{pmatrix}$,证明:向量组$A$能由向量组$B$线性表示,但向量组$B$不能由向量组$A$线性表示.

第4章

相似矩阵与二次型

课程思政案例

矩阵的相似对角化问题是线性代数的一个重要问题，它与矩阵的特征值与特征向量密切相关，在工程技术中的振动问题、稳定性理论，自动控制、图像处理、模式识别等学科，经济学中的动态经济模型研究，社会学的人口迁徙问题，生物学的种群遗传问题等方面有着重要的应用.

本章首先介绍了欧氏空间的相关概念，其次给出了矩阵特征值与特征向量的定义和性质，并讨论了矩阵可相似对角化的条件，最后证明了实对称矩阵一定可相似对角化.

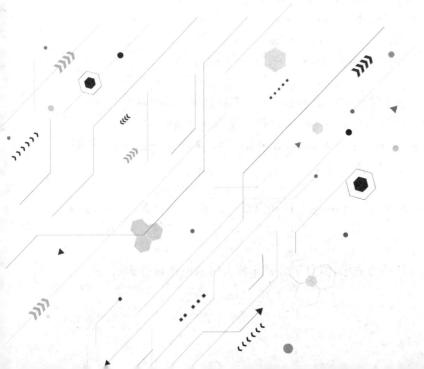

第1节 欧氏空间

前面定义的向量空间 $\mathbf{R}^n$ 中,只有向量的线性运算,没有涉及向量的长度和夹角,为了定义向量的长度和夹角,需要引入向量内积和欧氏空间的概念.

一、欧氏空间

定义 4.1 设 V 是实数域 $\mathbf{R}$ 上的一个向量空间. 在 V 上定义了一个二元实函数,称为**内积**,记作$(\boldsymbol{\alpha},\boldsymbol{\beta})$,它具有以下性质:

(1) 对称性:$(\boldsymbol{\alpha},\boldsymbol{\beta})=(\boldsymbol{\beta},\boldsymbol{\alpha})$;

(2) 线性性:$(k\boldsymbol{\alpha},\boldsymbol{\beta})=k(\boldsymbol{\alpha},\boldsymbol{\beta}),(\boldsymbol{\alpha}+\boldsymbol{\beta},\boldsymbol{\gamma})=(\boldsymbol{\alpha},\boldsymbol{\gamma})+(\boldsymbol{\beta},\boldsymbol{\gamma})$;

(3) 正定性:$(\boldsymbol{\alpha},\boldsymbol{\alpha})\geqslant 0$,当且仅当 $\boldsymbol{\alpha}=\mathbf{0}$ 时,$(\boldsymbol{\alpha},\boldsymbol{\alpha})=0$,

其中 $\boldsymbol{\alpha},\boldsymbol{\beta},\boldsymbol{\gamma}\in V,k\in\mathbf{R}$,此时称 V 为**欧几里得空间**,简称**欧氏空间**.

在向量空间 $\mathbf{R}^n$ 中,对于向量 $\boldsymbol{\alpha}=(a_1,a_2,\cdots,a_n)^{\mathrm{T}},\boldsymbol{\beta}=(b_1,b_2,\cdots,b_n)^{\mathrm{T}}$,可以定义它们的内积为

$$(\boldsymbol{\alpha},\boldsymbol{\beta})=a_1b_1+a_2b_2+\cdots+a_nb_n. \tag{4.1}$$

欧氏空间具有以下基本性质:

(1) $(\mathbf{0},\boldsymbol{\alpha})=0$;

(2) $(\boldsymbol{\alpha},k\boldsymbol{\beta})=(k\boldsymbol{\beta},\boldsymbol{\alpha})=k(\boldsymbol{\alpha},\boldsymbol{\beta})=k(\boldsymbol{\beta},\boldsymbol{\alpha})$;

(3) $(\boldsymbol{\alpha},\boldsymbol{\beta}+\boldsymbol{\gamma})=(\boldsymbol{\beta}+\boldsymbol{\gamma},\boldsymbol{\alpha})=(\boldsymbol{\beta},\boldsymbol{\alpha})+(\boldsymbol{\gamma},\boldsymbol{\alpha})=(\boldsymbol{\alpha},\boldsymbol{\beta})+(\boldsymbol{\alpha},\boldsymbol{\gamma})$;

(4) $(\boldsymbol{\alpha},k\boldsymbol{\beta}+l\boldsymbol{\gamma})=k(\boldsymbol{\alpha},\boldsymbol{\beta})+l(\boldsymbol{\alpha},\boldsymbol{\gamma})$;

(5) $\boldsymbol{\alpha}=\mathbf{0}\Leftrightarrow(\boldsymbol{\alpha},\boldsymbol{\alpha})=0,\boldsymbol{\alpha}=\boldsymbol{\beta}\Leftrightarrow(\boldsymbol{\alpha}-\boldsymbol{\beta},\boldsymbol{\alpha}-\boldsymbol{\beta})=0$.

定义 4.2 对于欧氏空间 V 中的向量 $\boldsymbol{\alpha}$,非负实数 $\sqrt{(\boldsymbol{\alpha},\boldsymbol{\alpha})}$ 称为向量 $\boldsymbol{\alpha}$ 的**长度**,记作 $\|\boldsymbol{\alpha}\|$.

易知 $\|k\boldsymbol{\alpha}\|=|k|\,\|\boldsymbol{\alpha}\|$,其中 $k\in\mathbf{R},\boldsymbol{\alpha}\in V$. 长度为1的向量叫作**单位向量**. 如果 $\boldsymbol{\alpha}\neq\mathbf{0}$,则向量 $\dfrac{1}{\|\boldsymbol{\alpha}\|}\boldsymbol{\alpha}$ 就是一个单位向量. 用向量 $\boldsymbol{\alpha}$ 的长度去除向量 $\boldsymbol{\alpha}$,得到一个与 $\boldsymbol{\alpha}$ 成比例的单位向量,通常称该过程为**把 $\boldsymbol{\alpha}$ 单位化**.

定理 4.1(柯西-施瓦茨不等式) **对于欧氏空间 V 中的任意向量 $\boldsymbol{\alpha}$,$\boldsymbol{\beta}$,有**

$$|(\boldsymbol{\alpha},\boldsymbol{\beta})|\leqslant\|\boldsymbol{\alpha}\|\,\|\boldsymbol{\beta}\|, \tag{4.2}$$

当且仅当 $\boldsymbol{\alpha},\boldsymbol{\beta}$ 线性相关时,等式才成立.

证 因为$(\boldsymbol{\alpha}+t\boldsymbol{\beta},\boldsymbol{\alpha}+t\boldsymbol{\beta})\geqslant 0$ 对任意 $t\in\mathbf{R}$ 都成立,而要使

$$f(t)=(\boldsymbol{\alpha}+t\boldsymbol{\beta},\boldsymbol{\alpha}+t\boldsymbol{\beta})=(\boldsymbol{\beta},\boldsymbol{\beta})t^2+2(\boldsymbol{\alpha},\boldsymbol{\beta})t+(\boldsymbol{\alpha},\boldsymbol{\alpha})\geqslant 0,$$

只需

$$\Delta = 4(\boldsymbol{\alpha},\boldsymbol{\beta})^2 - 4(\boldsymbol{\alpha},\boldsymbol{\alpha})(\boldsymbol{\beta},\boldsymbol{\beta}) \leqslant 0,$$

所以

$$|(\boldsymbol{\alpha},\boldsymbol{\beta})| \leqslant \|\boldsymbol{\alpha}\| \, \|\boldsymbol{\beta}\|.$$

对于向量空间 $\mathbf{R}^n$ 中定义的内积(4.1) 式,(4.2) 式即为柯西不等式

$$|a_1b_1 + a_2b_2 + \cdots + a_nb_n| \leqslant \sqrt{a_1^2 + a_2^2 + \cdots + a_n^2} \, \sqrt{b_1^2 + b_2^2 + \cdots + b_n^2}.$$

根据柯西-施瓦茨不等式,有三角形不等式 $\|\boldsymbol{\alpha}+\boldsymbol{\beta}\| \leqslant \|\boldsymbol{\alpha}\| + \|\boldsymbol{\beta}\|$ 成立.

定义 4.3 规定欧氏空间 V 中非零向量 $\boldsymbol{\alpha},\boldsymbol{\beta}$ 的**夹角** θ 为

$$\theta = \arccos \frac{(\boldsymbol{\alpha},\boldsymbol{\beta})}{\|\boldsymbol{\alpha}\| \, \|\boldsymbol{\beta}\|}, \quad 0 \leqslant \theta \leqslant \pi.$$

如果向量 $\boldsymbol{\alpha},\boldsymbol{\beta}$ 的内积为0,即 $(\boldsymbol{\alpha},\boldsymbol{\beta}) = 0$,那么称向量 $\boldsymbol{\alpha}$ 与 $\boldsymbol{\beta}$ **正交**或**互相垂直**,记作 $\boldsymbol{\alpha} \perp \boldsymbol{\beta}$. 两个非零向量正交的充要条件是它们的夹角为 $\frac{\pi}{2}$. 只有零向量才与自己正交.

当向量 $\boldsymbol{\alpha}$ 与 $\boldsymbol{\beta}$ 正交时,显然有 $\|\boldsymbol{\alpha}+\boldsymbol{\beta}\|^2 = \|\boldsymbol{\alpha}\|^2 + \|\boldsymbol{\beta}\|^2$. 该公式可做进一步推广.

如果向量组 $\boldsymbol{\alpha}_1,\boldsymbol{\alpha}_2,\cdots,\boldsymbol{\alpha}_m$ 两两正交,则有

$$\|\boldsymbol{\alpha}_1 + \boldsymbol{\alpha}_2 + \cdots + \boldsymbol{\alpha}_m\|^2 = \|\boldsymbol{\alpha}_1\|^2 + \|\boldsymbol{\alpha}_2\|^2 + \cdots + \|\boldsymbol{\alpha}_m\|^2.$$

例 4.1 已知向量 $\boldsymbol{\alpha} = (2,1,0,3)^{\mathrm{T}}, \boldsymbol{\beta} = (-1,3,4,-2)^{\mathrm{T}}$.

(1) 求 $(\boldsymbol{\alpha},\boldsymbol{\beta})$;

(2) 求 $\|\boldsymbol{\alpha}\|, \|\boldsymbol{\beta}\|$;

(3) 将向量 $\boldsymbol{\alpha},\boldsymbol{\beta}$ 单位化.

解 (1) $(\boldsymbol{\alpha},\boldsymbol{\beta}) = 2\times(-1) + 1\times 3 + 0\times 4 + 3\times(-2) = -5$.

(2) $\|\boldsymbol{\alpha}\| = \sqrt{2^2+1^2+0^2+3^2} = \sqrt{14}$,

$\|\boldsymbol{\beta}\| = \sqrt{(-1)^2+3^2+4^2+(-2)^2} = \sqrt{30}$.

(3) $\dfrac{1}{\|\boldsymbol{\alpha}\|}\boldsymbol{\alpha} = \dfrac{1}{\sqrt{14}}(2,1,0,3)^{\mathrm{T}}, \dfrac{1}{\|\boldsymbol{\beta}\|}\boldsymbol{\beta} = \dfrac{1}{\sqrt{30}}(-1,3,4,-2)^{\mathrm{T}}$.

***例 4.2** 证明:几何平均值不超过算术平均值,即 $\sqrt{ab} \leqslant \dfrac{a+b}{2}, a,b > 0$.

证 取向量 $\boldsymbol{\alpha} = \begin{pmatrix}\sqrt{a}\\ \sqrt{b}\end{pmatrix}, \boldsymbol{\beta} = \begin{pmatrix}\sqrt{b}\\ \sqrt{a}\end{pmatrix}$,由柯西-施瓦茨不等式 $|(\boldsymbol{\alpha},\boldsymbol{\beta})| \leqslant \|\boldsymbol{\alpha}\| \, \|\boldsymbol{\beta}\|$,得

$$(\boldsymbol{\alpha},\boldsymbol{\beta}) = (\sqrt{a},\sqrt{b})\begin{pmatrix}\sqrt{b}\\ \sqrt{a}\end{pmatrix} = 2\sqrt{ab} \leqslant \|\boldsymbol{\alpha}\| \, \|\boldsymbol{\beta}\| = (\sqrt{a+b})^2,$$

整理得

$$\sqrt{ab} \leqslant \frac{a+b}{2}.$$

二、标准正交基

在 $\mathbf{R}^3$ 中,直角坐标系在有关度量的计算中具有重要的地位,而直角坐标系中的一组基 $\boldsymbol{i}=(1,0,0)^{\mathrm{T}},\boldsymbol{j}=(0,1,0)^{\mathrm{T}},\boldsymbol{k}=(0,0,1)^{\mathrm{T}}$ 是最常用的. 下面将其推广到欧氏空间 V 中,并讨论这一类基的性质.

定义 4.4 对于欧氏空间 V 的一组非零向量,如果它们两两正交,就称之为一个**正交向量组**. 如果 V 的一组基中的向量两两正交,则称之为 V 的一组**正交基**. 由单位向量组成的正交基称为**标准正交基**.

特别地,由单个非零向量所组成的向量组也是正交向量组.

定理 4.2 **若 $\boldsymbol{\alpha}_1,\boldsymbol{\alpha}_2,\cdots,\boldsymbol{\alpha}_n$ 是 n 维欧氏空间的一个正交向量组,则 $\boldsymbol{\alpha}_1,\boldsymbol{\alpha}_2,\cdots,\boldsymbol{\alpha}_n$ 线性无关.**

证 设存在一组数 $k_1,k_2,\cdots,k_n$,使得

$$k_1\boldsymbol{\alpha}_1+k_2\boldsymbol{\alpha}_2+\cdots+k_n\boldsymbol{\alpha}_n=\mathbf{0}.$$

用向量组中的任一向量 $\boldsymbol{\alpha}_i^{\mathrm{T}}(i=1,2,\cdots,n)$ 左乘上式两端,得

$$\boldsymbol{\alpha}_i^{\mathrm{T}}(k_1\boldsymbol{\alpha}_1+k_2\boldsymbol{\alpha}_2+\cdots+k_n\boldsymbol{\alpha}_n)=0\quad(i=1,2,\cdots,n),$$

即

$$k_1\boldsymbol{\alpha}_i^{\mathrm{T}}\boldsymbol{\alpha}_1+k_2\boldsymbol{\alpha}_i^{\mathrm{T}}\boldsymbol{\alpha}_2+\cdots+k_n\boldsymbol{\alpha}_i^{\mathrm{T}}\boldsymbol{\alpha}_n=0\quad(i=1,2,\cdots,n).$$

由于 $\boldsymbol{\alpha}_1,\boldsymbol{\alpha}_2,\cdots,\boldsymbol{\alpha}_n$ 为 $\mathbf{R}^n$ 中的正交向量组,故有 $\boldsymbol{\alpha}_i^{\mathrm{T}}\boldsymbol{\alpha}_j=0(i\neq j)$,从而 $k_i\boldsymbol{\alpha}_i^{\mathrm{T}}\boldsymbol{\alpha}_i=0(i=1,2,\cdots,n)$. 又 $\boldsymbol{\alpha}_i\neq\mathbf{0}$ 且 $\boldsymbol{\alpha}_i^{\mathrm{T}}\boldsymbol{\alpha}_i>0$,故 $k_i=0(i=1,2,\cdots,n)$,于是 $\boldsymbol{\alpha}_1,\boldsymbol{\alpha}_2,\cdots,\boldsymbol{\alpha}_n$ 线性无关.

线性无关的向量组不一定是正交向量组,如向量组 $\boldsymbol{\alpha}_1=(1,1,1)^{\mathrm{T}},\boldsymbol{\alpha}_2=(1,1,0)^{\mathrm{T}},\boldsymbol{\alpha}_3=(1,0,0)^{\mathrm{T}}$.

定理 4.2 表明,在 n 维欧氏空间中,两两正交的非零向量不能超过 n 个,其几何含义是在平面上找不到三条两两垂直的直线,在空间中找不到四个两两垂直的平面.

通常对一组正交基进行单位化后可得到一组标准正交基.

定理 4.3(施密特正交化方法) **设 $\boldsymbol{\alpha}_1,\boldsymbol{\alpha}_2,\cdots,\boldsymbol{\alpha}_m(m\leqslant n)$ 是欧氏空间 $\mathbf{R}^n$ 中的一个线性无关向量组,则由如下方法:**

$$\begin{cases}\boldsymbol{\beta}_1=\boldsymbol{\alpha}_1,\\ \boldsymbol{\beta}_2=\boldsymbol{\alpha}_2-\dfrac{(\boldsymbol{\alpha}_2,\boldsymbol{\beta}_1)}{(\boldsymbol{\beta}_1,\boldsymbol{\beta}_1)}\boldsymbol{\beta}_1,\\ \boldsymbol{\beta}_3=\boldsymbol{\alpha}_3-\dfrac{(\boldsymbol{\alpha}_3,\boldsymbol{\beta}_1)}{(\boldsymbol{\beta}_1,\boldsymbol{\beta}_1)}\boldsymbol{\beta}_1-\dfrac{(\boldsymbol{\alpha}_3,\boldsymbol{\beta}_2)}{(\boldsymbol{\beta}_2,\boldsymbol{\beta}_2)}\boldsymbol{\beta}_2,\\ \cdots\cdots\\ \boldsymbol{\beta}_m=\boldsymbol{\alpha}_m-\dfrac{(\boldsymbol{\alpha}_m,\boldsymbol{\beta}_1)}{(\boldsymbol{\beta}_1,\boldsymbol{\beta}_1)}\boldsymbol{\beta}_1-\dfrac{(\boldsymbol{\alpha}_m,\boldsymbol{\beta}_2)}{(\boldsymbol{\beta}_2,\boldsymbol{\beta}_2)}\boldsymbol{\beta}_2-\cdots-\dfrac{(\boldsymbol{\alpha}_m,\boldsymbol{\beta}_{m-1})}{(\boldsymbol{\beta}_{m-1},\boldsymbol{\beta}_{m-1})}\boldsymbol{\beta}_{m-1}\end{cases}\tag{4.3}$$

得到的向量组 $\boldsymbol{\beta}_1,\boldsymbol{\beta}_2,\cdots,\boldsymbol{\beta}_m$ 是与 $\boldsymbol{\alpha}_1,\boldsymbol{\alpha}_2,\cdots,\boldsymbol{\alpha}_m$ 等价的正交向量组.

证 令 $\boldsymbol{\beta}_1=\boldsymbol{\alpha}_1,\boldsymbol{\beta}_1\neq\mathbf{0},\boldsymbol{\beta}_2=\boldsymbol{\alpha}_2+k_{21}\boldsymbol{\beta}_1,\boldsymbol{\beta}_2\neq\mathbf{0}$(否则 $\boldsymbol{\alpha}_1,\boldsymbol{\alpha}_2$ 线性相关),则由 $(\boldsymbol{\beta}_2,\boldsymbol{\beta}_1)=0$,可得

$$k_{21}=-\frac{(\boldsymbol{\alpha}_2,\boldsymbol{\beta}_1)}{(\boldsymbol{\beta}_1,\boldsymbol{\beta}_1)}.$$

再令 $\boldsymbol{\beta}_3=\boldsymbol{\alpha}_3+k_{32}\boldsymbol{\beta}_2+k_{31}\boldsymbol{\beta}_1$，$\boldsymbol{\beta}_3\neq\boldsymbol{0}$（否则 $\boldsymbol{\alpha}_1,\boldsymbol{\alpha}_2,\boldsymbol{\alpha}_3$ 线性相关），则由 $(\boldsymbol{\beta}_3,\boldsymbol{\beta}_1)=0$，可得

$$k_{31}=-\frac{(\boldsymbol{\alpha}_3,\boldsymbol{\beta}_1)}{(\boldsymbol{\beta}_1,\boldsymbol{\beta}_1)};$$

由 $(\boldsymbol{\beta}_3,\boldsymbol{\beta}_2)=0$，可得

$$k_{32}=-\frac{(\boldsymbol{\alpha}_3,\boldsymbol{\beta}_2)}{(\boldsymbol{\beta}_2,\boldsymbol{\beta}_2)}.$$

以此类推，当令 $\boldsymbol{\beta}_m=\boldsymbol{\alpha}_m+k_{m,m-1}\boldsymbol{\beta}_{m-1}+\cdots+k_{m1}\boldsymbol{\beta}_1$，$\boldsymbol{\beta}_m\neq\boldsymbol{0}$（否则 $\boldsymbol{\alpha}_1,\boldsymbol{\alpha}_2,\cdots,\boldsymbol{\alpha}_m$ 线性相关）时，由 $(\boldsymbol{\beta}_m,\boldsymbol{\beta}_j)=0$，可得

$$k_{mj}=-\frac{(\boldsymbol{\alpha}_m,\boldsymbol{\beta}_j)}{(\boldsymbol{\beta}_j,\boldsymbol{\beta}_j)}\quad(j=1,2,\cdots,m-1).$$

此时，$\boldsymbol{\beta}_1,\boldsymbol{\beta}_2,\cdots,\boldsymbol{\beta}_m$ 两两正交，且由(4.3)式可知，$\boldsymbol{\alpha}_1,\boldsymbol{\alpha}_2,\cdots,\boldsymbol{\alpha}_m$ 与 $\boldsymbol{\beta}_1,\boldsymbol{\beta}_2,\cdots,\boldsymbol{\beta}_m$ 可以互相线性表示，故它们等价.

由定理 4.3 可知，向量组 $\boldsymbol{\beta}_1,\boldsymbol{\beta}_2,\cdots,\boldsymbol{\beta}_m$ 是正交向量组，将其单位化得

$$\boldsymbol{\eta}_i=\frac{\boldsymbol{\beta}_i}{\|\boldsymbol{\beta}_i\|}\quad(i=1,2,\cdots,m),$$

则 $\boldsymbol{\eta}_1,\boldsymbol{\eta}_2,\cdots,\boldsymbol{\eta}_m$ 是**标准正交向量组**.

特别地，若 $m=n$，用施密特正交化方法可以把 $\mathbf{R}^n$ 中的一组基 $\boldsymbol{\alpha}_1,\boldsymbol{\alpha}_2,\cdots,\boldsymbol{\alpha}_n$ 化为正交基 $\boldsymbol{\beta}_1,\boldsymbol{\beta}_2,\cdots,\boldsymbol{\beta}_n$，然后单位化得 $\boldsymbol{\eta}_i=\dfrac{\boldsymbol{\beta}_i}{\|\boldsymbol{\beta}_i\|}(i=1,2,\cdots,n)$，则 $\boldsymbol{\eta}_1,\boldsymbol{\eta}_2,\cdots,\boldsymbol{\eta}_n$ 是 $\mathbf{R}^n$ 的一组**标准正交基**.

例 4.3 在 $\mathbf{R}^4$ 中求一个与 $\boldsymbol{\alpha}_1=(1,1,-1,1)^{\mathrm{T}}$，$\boldsymbol{\alpha}_2=(1,-1,-1,1)^{\mathrm{T}}$，$\boldsymbol{\alpha}_3=(2,1,1,3)^{\mathrm{T}}$ 都正交的单位向量.

解 设向量 $\boldsymbol{\alpha}=(x_1,x_2,x_3,x_4)^{\mathrm{T}}$ 与三个已知向量都正交，可得方程组

$$\begin{cases}x_1+x_2-x_3+x_4=0,\\x_1-x_2-x_3+x_4=0,\\2x_1+x_2+x_3+3x_4=0.\end{cases}$$

因为方程组的系数矩阵 $\boldsymbol{A}$ 的秩为 3，故可令 $x_3=1$，解得 $x_1=4$，$x_2=0$，$x_4=-3$，即 $\boldsymbol{\alpha}=(4,0,1,-3)^{\mathrm{T}}$. 再将 $\boldsymbol{\alpha}$ 单位化，则 $\boldsymbol{\eta}=\dfrac{1}{\|\boldsymbol{\alpha}\|}\boldsymbol{\alpha}=\dfrac{1}{\sqrt{26}}(4,0,1,-3)^{\mathrm{T}}$ 即为所求向量.

例 4.4 求齐次线性方程组

$$\begin{cases}2x_1+x_2-x_3+x_4-3x_5=0,\\x_1+x_2-x_3+x_5=0\end{cases}$$

的解空间（作为 $\mathbf{R}^5$ 的子空间）的一组标准正交基.

解 由所求方程组的同解方程组

$$\begin{cases}x_4=-5x_1-4x_2+4x_3,\\x_5=-x_1-x_2+x_3,\end{cases}$$

可得一个基础解系为

$$\boldsymbol{\alpha}_1=(1,0,0,-5,-1)^{\mathrm{T}},\quad \boldsymbol{\alpha}_2=(0,1,0,-4,-1)^{\mathrm{T}},\quad \boldsymbol{\alpha}_3=(0,0,1,4,1)^{\mathrm{T}},$$

它就是所求解空间的一组基. 将其正交化,可得

$$\boldsymbol{\beta}_1=\boldsymbol{\alpha}_1=(1,0,0,-5,-1)^{\mathrm{T}},$$

$$\boldsymbol{\beta}_2=\boldsymbol{\alpha}_2-\frac{(\boldsymbol{\alpha}_2,\boldsymbol{\beta}_1)}{(\boldsymbol{\beta}_1,\boldsymbol{\beta}_1)}\boldsymbol{\beta}_1=\frac{1}{9}(-7,9,0,-1,-2)^{\mathrm{T}},$$

$$\boldsymbol{\beta}_3=\boldsymbol{\alpha}_3-\frac{(\boldsymbol{\alpha}_3,\boldsymbol{\beta}_1)}{(\boldsymbol{\beta}_1,\boldsymbol{\beta}_1)}\boldsymbol{\beta}_1-\frac{(\boldsymbol{\alpha}_3,\boldsymbol{\beta}_2)}{(\boldsymbol{\beta}_2,\boldsymbol{\beta}_2)}\boldsymbol{\beta}_2=\frac{1}{15}(7,6,15,1,2)^{\mathrm{T}}.$$

再将 $\boldsymbol{\beta}_1,\boldsymbol{\beta}_2,\boldsymbol{\beta}_3$ 单位化,可得

$$\boldsymbol{\eta}_1=\frac{1}{3\sqrt{3}}(1,0,0,-5,-1)^{\mathrm{T}},\quad \boldsymbol{\eta}_2=\frac{1}{3\sqrt{15}}(-7,9,0,-1,-2)^{\mathrm{T}},$$

$$\boldsymbol{\eta}_3=\frac{1}{3\sqrt{35}}(7,6,15,1,2)^{\mathrm{T}},$$

于是 $\boldsymbol{\eta}_1,\boldsymbol{\eta}_2,\boldsymbol{\eta}_3$ 就是所求解空间的一组标准正交基.

三、正交矩阵及其性质

定义 4.5 若 n 阶矩阵 $\boldsymbol{A}$ 满足 $\boldsymbol{A}^{\mathrm{T}}\boldsymbol{A}=\boldsymbol{A}\boldsymbol{A}^{\mathrm{T}}=\boldsymbol{E}$,则称 $\boldsymbol{A}$ 为正交矩阵.

例如,$\begin{pmatrix}1&0\\0&1\end{pmatrix}$,$\begin{pmatrix}\cos\theta&-\sin\theta\\ \sin\theta&\cos\theta\end{pmatrix}$,$\begin{pmatrix}\frac{2}{3}&\frac{2}{3}&\frac{1}{3}\\ \frac{2}{3}&-\frac{1}{3}&-\frac{2}{3}\\ \frac{1}{3}&-\frac{2}{3}&\frac{2}{3}\end{pmatrix}$都是正交矩阵.

定理 4.4 **n 阶矩阵 $\boldsymbol{A}$ 为正交矩阵的充要条件是 $\boldsymbol{A}$ 的列(行)向量组为 $\mathbf{R}^n$ 的一组标准正交基.**

证 设 $\boldsymbol{A}=(a_{ij})$ 为 n 阶矩阵,将 $\boldsymbol{A}$ 按列分块为 $\boldsymbol{A}=(\boldsymbol{\alpha}_1,\boldsymbol{\alpha}_2,\cdots,\boldsymbol{\alpha}_n)$,于是

$$\boldsymbol{A}^{\mathrm{T}}\boldsymbol{A}=\begin{pmatrix}\boldsymbol{\alpha}_1^{\mathrm{T}}\\ \boldsymbol{\alpha}_2^{\mathrm{T}}\\ \vdots\\ \boldsymbol{\alpha}_n^{\mathrm{T}}\end{pmatrix}(\boldsymbol{\alpha}_1,\boldsymbol{\alpha}_2,\cdots,\boldsymbol{\alpha}_n)=\begin{pmatrix}\boldsymbol{\alpha}_1^{\mathrm{T}}\boldsymbol{\alpha}_1&\boldsymbol{\alpha}_1^{\mathrm{T}}\boldsymbol{\alpha}_2&\cdots&\boldsymbol{\alpha}_1^{\mathrm{T}}\boldsymbol{\alpha}_n\\ \boldsymbol{\alpha}_2^{\mathrm{T}}\boldsymbol{\alpha}_1&\boldsymbol{\alpha}_2^{\mathrm{T}}\boldsymbol{\alpha}_2&\cdots&\boldsymbol{\alpha}_2^{\mathrm{T}}\boldsymbol{\alpha}_n\\ \vdots&\vdots&&\vdots\\ \boldsymbol{\alpha}_n^{\mathrm{T}}\boldsymbol{\alpha}_1&\boldsymbol{\alpha}_n^{\mathrm{T}}\boldsymbol{\alpha}_2&\cdots&\boldsymbol{\alpha}_n^{\mathrm{T}}\boldsymbol{\alpha}_n\end{pmatrix}.$$

因此,$\boldsymbol{A}^{\mathrm{T}}\boldsymbol{A}=\boldsymbol{E}$ 的充要条件是 $\boldsymbol{\alpha}_i^{\mathrm{T}}\boldsymbol{\alpha}_j=(\boldsymbol{\alpha}_i,\boldsymbol{\alpha}_j)=\delta_{ij}\,(i,j=1,2,\cdots,n)$,其中 $\delta_{ij}=\begin{cases}1, & i=j,\\ 0, & i\neq j,\end{cases}$ 即 $\boldsymbol{\alpha}_1,\boldsymbol{\alpha}_2,\cdots,\boldsymbol{\alpha}_n$ 为标准正交基. 类似可证行向量组的情形.

定理 4.5 **正交矩阵具有以下性质:**

(1) 若 $\boldsymbol{A}$ 是正交矩阵,则 $\boldsymbol{A}^{-1}$ 和 $\boldsymbol{A}^{\mathrm{T}}$ 也是正交矩阵;

(2) 若 $\boldsymbol{A}$ 和 $\boldsymbol{B}$ 都是正交矩阵,则 $\boldsymbol{AB}$ 也是正交矩阵;

(3) 若 $\boldsymbol{A}$ 是正交矩阵,则 $|\boldsymbol{A}|=1$ 或 $|\boldsymbol{A}|=-1$.

例 4.5 验证矩阵

$$A=\begin{pmatrix}\frac{2}{3} & \frac{2}{3} & \frac{1}{3}\\ \frac{2}{3} & -\frac{1}{3} & -\frac{2}{3}\\ \frac{1}{3} & -\frac{2}{3} & \frac{2}{3}\end{pmatrix}$$

是正交矩阵.

解　方法一　因

$$A^{T}A=A^{2}=\begin{pmatrix}\frac{2}{3} & \frac{2}{3} & \frac{1}{3}\\ \frac{2}{3} & -\frac{1}{3} & -\frac{2}{3}\\ \frac{1}{3} & -\frac{2}{3} & \frac{2}{3}\end{pmatrix}\begin{pmatrix}\frac{2}{3} & \frac{2}{3} & \frac{1}{3}\\ \frac{2}{3} & -\frac{1}{3} & -\frac{2}{3}\\ \frac{1}{3} & -\frac{2}{3} & \frac{2}{3}\end{pmatrix}$$

$$=\begin{pmatrix}\frac{4}{9}+\frac{4}{9}+\frac{1}{9} & 0 & 0\\ 0 & \frac{4}{9}+\frac{1}{9}+\frac{4}{9} & 0\\ 0 & 0 & \frac{1}{9}+\frac{4}{9}+\frac{4}{9}\end{pmatrix}$$

$$=\begin{pmatrix}1 & & \\ & 1 & \\ & & 1\end{pmatrix}=E,$$

故 A 是正交矩阵.

方法二　令 $A=(\alpha_1,\alpha_2,\alpha_3)$，其中 $\alpha_1=\begin{pmatrix}\frac{2}{3}\\ \frac{2}{3}\\ \frac{1}{3}\end{pmatrix}$，$\alpha_2=\begin{pmatrix}\frac{2}{3}\\ -\frac{1}{3}\\ -\frac{2}{3}\end{pmatrix}$，$\alpha_3=\begin{pmatrix}\frac{1}{3}\\ -\frac{2}{3}\\ \frac{2}{3}\end{pmatrix}$，可以验证 $\|\alpha_i\|=1(i=1,2,3)$，且 $(\alpha_i,\alpha_j)=0(i\neq j;i,j=1,2,3)$. 由定理 4.4 可知，$A$ 是正交矩阵.

例 4.6 设 x 为 n 维列向量，$x^{T}x=1$，且 $H=E-2xx^{T}$，证明：H 既是对称矩阵也是正交矩阵.

证　因为

$$H^{T}=(E-2xx^{T})^{T}=E^{T}-2(xx^{T})^{T}=E-2(x^{T})^{T}x^{T}=E-2xx^{T}=H,$$

所以 H 是对称矩阵. 又

$$\begin{aligned}H^{T}H=H^{2}&=(E-2xx^{T})^{2}=(E-2xx^{T})(E-2xx^{T})=E-4xx^{T}+4x(x^{T}x)x^{T}\\&=E-4xx^{T}+4xx^{T}=E,\end{aligned}$$

故 H 也是正交矩阵.

习题4.1

1. 求实数 a,使得向量 $\boldsymbol{\alpha}=(1,a,2,-1)^{\mathrm{T}}$ 与 $\boldsymbol{\beta}=(1,-1,2,0)^{\mathrm{T}}$ 正交.

2. 判断下列矩阵是否为正交矩阵:

(1) $\boldsymbol{A}=\begin{pmatrix} 1 & \frac{1}{2} & -\frac{1}{3} \\ -1 & \frac{1}{2} & -\frac{1}{3} \\ 0 & 1 & \frac{1}{3} \end{pmatrix}$;　　(2) $\boldsymbol{B}=\begin{pmatrix} \frac{1}{\sqrt{2}} & \frac{1}{\sqrt{6}} & -\frac{1}{\sqrt{3}} \\ -\frac{1}{\sqrt{2}} & \frac{1}{\sqrt{6}} & -\frac{1}{\sqrt{3}} \\ 0 & \frac{2}{\sqrt{6}} & \frac{1}{\sqrt{3}} \end{pmatrix}$;

(3) $\boldsymbol{C}=\begin{pmatrix} \frac{1}{9} & -\frac{8}{9} & -\frac{4}{9} \\ -\frac{8}{9} & \frac{1}{9} & -\frac{4}{9} \\ -\frac{4}{9} & -\frac{4}{9} & \frac{7}{9} \end{pmatrix}$.

3. 已知向量 $\boldsymbol{\alpha}=(-1,-1,1,1)^{\mathrm{T}},\boldsymbol{\beta}=(1,1,5,-3)^{\mathrm{T}}$.

(1) 证明:$\boldsymbol{\alpha}\perp\boldsymbol{\beta}$;

(2) 计算 $\|\boldsymbol{\alpha}\|,\|\boldsymbol{\beta}\|,\|\boldsymbol{\alpha}+\boldsymbol{\beta}\|$;

(3) 验证 $\|\boldsymbol{\alpha}\|^2+\|\boldsymbol{\beta}\|^2=\|\boldsymbol{\alpha}+\boldsymbol{\beta}\|^2$ 是否成立.

4. 设向量 $\boldsymbol{\alpha}_1=(1,1,1)^{\mathrm{T}},\boldsymbol{\alpha}_2=(1,2,2)^{\mathrm{T}}$.

(1) 求一个与 $\boldsymbol{\alpha}_1,\boldsymbol{\alpha}_2$ 都正交的向量 $\boldsymbol{\alpha}_3$;

(2) 利用施密特正交化方法,把向量组 $\boldsymbol{\alpha}_1,\boldsymbol{\alpha}_2,\boldsymbol{\alpha}_3$ 化为标准正交向量组.

5. 用施密特正交化方法把向量组 $\boldsymbol{\alpha}_1=(1,1,0,0)^{\mathrm{T}},\boldsymbol{\alpha}_2=(1,0,1,0)^{\mathrm{T}},\boldsymbol{\alpha}_3=(-1,0,0,-1)^{\mathrm{T}}$ 化为标准正交向量组.

6. 求齐次线性方程组 $\begin{cases} x_1+x_2+x_3+x_4=0, \\ 2x_1+3x_2+x_3+x_4=0, \\ 4x_1+5x_2+3x_3+3x_4=0 \end{cases}$ 解空间的一组标准正交基.

7. 设 $\boldsymbol{A}$ 和 $\boldsymbol{B}$ 均为 n 阶正交矩阵,且 $|\boldsymbol{A}|=-|\boldsymbol{B}|$,证明:$|\boldsymbol{A}+\boldsymbol{B}|=0$.

8. 设 $\boldsymbol{\alpha}_1,\boldsymbol{\alpha}_2,\boldsymbol{\alpha}_3,\boldsymbol{\beta}$ 均为 n 维列向量,且 $\boldsymbol{\alpha}_1,\boldsymbol{\alpha}_2,\boldsymbol{\alpha}_3$ 线性无关,$\boldsymbol{\beta}$ 与 $\boldsymbol{\alpha}_1,\boldsymbol{\alpha}_2,\boldsymbol{\alpha}_3$ 分别正交,试问 $\boldsymbol{\alpha}_1,\boldsymbol{\alpha}_2,\boldsymbol{\alpha}_3,\boldsymbol{\beta}$ 是否线性无关?

第2节　矩阵的特征值与特征向量

本节将介绍矩阵的特征值与特征向量.

一、特征值与特征向量

定义 4.6 设 $\boldsymbol{A}=(a_{ij})$ 是一个 n 阶矩阵. 如果对于数 λ,存在一个非零列向量 $\boldsymbol{X}$,使得

$$\boldsymbol{AX}=\lambda\boldsymbol{X}, \tag{4.4}$$

那么称 λ 为 $\boldsymbol{A}$ 的一个**特征值**,$\boldsymbol{X}$ 称为 $\boldsymbol{A}$ 的属于特征值 λ 的一个**特征向量**.

那么怎样求矩阵的特征值与特征向量? 对(4.4)式移项可得

$$(\lambda\boldsymbol{E}-\boldsymbol{A})\boldsymbol{X}=\boldsymbol{0}, \tag{4.5}$$

即

$$\begin{cases}(\lambda-a_{11})x_1-a_{12}x_2-\cdots-a_{1n}x_n=0,\\ -a_{21}x_1+(\lambda-a_{22})x_2-\cdots-a_{2n}x_n=0,\\ \cdots\cdots\\ -a_{n1}x_1-a_{n2}x_2-\cdots+(\lambda-a_{nn})x_n=0.\end{cases}$$

由于 $\boldsymbol{X}=(x_1,x_2,\cdots,x_n)^{\mathrm{T}}$ 为非零列向量,故齐次线性方程组(4.5)有非零解. 而齐次线性方程组有非零解的充要条件是它的系数行列式为 0,即

$$f(\lambda)=|\lambda\boldsymbol{E}-\boldsymbol{A}|=\begin{vmatrix}\lambda-a_{11} & -a_{12} & \cdots & -a_{1n}\\ -a_{21} & \lambda-a_{22} & \cdots & -a_{2n}\\ \vdots & \vdots & & \vdots\\ -a_{n1} & -a_{n2} & \cdots & \lambda-a_{nn}\end{vmatrix}=0. \tag{4.6}$$

(4.6)式称为矩阵 $\boldsymbol{A}$ 的**特征方程**,$f(\lambda)=|\lambda\boldsymbol{E}-\boldsymbol{A}|$ 称为矩阵 $\boldsymbol{A}$ 的**特征多项式**,这是一个 n 次多项式. 在复数域内,$f(\lambda)=0$ 必有 n 个根,它们是矩阵 $\boldsymbol{A}$ 的全部特征值. 在解方程 $f(\lambda)=0$ 时,如果 λ_0 是 k 重根,则称 k 为 λ_0 的**代数重复度**. 在 $(\lambda_0\boldsymbol{E}-\boldsymbol{A})\boldsymbol{X}=\boldsymbol{0}$ 的解空间中,除零向量外的全体解向量就是矩阵 $\boldsymbol{A}$ 的属于特征值 λ_0 的全部特征向量. 因此,$(\lambda_0\boldsymbol{E}-\boldsymbol{A})\boldsymbol{X}=\boldsymbol{0}$ 的解空间也称为特征值 λ_0 的**特征子空间**,记作 $V_{\lambda_0}=\{\boldsymbol{X}\mid(\lambda_0\boldsymbol{E}-\boldsymbol{A})\boldsymbol{X}=\boldsymbol{0}\}$,其维数 $\dim V_{\lambda_0}=n-\mathrm{R}(\lambda_0\boldsymbol{E}-\boldsymbol{A})$ 称为 λ_0 的**几何重复度**.

综上可得矩阵 $\boldsymbol{A}$ 的特征值与特征向量的求解方法如下:

(1) 求矩阵 $\boldsymbol{A}$ 的特征方程 $|\lambda\boldsymbol{E}-\boldsymbol{A}|=0$ 的全部根 $\lambda_1,\lambda_2,\cdots,\lambda_n$,即得矩阵 $\boldsymbol{A}$ 的全部特征值;

(2) 对于特征值 $\lambda_i(i=1,2,\cdots,n)$,将其代入方程组 $(\lambda_i\boldsymbol{E}-\boldsymbol{A})\boldsymbol{X}=\boldsymbol{0}$,求出一个基础解系 $\boldsymbol{X}_1,\boldsymbol{X}_2,\cdots,\boldsymbol{X}_{n-r}$,其中 $r=\mathrm{R}(\lambda_i\boldsymbol{E}-\boldsymbol{A})$,于是

$\boldsymbol{\xi}=k_1\boldsymbol{X}_1+k_2\boldsymbol{X}_2+\cdots+k_{n-r}\boldsymbol{X}_{n-r}$ ($k_1,k_2,\cdots,k_{n-r}$ 为不全为 0 的任意常数)就是矩阵 $\boldsymbol{A}$ 的属于特征值 λ_i 的全部特征向量.

例 4.7 求矩阵 $\boldsymbol{A}=\begin{pmatrix}3 & 3 & 2\\ 1 & 1 & -2\\ -3 & -1 & 0\end{pmatrix}$ 的特征值.

解 令

$$f(\lambda)=|\lambda E-A|=\begin{vmatrix}\lambda-3 & -3 & -2\\ -1 & \lambda-1 & 2\\ 3 & 1 & \lambda\end{vmatrix}=(\lambda-4)(\lambda^2+4)=0,$$

解得 $\boldsymbol{A}$ 的特征值为 $\lambda_1=4,\lambda_2=2\mathrm{i},\lambda_3=-2\mathrm{i}$.

例 4.8　求矩阵 $\boldsymbol{A}=\begin{pmatrix}-1 & 1 & 0\\ -4 & 3 & 0\\ 1 & 0 & 2\end{pmatrix}$ 的特征值与特征向量.

解　令

$$f(\lambda)=|\lambda \boldsymbol{E}-\boldsymbol{A}|=\begin{vmatrix}\lambda+1 & -1 & 0\\ 4 & \lambda-3 & 0\\ -1 & 0 & \lambda-2\end{vmatrix}=(\lambda-2)(\lambda-1)^2=0,$$

解得 $\boldsymbol{A}$ 的特征值为 $\lambda_1=2,\lambda_2=\lambda_3=1$.

当 $\lambda_1=2$ 时，解方程组 $(2\boldsymbol{E}-\boldsymbol{A})\boldsymbol{X}=\boldsymbol{0}$，对其系数矩阵施行行初等变换：

$$2\boldsymbol{E}-\boldsymbol{A}=\begin{pmatrix}3 & -1 & 0\\ 4 & -1 & 0\\ -1 & 0 & 0\end{pmatrix}\overset{r}{\sim}\begin{pmatrix}1 & 0 & 0\\ 0 & 1 & 0\\ 0 & 0 & 0\end{pmatrix},$$

可得基础解系 $\boldsymbol{X}_1=\begin{pmatrix}0\\0\\1\end{pmatrix}$，所以矩阵 $\boldsymbol{A}$ 的属于 $\lambda_1=2$ 的全部特征向量为 $k_1\boldsymbol{X}_1$，其中 k_1 为任意非零常数.

当 $\lambda_2=\lambda_3=1$ 时，解方程组 $(\boldsymbol{E}-\boldsymbol{A})\boldsymbol{X}=\boldsymbol{0}$，对其系数矩阵施行行初等变换：

$$\boldsymbol{E}-\boldsymbol{A}=\begin{pmatrix}2 & -1 & 0\\ 4 & -2 & 0\\ -1 & 0 & -1\end{pmatrix}\overset{r}{\sim}\begin{pmatrix}1 & 0 & 1\\ 0 & 1 & 2\\ 0 & 0 & 0\end{pmatrix},$$

可得基础解系 $\boldsymbol{X}_2=\begin{pmatrix}1\\2\\-1\end{pmatrix}$，所以矩阵 $\boldsymbol{A}$ 的属于 $\lambda_2=\lambda_3=1$ 的全部特征向量为 $k_2\boldsymbol{X}_2$，其中 k_2 为任意非零常数.

例 4.9　求矩阵 $\boldsymbol{A}=\begin{pmatrix}1 & -3 & 3\\ 3 & -5 & 3\\ 6 & -6 & 4\end{pmatrix}$ 的特征值与特征向量.

解　令

$$f(\lambda)=|\lambda \boldsymbol{E}-\boldsymbol{A}|=\begin{vmatrix}\lambda-1 & 3 & -3\\ -3 & \lambda+5 & -3\\ -6 & 6 & \lambda-4\end{vmatrix}=(\lambda+2)^2(\lambda-4)=0,$$

解得 $\boldsymbol{A}$ 的特征值为 $\lambda_1=\lambda_2=-2,\lambda_3=4$.

当 $\lambda_1=\lambda_2=-2$ 时，解方程组 $(-2\boldsymbol{E}-\boldsymbol{A})\boldsymbol{X}=\boldsymbol{0}$，对其系数矩阵施行行初等变换：

$$-2\boldsymbol{E}-\boldsymbol{A}\sim 2\boldsymbol{E}+\boldsymbol{A}=\begin{pmatrix}3 & -3 & 3\\ 3 & -3 & 3\\ 6 & -6 & 6\end{pmatrix}\overset{r}{\sim}\begin{pmatrix}1 & -1 & 1\\ 0 & 0 & 0\\ 0 & 0 & 0\end{pmatrix},$$

可得基础解系 $\boldsymbol{X}_1=\begin{pmatrix}1\\1\\0\end{pmatrix}$,$\boldsymbol{X}_2=\begin{pmatrix}-1\\0\\1\end{pmatrix}$,所以矩阵 $\boldsymbol{A}$ 的属于$\lambda_1=\lambda_2=-2$ 的全部特征向量为 $k_1\boldsymbol{X}_1+k_2\boldsymbol{X}_2$,其中 k_1,k_2 是不同时为 0 的任意常数.

当 $\lambda_3=4$ 时,解方程组$(4\boldsymbol{E}-\boldsymbol{A})\boldsymbol{X}=\boldsymbol{0}$,对其系数矩阵施行行初等变换:

$$4\boldsymbol{E}-\boldsymbol{A}=\begin{pmatrix}3&3&-3\\-3&9&-3\\-6&6&0\end{pmatrix}\overset{r}{\sim}\begin{pmatrix}1&0&-\frac{1}{2}\\0&1&-\frac{1}{2}\\0&0&0\end{pmatrix},$$

可得基础解系 $\boldsymbol{X}_3=\begin{pmatrix}1\\1\\2\end{pmatrix}$,所以矩阵 $\boldsymbol{A}$ 的属于$\lambda_3=4$ 的全部特征向量为 $k_3\boldsymbol{X}_3$,其中 k_3 为任意非零常数.

对比例 4.8 与例 4.9 可以发现,特征根的代数重复度与它所对应的线性无关的特征向量的个数不一定相等. 可以证明,矩阵的任意一个特征值 λ_0 的几何重复度不超过其代数重复度.

例 4.10 求矩阵 $\boldsymbol{A}=\begin{pmatrix}2&-2&0\\-2&1&-2\\0&-2&0\end{pmatrix}$的特征值与特征向量.

解 令

$$f(\lambda)=|\lambda\boldsymbol{E}-\boldsymbol{A}|=\begin{vmatrix}\lambda-2&2&0\\2&\lambda-1&2\\0&2&\lambda\end{vmatrix}=(\lambda-4)(\lambda-1)(\lambda+2)=0,$$

解得 $\boldsymbol{A}$ 的特征值为$\lambda_1=4,\lambda_2=1,\lambda_3=-2$.

当 $\lambda_1=4$ 时,解方程组$(4\boldsymbol{E}-\boldsymbol{A})\boldsymbol{X}=\boldsymbol{0}$,对其系数矩阵施行行初等变换:

$$4\boldsymbol{E}-\boldsymbol{A}=\begin{pmatrix}2&2&0\\2&3&2\\0&2&4\end{pmatrix}\overset{r}{\sim}\begin{pmatrix}1&0&-2\\0&1&2\\0&0&0\end{pmatrix},$$

可得基础解系 $\boldsymbol{X}_1=\begin{pmatrix}2\\-2\\1\end{pmatrix}$,所以矩阵 $\boldsymbol{A}$ 的属于$\lambda_1=4$ 的全部特征向量为 $k_1\boldsymbol{X}_1$,其中 k_1 为任意非零常数.

同理,矩阵 $\boldsymbol{A}$ 的属于$\lambda_2=1$ 的全部特征向量为 $k_2\begin{pmatrix}2\\1\\-2\end{pmatrix}$,其中 k_2 为任意非零常数;矩阵 $\boldsymbol{A}$ 的属于 $\lambda_3=-2$ 的全部特征向量为 $k_3\begin{pmatrix}1\\2\\2\end{pmatrix}$,其中 k_3 为任意非零常数.

例 4.11 设 $\boldsymbol{A}$ 为 n 阶幂等矩阵，即 $\boldsymbol{A}^2=\boldsymbol{A}$，证明：$\boldsymbol{A}$ 的特征值为 1 或 0.

证 设 $\boldsymbol{\xi}$ 是矩阵 $\boldsymbol{A}$ 的属于特征值 λ 的特征向量. 因

$$(\boldsymbol{A}^2-\boldsymbol{A})\boldsymbol{\xi}=\boldsymbol{0},$$

又 $\boldsymbol{A\xi}=\lambda\boldsymbol{\xi}$，$\boldsymbol{A}^2\boldsymbol{\xi}=\lambda\boldsymbol{A\xi}=\lambda^2\boldsymbol{\xi}$，故有

$$(\lambda^2-\lambda)\boldsymbol{\xi}=\boldsymbol{0}.$$

又因 $\boldsymbol{\xi}\neq\boldsymbol{0}$，故 $\lambda^2-\lambda=0$，从而 $\lambda=1$ 或 0.

例如，单位矩阵 $\boldsymbol{E}$ 和零矩阵 $\boldsymbol{O}$ 均为幂等矩阵，$\boldsymbol{E}$ 的特征值只有 1，而 $\boldsymbol{O}$ 的特征值只有 0；显然 $\boldsymbol{A}=\begin{pmatrix}1&0\\0&0\end{pmatrix}$ 也是幂等矩阵，其特征值是 1 和 0.

二、特征值与特征向量的性质

定理 4.6 **设 $\lambda_1,\lambda_2,\cdots,\lambda_n$ 是 n 阶矩阵 $\boldsymbol{A}=(a_{ij})$ 的全部特征值，则**

(1) $f(\lambda)=|\lambda\boldsymbol{E}-\boldsymbol{A}|$
$\quad=\lambda^n-(a_{11}+a_{22}+\cdots+a_{nn})\lambda^{n-1}+\cdots+(-1)^n|\boldsymbol{A}|$；

(2) $\sum\limits_{i=1}^{n}a_{ii}=\sum\limits_{i=1}^{n}\lambda_i$，$|\boldsymbol{A}|=\prod\limits_{i=1}^{n}\lambda_i$，

其中 $\sum\limits_{i=1}^{n}a_{ii}$ 称为矩阵 $\boldsymbol{A}$ 的迹，记作 $\mathrm{tr}(\boldsymbol{A})$.

证 因为

$$|\lambda\boldsymbol{E}-\boldsymbol{A}|=\begin{vmatrix}\lambda-a_{11}&-a_{12}&\cdots&-a_{1n}\\-a_{21}&\lambda-a_{22}&\cdots&-a_{2n}\\\vdots&\vdots&&\vdots\\-a_{n1}&-a_{n2}&\cdots&\lambda-a_{nn}\end{vmatrix}$$

的展开式中，有一项是主对角线上元素的连乘积 $(\lambda-a_{11})(\lambda-a_{22})\cdots(\lambda-a_{nn})$，其余项至多包含 $n-2$ 个主对角线上的元素，λ 的次数最多是 $n-2$. 因此，特征多项式中含 λ 的 n 次与 $n-1$ 次的项只能在主对角线上元素的连乘积中出现，它们是 $\lambda^n-(a_{11}+a_{22}+\cdots+a_{nn})\lambda^{n-1}$. 当令 $\lambda=0$ 时，即得特征多项式的常数项 $|-\boldsymbol{A}|=(-1)^n|\boldsymbol{A}|$. 于是，如果只写特征多项式的前两项与常数项，就有

$$|\lambda\boldsymbol{E}-\boldsymbol{A}|=\lambda^n-(a_{11}+a_{22}+\cdots+a_{nn})\lambda^{n-1}+\cdots+(-1)^n|\boldsymbol{A}|.$$

由根与系数的关系可知，矩阵 $\boldsymbol{A}$ 的全部特征值的和为 $a_{11}+a_{22}+\cdots+a_{nn}$，而 $\boldsymbol{A}$ 的全部特征值的积为 $|\boldsymbol{A}|$.

推论 4.1 n 阶矩阵 $\boldsymbol{A}$ 可逆的充要条件是 $\boldsymbol{A}$ 的 n 个特征值都不为 0.

定理 4.7 **设 λ 是 n 阶矩阵 $\boldsymbol{A}$ 的特征值，则有以下结论成立：**

(1) λ^m 是 $\boldsymbol{A}^m$（m 为正整数）的特征值，$k\lambda$ 是 $k\boldsymbol{A}$ 的特征值，特征向量均不变；

(2) 若 $\boldsymbol{A}$ 可逆，则 $\dfrac{1}{\lambda}$ 是 $\boldsymbol{A}^{-1}$ 的特征值，$\dfrac{|\boldsymbol{A}|}{\lambda}$ 是 $\boldsymbol{A}^*$ 的特征值，特征向量均

不变；

(3) 设 $f(x)=a_mx^m+a_{m-1}x^{m-1}+\cdots+a_1x+a_0$，则 $f(\lambda)$ 是 $f(\boldsymbol{A})$ 的特征值，特征向量不变.

定理 4.8 矩阵 $\boldsymbol{A}$ 和 $\boldsymbol{A}^{\mathrm{T}}$ 有相同的特征值.

证 由于

$$|\lambda\boldsymbol{E}-\boldsymbol{A}|=|(\lambda\boldsymbol{E}-\boldsymbol{A})^{\mathrm{T}}|=|\lambda\boldsymbol{E}^{\mathrm{T}}-\boldsymbol{A}^{\mathrm{T}}|=|\lambda\boldsymbol{E}-\boldsymbol{A}^{\mathrm{T}}|,$$

故 $\boldsymbol{A}$ 和 $\boldsymbol{A}^{\mathrm{T}}$ 的特征多项式相同，从而它们具有相同的特征值.

例 4.12 已知 $\lambda=2$ 是 n 阶可逆矩阵 $\boldsymbol{A}$ 的一个特征值，求下列矩阵的一个特征值：

(1) $3\boldsymbol{A}^2+2\boldsymbol{E}$；　　(2) $3\boldsymbol{E}-\boldsymbol{A}^{-1}$.

解 (1) 令 $f(\boldsymbol{A})=3\boldsymbol{A}^2+2\boldsymbol{E}$，则 $f(2)=3\times2^2+2\times1=14$，可知 $3\boldsymbol{A}^2+2\boldsymbol{E}$ 的一个特征值为 14.

(2) 因为 $\boldsymbol{A}^{-1}$ 的一个特征值为 $\frac{1}{\lambda}=\frac{1}{2}$，故 $3\boldsymbol{E}-\boldsymbol{A}^{-1}$ 的一个特征值为 $3-\frac{1}{2}=\frac{5}{2}$.

例 4.13 设三阶矩阵 $\boldsymbol{A}$ 的特征值分别为 $1,-1,2$，求 $|\boldsymbol{A}^*+3\boldsymbol{A}-2\boldsymbol{E}|$.

解 由 $|\boldsymbol{A}|=-2\neq0$，可知 $\boldsymbol{A}$ 可逆，于是 $\boldsymbol{A}^*=|\boldsymbol{A}|\boldsymbol{A}^{-1}=-2\boldsymbol{A}^{-1}$. 令 $f(\boldsymbol{A})=-2\boldsymbol{A}^{-1}+3\boldsymbol{A}-2\boldsymbol{E}$，则 $f(\lambda)=-\frac{2}{\lambda}+3\lambda-2$ 是 $f(\boldsymbol{A})$ 的全部特征值，且 $f(1)=-1$，$f(-1)=-3$，$f(2)=3$，因此 $|\boldsymbol{A}^*+3\boldsymbol{A}-2\boldsymbol{E}|=9$.

下面讨论特征向量的性质.

定理 4.9 属于不同特征值的特征向量是线性无关的.

证 设 $\boldsymbol{A}$ 为 n 阶矩阵，$\lambda_1,\lambda_2,\cdots,\lambda_t$ 是两两不同的特征值，$\boldsymbol{\xi}_i(i=1,2,\cdots,t)$ 是 $\boldsymbol{A}$ 的属于特征值 λ_i 的特征向量. 假设存在一组数 $k_1,k_2,\cdots,k_t$，使得

$$k_1\boldsymbol{\xi}_1+k_2\boldsymbol{\xi}_2+\cdots+k_t\boldsymbol{\xi}_t=\boldsymbol{0}.$$

用 $\boldsymbol{A}^j(j=0,1,2,\cdots,t-1)$ 左乘上式两边，可得方程组

$$\lambda_1^jk_1\boldsymbol{\xi}_1+\lambda_2^jk_2\boldsymbol{\xi}_2+\cdots+\lambda_t^jk_t\boldsymbol{\xi}_t=\boldsymbol{0},\quad j=0,1,2,\cdots,t-1,$$

其中 λ_i 的方幂组成的矩阵的行列式为

$$\begin{vmatrix}1&1&\cdots&1\\\lambda_1&\lambda_2&\cdots&\lambda_t\\\vdots&\vdots&&\vdots\\\lambda_1^{t-1}&\lambda_2^{t-1}&\cdots&\lambda_t^{t-1}\end{vmatrix}=\prod_{1\leqslant i<j\leqslant t}(\lambda_j-\lambda_i).$$

因为 λ_i 两两不同，故上述行列式不为 0，于是由克拉默法则可知方程组只有零解，即 $k_1\boldsymbol{\xi}_1=k_2\boldsymbol{\xi}_2=\cdots=k_t\boldsymbol{\xi}_t=0$. 又由于特征向量为非零列向量，故

$$k_1=k_2=\cdots=k_t=0,$$

因此 $\boldsymbol{\xi}_1,\boldsymbol{\xi}_2,\cdots,\boldsymbol{\xi}_t$ 线性无关.

定理 4.10 如果 $\lambda_1,\lambda_2,\cdots,\lambda_k$ 是矩阵 $\boldsymbol{A}$ 的不同的特征值，而 $\boldsymbol{\xi}_{i1},\boldsymbol{\xi}_{i2},\cdots,\boldsymbol{\xi}_{ir_i}$ 是 $\boldsymbol{A}$ 的属于特征值 $\lambda_i(i=1,2,\cdots,k)$ 的线性无关的特征向量，那么向量组 $\boldsymbol{\xi}_{11},\boldsymbol{\xi}_{12},\cdots,\boldsymbol{\xi}_{1r_1},\boldsymbol{\xi}_{21},\boldsymbol{\xi}_{22},\cdots,\boldsymbol{\xi}_{2r_2},\cdots,\boldsymbol{\xi}_{k1},\boldsymbol{\xi}_{k2},\cdots,\boldsymbol{\xi}_{kr_k}$ 也线性无关.

类似于定理 4.9 的证明，证明从略.

例 4.14 设 λ_1,λ_2 为矩阵 $\boldsymbol{A}$ 的两个不同的特征值，$\boldsymbol{\xi}_1,\boldsymbol{\xi}_2$ 为 $\boldsymbol{A}$ 的属于 λ_1 的两个线性无关的特征向量，$\boldsymbol{\xi}_3,\boldsymbol{\xi}_4$ 为 $\boldsymbol{A}$ 的属于 λ_2 的两个线性无关的特征向量，证明：向量组 $\boldsymbol{\xi}_1,\boldsymbol{\xi}_2,\boldsymbol{\xi}_3,\boldsymbol{\xi}_4$ 线性无关.

证 假设存在一组数 k_1,k_2,k_3,k_4，使得 $k_1\boldsymbol{\xi}_1+k_2\boldsymbol{\xi}_2+k_3\boldsymbol{\xi}_3+k_4\boldsymbol{\xi}_4=\boldsymbol{0}$. 令

$$\boldsymbol{\alpha}=k_1\boldsymbol{\xi}_1+k_2\boldsymbol{\xi}_2,\quad \boldsymbol{\beta}=k_3\boldsymbol{\xi}_3+k_4\boldsymbol{\xi}_4,$$

则有 $\boldsymbol{\alpha}+\boldsymbol{\beta}=\boldsymbol{0}$. 由 $\boldsymbol{\xi}_1,\boldsymbol{\xi}_2$ 为 $\boldsymbol{A}$ 的属于 λ_1 的两个线性无关的特征向量，$\boldsymbol{\xi}_3,\boldsymbol{\xi}_4$ 为 $\boldsymbol{A}$ 的属于 λ_2 的两个线性无关的特征向量，得

$$\begin{aligned}\boldsymbol{A}(k_1\boldsymbol{\xi}_1+k_2\boldsymbol{\xi}_2+k_3\boldsymbol{\xi}_3+k_4\boldsymbol{\xi}_4)&=k_1\lambda_1\boldsymbol{\xi}_1+k_2\lambda_1\boldsymbol{\xi}_2+k_3\lambda_2\boldsymbol{\xi}_3+k_4\lambda_2\boldsymbol{\xi}_4\\&=\lambda_1\boldsymbol{\alpha}+\lambda_2\boldsymbol{\beta}=\boldsymbol{A0}=\boldsymbol{0},\end{aligned}$$

从而 $\lambda_1\boldsymbol{\alpha}=-\lambda_1\boldsymbol{\beta}=-\lambda_2\boldsymbol{\beta}$，即 $(\lambda_1-\lambda_2)\boldsymbol{\beta}=\boldsymbol{0}$. 而 λ_1,λ_2 为矩阵 $\boldsymbol{A}$ 的两个不同的特征值，故 $\boldsymbol{\beta}=\boldsymbol{0}$，从而 $\boldsymbol{\alpha}=\boldsymbol{0}$. 又由 $\boldsymbol{\xi}_1,\boldsymbol{\xi}_2$ 线性无关，$\boldsymbol{\xi}_3,\boldsymbol{\xi}_4$ 线性无关，可知 $k_1=k_2=k_3=k_4=0$，因此向量组 $\boldsymbol{\xi}_1,\boldsymbol{\xi}_2,\boldsymbol{\xi}_3,\boldsymbol{\xi}_4$ 线性无关.

可见，例 4.14 的证明过程验证了定理 4.10.

例 4.15 设 $\boldsymbol{A}$ 是 $n(n\geqslant 3)$ 阶矩阵，且 $\boldsymbol{A}\boldsymbol{\xi}_i=i\boldsymbol{\xi}_i,\boldsymbol{\xi}_i\neq\boldsymbol{0}(i=1,2,3)$，证明：向量组 $\boldsymbol{\xi}_1,\boldsymbol{\xi}_2,\boldsymbol{\xi}_3$ 线性无关.

证 依题意得 $\boldsymbol{A}\boldsymbol{\xi}_1=\boldsymbol{\xi}_1,\boldsymbol{A}\boldsymbol{\xi}_2=2\boldsymbol{\xi}_2,\boldsymbol{A}\boldsymbol{\xi}_3=3\boldsymbol{\xi}_3$，即 1,2,3 是 $\boldsymbol{A}$ 的三个不同的特征值. 由于 $\boldsymbol{\xi}_1,\boldsymbol{\xi}_2,\boldsymbol{\xi}_3$ 分别是 $\boldsymbol{A}$ 的属于特征值 1,2,3 的特征向量，故由定理 4.9 可知，向量组 $\boldsymbol{\xi}_1,\boldsymbol{\xi}_2,\boldsymbol{\xi}_3$ 线性无关.

习题4.2

1. 求下列矩阵的特征值与特征向量：

(1) $\begin{pmatrix}3&2\\3&-2\end{pmatrix}$；　(2) $\begin{pmatrix}3&-8\\2&3\end{pmatrix}$；　(3) $\begin{pmatrix}2&-3&1\\1&-2&1\\1&-3&2\end{pmatrix}$；

(4) $\begin{pmatrix}1&2&1\\0&3&1\\0&5&-1\end{pmatrix}$；　(5) $\begin{pmatrix}0&1&0\\0&0&1\\0&0&0\end{pmatrix}$；　(6) $\begin{pmatrix}-3&1&-1\\-7&5&-1\\-6&6&-2\end{pmatrix}$.

2. 设三阶矩阵 $\boldsymbol{A}$ 的特征值分别为 $1,-1,2$，求：

(1) $|\boldsymbol{A}^{-1}|$；　(2) $|2\boldsymbol{A}^*|$；　(3) $|\boldsymbol{A}^*+3\boldsymbol{A}-2\boldsymbol{E}|$.

3. 设四阶矩阵 $\boldsymbol{A}$ 满足 $|3\boldsymbol{E}+\boldsymbol{A}|=0,\boldsymbol{A}\boldsymbol{A}^{\mathrm{T}}=2\boldsymbol{E}$，且 $|\boldsymbol{A}|<0$，求 $\boldsymbol{A}$ 的伴随矩阵 $\boldsymbol{A}^*$ 的一个特征值.

4. 设矩阵 $\boldsymbol{A}$ 满足 $\boldsymbol{A}^2-3\boldsymbol{A}-10\boldsymbol{E}=\boldsymbol{O}$，证明：$\boldsymbol{A}$ 的特征值只能取 -2 或 5.

5. 设 $\boldsymbol{\xi}_1,\boldsymbol{\xi}_2$ 分别是矩阵 $\boldsymbol{A}$ 的属于特征值 λ_1,λ_2 的特征向量，且 $\lambda_1\neq\lambda_2$，证明：$\boldsymbol{\xi}_1+\boldsymbol{\xi}_2$ 不是 $\boldsymbol{A}$ 的特征向量.

6. 设 n 阶矩阵 $\boldsymbol{A}=\begin{pmatrix}a_{11}&a_{12}&\cdots&a_{1n}\\a_{21}&a_{22}&\cdots&a_{2n}\\\vdots&\vdots&&\vdots\\a_{n1}&a_{n2}&\cdots&a_{nn}\end{pmatrix}$. 若 $\sum\limits_{j=1}^{n}a_{ij}=C(i=1,2,\cdots,n)$，则称 $\boldsymbol{A}$ 是一个行

等和矩阵. 证明:$\boldsymbol{A}$ 为 n 阶行等和矩阵的充要条件是 $\boldsymbol{\xi}=(1,1,\cdots,1)^{\mathrm{T}}$ 是 $\boldsymbol{A}$ 的特征向量.

7. 设 $\boldsymbol{A}$ 为 n 阶矩阵,它有实的正特征值 $\lambda_1>\lambda_2>\cdots>\lambda_n$. 对于每一个 $i(i=1,2,\cdots,n)$,令 $\boldsymbol{\xi}_i$ 为 $\boldsymbol{A}$ 的属于特征值 λ_i 的特征向量,并令 $\boldsymbol{\alpha}=k_1\boldsymbol{\xi}_1+k_2\boldsymbol{\xi}_2+\cdots+k_n\boldsymbol{\xi}_n$.

(1) 证明:$\boldsymbol{A}^m\boldsymbol{\alpha}=\sum\limits_{i=1}^{n}k_i\lambda_i^m\boldsymbol{\xi}_i$;

(2) 若 $\lambda_1=1$,证明:$\lim\limits_{m\to\infty}\boldsymbol{A}^m\boldsymbol{\alpha}=k_1\boldsymbol{\xi}_1$.

第3节 矩阵的相似对角化

从第2节的例4.8和例4.9不难发现,对于一个矩阵而言,它的每一个特征值的代数重复度未必和它的几何重复度相同. 那么,原因是什么呢? 是否隐藏着某些本质特征? 本节将通过矩阵的相似对角化回答这些问题.

一、相似矩阵

定义 4.7 设 $\boldsymbol{A},\boldsymbol{B}$ 为 n 阶矩阵. 如果存在 n 阶可逆矩阵 $\boldsymbol{P}$,使得
$$\boldsymbol{B}=\boldsymbol{P}^{-1}\boldsymbol{A}\boldsymbol{P},$$
那么称 $\boldsymbol{A}$ 与 $\boldsymbol{B}$ 相似,记作 $\boldsymbol{A}\backsim\boldsymbol{B}$,其中 $\boldsymbol{P}$ 称为**相似变换矩阵**.

矩阵的相似具有以下性质:

(1) **反身性**:$\boldsymbol{A}\backsim\boldsymbol{A}$.

(2) **对称性**:若 $\boldsymbol{A}\backsim\boldsymbol{B}$,则 $\boldsymbol{B}\backsim\boldsymbol{A}$.

(3) **传递性**:若 $\boldsymbol{A}\backsim\boldsymbol{B},\boldsymbol{B}\backsim\boldsymbol{C}$,则 $\boldsymbol{A}\backsim\boldsymbol{C}$.

定理 4.11 **设 $\boldsymbol{A},\boldsymbol{B}$ 均为 n 阶矩阵,k 为数,m 为正整数. 若 $\boldsymbol{A}$ 与 $\boldsymbol{B}$ 相似,则有以下结论成立:**

(1) $\boldsymbol{A}^m$ 与 $\boldsymbol{B}^m$ 相似,$k\boldsymbol{A}$ 与 $k\boldsymbol{B}$ 相似;

(2) 设 $f(x)=a_mx^m+a_{m-1}x^{m-1}+\cdots+a_1x+a_0$,则 $f(\boldsymbol{A})$ 与 $f(\boldsymbol{B})$ 相似.

证 (1) 已知 $\boldsymbol{A}\backsim\boldsymbol{B}$,即存在可逆矩阵 $\boldsymbol{P}$,使得 $\boldsymbol{P}^{-1}\boldsymbol{A}\boldsymbol{P}=\boldsymbol{B}$. 于是
$$\begin{aligned}\boldsymbol{B}^m&=(\boldsymbol{P}^{-1}\boldsymbol{A}\boldsymbol{P})^m=(\boldsymbol{P}^{-1}\boldsymbol{A}\boldsymbol{P})(\boldsymbol{P}^{-1}\boldsymbol{A}\boldsymbol{P})\cdots(\boldsymbol{P}^{-1}\boldsymbol{A}\boldsymbol{P})\\&=\boldsymbol{P}^{-1}\boldsymbol{A}(\boldsymbol{P}\boldsymbol{P}^{-1})\boldsymbol{A}(\boldsymbol{P}\boldsymbol{P}^{-1})\boldsymbol{A}\cdots(\boldsymbol{P}\boldsymbol{P}^{-1})\boldsymbol{A}\boldsymbol{P}=\boldsymbol{P}^{-1}\boldsymbol{A}^m\boldsymbol{P},\end{aligned}$$
故有 $\boldsymbol{A}^m\backsim\boldsymbol{B}^m$. 又 $k\boldsymbol{B}=k\boldsymbol{P}^{-1}\boldsymbol{A}\boldsymbol{P}=\boldsymbol{P}^{-1}(k\boldsymbol{A})\boldsymbol{P}$,故 $k\boldsymbol{A}\backsim k\boldsymbol{B}$.

(2) 由(1) 易证.

推论 4.2 若矩阵 $\boldsymbol{A}$ 与 $\boldsymbol{B}=\mathrm{diag}(\lambda_1,\lambda_2,\cdots,\lambda_n)$ 相似,即 $\boldsymbol{A}$ 与对角矩阵相似(此时称 **$\boldsymbol{A}$ 可对角化**),则有

(1) $\boldsymbol{A}^m=\boldsymbol{P}\mathrm{diag}(\lambda_1^m,\lambda_2^m,\cdots,\lambda_n^m)\boldsymbol{P}^{-1}$;

(2) $f(\boldsymbol{A})=\boldsymbol{P}\mathrm{diag}(f(\lambda_1),f(\lambda_2),\cdots,f(\lambda_n))\boldsymbol{P}^{-1}$.

定理 4.12 **若 n 阶矩阵 $\boldsymbol{A}$ 与 $\boldsymbol{B}$ 相似,则 $\boldsymbol{A}$ 与 $\boldsymbol{B}$ 具有相同的特征多项**

式、相同的秩、相同的迹和相同的行列式，即

$$|\lambda\boldsymbol{E}-\boldsymbol{A}|=|\lambda\boldsymbol{E}-\boldsymbol{B}|,\quad \mathrm{R}(\boldsymbol{A})=\mathrm{R}(\boldsymbol{B}),\quad \mathrm{tr}(\boldsymbol{A})=\mathrm{tr}(\boldsymbol{B}),\quad |\boldsymbol{A}|=|\boldsymbol{B}|.$$

证　已知 $\boldsymbol{A}\backsim\boldsymbol{B}$，则存在可逆矩阵 $\boldsymbol{P}$，使得 $\boldsymbol{P}^{-1}\boldsymbol{AP}=\boldsymbol{B}$. 于是

$$\begin{aligned}|\lambda\boldsymbol{E}-\boldsymbol{B}|&=|\boldsymbol{P}^{-1}\lambda\boldsymbol{EP}-\boldsymbol{P}^{-1}\boldsymbol{AP}|=|\boldsymbol{P}^{-1}(\lambda\boldsymbol{E}-\boldsymbol{A})\boldsymbol{P}|\\&=|\boldsymbol{P}^{-1}||\lambda\boldsymbol{E}-\boldsymbol{A}||\boldsymbol{P}|=|\lambda\boldsymbol{E}-\boldsymbol{A}|,\end{aligned}$$

故 $\boldsymbol{A}$ 与 $\boldsymbol{B}$ 有相同的特征值，且由特征值的性质可知

$$\mathrm{tr}(\boldsymbol{A})=\mathrm{tr}(\boldsymbol{B}),\quad |\boldsymbol{A}|=|\boldsymbol{B}|.$$

又由 $\boldsymbol{A}\backsim\boldsymbol{B}$ 可知，$\boldsymbol{A}$ 可经过初等变换化为 $\boldsymbol{B}$，而矩阵的初等变换不改变矩阵的秩，故 $\mathrm{R}(\boldsymbol{A})=\mathrm{R}(\boldsymbol{B})$.

值得注意的是，特征多项式相同的矩阵不一定是相似的. 例如，矩阵 $\boldsymbol{A}=\begin{pmatrix}1&0\\0&1\end{pmatrix}$ 和 $\boldsymbol{B}=\begin{pmatrix}1&1\\0&1\end{pmatrix}$ 的特征多项式都是 $(\lambda-1)^2$，而与 $\boldsymbol{A}$ 相似的矩阵只能是 $\boldsymbol{A}$ 本身.

显然，对角矩阵以对角元素为其特征值，因此若矩阵 $\boldsymbol{A}$ 与对角矩阵 $\boldsymbol{B}=\mathrm{diag}(\lambda_1,\lambda_2,\cdots,\lambda_n)$ 相似，则 $\lambda_1,\lambda_2,\cdots,\lambda_n$ 为 $\boldsymbol{A}$ 的特征值.

定理 4.13（哈密尔顿-凯莱定理）　**设 $\boldsymbol{A}$ 是一个 n 阶矩阵，$f(\lambda)=|\lambda\boldsymbol{E}-\boldsymbol{A}|$ 是 $\boldsymbol{A}$ 的特征多项式，则**

$$f(\boldsymbol{A})=\boldsymbol{A}^n-(a_{11}+a_{22}+\cdots+a_{nn})\boldsymbol{A}^{n-1}+\cdots+(-1)^n|\boldsymbol{A}|\boldsymbol{E}=\boldsymbol{O}.$$

证明从略.

推论 4.3　若矩阵 $\boldsymbol{A}$ 可逆，且 $f(\boldsymbol{A})=a_m\boldsymbol{A}^m+a_{m-1}\boldsymbol{A}^{m-1}+\cdots+a_1\boldsymbol{A}+a_0\boldsymbol{E}=\boldsymbol{O}$，则有

$$\boldsymbol{A}^{-1}=-\frac{1}{a_0}(a_m\boldsymbol{A}^{m-1}+a_{m-1}\boldsymbol{A}^{m-2}+\cdots+a_1\boldsymbol{E}).$$

二、矩阵可对角化的条件

下面讨论矩阵可对角化的条件.

定理 4.14　**n 阶矩阵 $\boldsymbol{A}$ 可对角化的充要条件是 $\boldsymbol{A}$ 有 n 个线性无关的特征向量.**

证　设 n 阶矩阵 $\boldsymbol{A}$ 的特征值分别为 $\lambda_1,\lambda_2,\cdots,\lambda_n$，对应的特征向量分别为 $\boldsymbol{\xi}_1,\boldsymbol{\xi}_2,\cdots,\boldsymbol{\xi}_n$，即有 $\boldsymbol{A\xi}_i=\lambda_i\boldsymbol{\xi}_i(i=1,2,\cdots,n)$. 若令 $\boldsymbol{P}=(\boldsymbol{\xi}_1,\boldsymbol{\xi}_2,\cdots,\boldsymbol{\xi}_n)$，则有

$$\begin{aligned}\boldsymbol{AP}&=\boldsymbol{A}(\boldsymbol{\xi}_1,\boldsymbol{\xi}_2,\cdots,\boldsymbol{\xi}_n)=(\boldsymbol{A\xi}_1,\boldsymbol{A\xi}_2,\cdots,\boldsymbol{A\xi}_n)=(\lambda_1\boldsymbol{\xi}_1,\lambda_2\boldsymbol{\xi}_2,\cdots,\lambda_n\boldsymbol{\xi}_n)\\&=(\boldsymbol{\xi}_1,\boldsymbol{\xi}_2,\cdots,\boldsymbol{\xi}_n)\begin{pmatrix}\lambda_1&&&\\&\lambda_2&&\\&&\ddots&\\&&&\lambda_n\end{pmatrix}=\boldsymbol{P}\mathrm{diag}(\lambda_1,\lambda_2,\cdots,\lambda_n).\end{aligned}$$

由于 $\boldsymbol{P}$ 可逆的充要条件是特征向量 $\boldsymbol{\xi}_1,\boldsymbol{\xi}_2,\cdots,\boldsymbol{\xi}_n$ 线性无关，故当 $\boldsymbol{P}$ 可逆时，有

$$\boldsymbol{P}^{-1}\boldsymbol{AP}=\mathrm{diag}(\lambda_1,\lambda_2,\cdots,\lambda_n),$$

即 n 阶矩阵 $\boldsymbol{A}$ 可对角化. 反之也成立.

必须注意的是，特征值 $\lambda_1,\lambda_2,\cdots,\lambda_n$ 的顺序要与特征向量 $\boldsymbol{\xi}_1,\boldsymbol{\xi}_2,\cdots,\boldsymbol{\xi}_n$ 的

排列顺序一致.

例 4.16 设矩阵 $A=\begin{pmatrix}-2&0&0\\2&x&2\\3&1&1\end{pmatrix}$ 与 $B=\begin{pmatrix}-1&0&0\\0&2&0\\0&0&y\end{pmatrix}$ 相似,求:

(1) x 与 y 的值;

(2) 可逆矩阵 P,使得 $P^{-1}AP=B$.

解 (1) 显然 $|-2E-A|=0$,即 -2 是 A 的一个特征值,则 -2 也是 B 的一个特征值,所以 $y=-2$. 又由 $\mathrm{tr}(A)=\mathrm{tr}(B)$ 可知,$x-1=y+1=-1$,所以 $x=0$.

(2) 当特征值 $\lambda_1=-1$ 时,解方程组 $(-E-A)X=\mathbf{0}$,可得基础解系 $X_1=(0,2,-1)^{\mathrm{T}}$;当特征值 $\lambda_2=2$ 时,解方程组 $(2E-A)X=\mathbf{0}$,可得基础解系 $X_2=(0,1,1)^{\mathrm{T}}$;当特征值 $\lambda_3=-2$ 时,解方程组 $(-2E-A)X=\mathbf{0}$,可得基础解系 $X_3=(1,0,-1)^{\mathrm{T}}$. 若令

$$P=(X_1,X_2,X_3)=\begin{pmatrix}0&0&1\\2&1&0\\-1&1&-1\end{pmatrix},$$

则有 $P^{-1}AP=B$.

推论 4.4 如果 n 阶矩阵 A 有 n 个不同的特征值,则 A 可对角化.

推论 4.4 的逆命题不一定成立,即矩阵 A 可对角化,但 A 并不一定有 n 个不同的特征值.

例 4.8 中的三阶矩阵 A 只有两个线性无关的特征向量,故不可对角化. 例 4.9 中的三阶矩阵 A 有三个线性无关的特征向量,故可对角化. 通过对比矩阵每个特征值的代数重复度和几何重复度,可得以下定理.

定理 4.15 **n 阶矩阵 A 可对角化的充要条件是 A 的每个特征值的代数重复度等于它的几何重复度.**

证明从略.

例 4.17 判断下列矩阵能否对角化,若能,试写出对角矩阵 Λ 及可逆矩阵 P:

(1) $A=\begin{pmatrix}1&-2\\-1&0\end{pmatrix}$; (2) $A=\begin{pmatrix}4&6&0\\-3&-5&0\\-3&-6&1\end{pmatrix}$; (3) $A=\begin{pmatrix}2&0&0\\1&1&0\\1&1&1\end{pmatrix}$.

解 (1) 令

$$f(\lambda)=|\lambda E-A|=\begin{vmatrix}\lambda-1&2\\1&\lambda\end{vmatrix}=(\lambda+1)(\lambda-2)=0,$$

解得 A 的特征值为 $\lambda_1=-1,\lambda_2=2$.

由于矩阵 A 有两个不同的特征值,故 A 能对角化. 又计算得,矩阵 A 的属于特征值 $\lambda_1=-1$ 的特征向量为 $\xi_1=\begin{pmatrix}1\\1\end{pmatrix}$;矩阵 A 的属于特征值 $\lambda_2=2$ 的特征向量为 $\xi_2=\begin{pmatrix}-2\\1\end{pmatrix}$. 于是,若令

$$P=(\xi_1,\xi_2)=\begin{pmatrix}1&-2\\1&1\end{pmatrix},\quad \Lambda=\begin{pmatrix}-1&\\&2\end{pmatrix},$$

则有 $P^{-1}AP=\Lambda$.

(2) 令

$$f(\lambda)=|\lambda E-A|=\begin{vmatrix}\lambda-4&-6&0\\3&\lambda+5&0\\3&6&\lambda-1\end{vmatrix}=(\lambda+2)(\lambda-1)^2=0,$$

解得 A 的特征值为 $\lambda_1=-2,\lambda_2=\lambda_3=1$.

又计算得,矩阵 A 的属于特征值 $\lambda_1=-2$ 的特征向量为 $\xi_1=\begin{pmatrix}-1\\1\\1\end{pmatrix}$;矩阵 A 的属于特征值 $\lambda_2=\lambda_3=1$ 的特征向量为 $\xi_2=\begin{pmatrix}-2\\1\\0\end{pmatrix},\xi_3=\begin{pmatrix}0\\0\\1\end{pmatrix}$. 因 A 有三个线性无关的特征向量,故 A 能对角化. 于是,若令

$$P=(\xi_1,\xi_2,\xi_3)=\begin{pmatrix}-1&-2&0\\1&1&0\\1&0&1\end{pmatrix},\quad \Lambda=\begin{pmatrix}-2&&\\&1&\\&&1\end{pmatrix},$$

则有 $P^{-1}AP=\Lambda$.

(3) 令

$$f(\lambda)=|\lambda E-A|=\begin{vmatrix}\lambda-2&0&0\\-1&\lambda-1&0\\-1&-1&\lambda-1\end{vmatrix}=(\lambda-2)(\lambda-1)^2=0,$$

解得 A 的特征值为 $\lambda_1=\lambda_2=1,\lambda_3=2$.

当 $\lambda_1=\lambda_2=1$ 时,由

$$E-A=\begin{pmatrix}-1&0&0\\-1&0&0\\-1&-1&0\end{pmatrix}\overset{r}{\sim}\begin{pmatrix}1&1&0\\0&1&0\\0&0&0\end{pmatrix},$$

可知 $n-\mathrm{R}(E-A)=1$,此时特征值 $\lambda_1=\lambda_2=1$ 的代数重复度大于几何重复度,故 A 不能对角化.

例 4.18　已知矩阵 $A=\begin{pmatrix}0&a&-1\\0&3&0\\-9&b&0\end{pmatrix}$ 可对角化,求 a,b 满足的条件.

解　令

$$f(\lambda)=|\lambda E-A|=\begin{vmatrix}\lambda&-a&1\\0&\lambda-3&0\\9&-b&\lambda\end{vmatrix}=(\lambda-3)^2(\lambda+3)=0,$$

解得 A 的特征值为 $\lambda_1=\lambda_2=3,\lambda_3=-3$.

当 $\lambda_1=\lambda_2=3$ 时,若 $\mathrm{R}(3E-A)=1$,则 A 可对角化. 由于

$$3\boldsymbol{E}-\boldsymbol{A}=\begin{pmatrix}3&-a&1\\0&0&0\\9&-b&3\end{pmatrix}\overset{r}{\sim}\begin{pmatrix}3&-a&1\\0&3a-b&0\\0&0&0\end{pmatrix},$$

故 $b=3a$.

三、矩阵相似对角化的应用

例 4.19 设矩阵 $\boldsymbol{A}=\begin{pmatrix}1&2&0\\0&2&0\\-2&-1&-1\end{pmatrix}$,求:(1) $\boldsymbol{A}^{100}$;(2) $\boldsymbol{A}^{-1}$.

解 (1) **方法一** 令

$$f(\lambda)=|\lambda\boldsymbol{E}-\boldsymbol{A}|=\begin{vmatrix}\lambda-1&-2&0\\0&\lambda-2&0\\2&1&\lambda+1\end{vmatrix}=(\lambda-1)(\lambda-2)(\lambda+1)=0,$$

解得 $\boldsymbol{A}$ 的特征值为 $\lambda_1=1,\lambda_2=2,\lambda_3=-1$.

当 $\lambda_1=1$ 时,解方程组 $(\boldsymbol{E}-\boldsymbol{A})\boldsymbol{X}=\boldsymbol{0}$,可得基础解系 $\boldsymbol{X}_1=(1,0,-1)^{\mathrm{T}}$;当 $\lambda_2=2$ 时,解方程组 $(2\boldsymbol{E}-\boldsymbol{A})\boldsymbol{X}=\boldsymbol{0}$,可得基础解系 $\boldsymbol{X}_2=(6,3,-5)^{\mathrm{T}}$;当 $\lambda_3=-1$ 时,解方程组 $(-\boldsymbol{E}-\boldsymbol{A})\boldsymbol{X}=\boldsymbol{0}$,可得基础解系 $\boldsymbol{X}_3=(0,0,1)^{\mathrm{T}}$.

若令

$$\boldsymbol{P}=\begin{pmatrix}1&6&0\\0&3&0\\-1&-5&1\end{pmatrix},\quad \boldsymbol{P}^{-1}=\begin{pmatrix}1&-2&0\\0&\frac{1}{3}&0\\1&-\frac{1}{3}&1\end{pmatrix},\quad \boldsymbol{\Lambda}=\begin{pmatrix}1&&\\&2&\\&&-1\end{pmatrix},$$

则有 $\boldsymbol{P}^{-1}\boldsymbol{A}\boldsymbol{P}=\boldsymbol{\Lambda}$,从而

$$\boldsymbol{A}^{100}=\boldsymbol{P}\boldsymbol{\Lambda}^{100}\boldsymbol{P}^{-1}=\begin{pmatrix}1&6&0\\0&3&0\\-1&-5&1\end{pmatrix}\begin{pmatrix}1&&\\&2^{100}&\\&&1\end{pmatrix}\begin{pmatrix}1&-2&0\\0&\frac{1}{3}&0\\1&-\frac{1}{3}&1\end{pmatrix}$$

$$=\begin{pmatrix}1&6\times2^{100}&0\\0&3\times2^{100}&0\\-1&-5\times2^{100}&1\end{pmatrix}\begin{pmatrix}1&-2&0\\0&\frac{1}{3}&0\\1&-\frac{1}{3}&1\end{pmatrix}=\begin{pmatrix}1&2(2^{100}-1)&0\\0&2^{100}&0\\0&-\frac{5}{3}(2^{100}-1)&1\end{pmatrix}.$$

方法二 令 $f(\lambda)=|\lambda\boldsymbol{E}-\boldsymbol{A}|=(\lambda-1)(\lambda-2)(\lambda+1)=0$,解得 $\boldsymbol{A}$ 的特征值为 $1,2,-1$. 设 $\lambda^{100}=q(\lambda)f(\lambda)+a\lambda^2+b\lambda+c$,将 $\lambda=1,2,-1$ 代入上式,可得方程组

$$\begin{cases}a+b+c=1,\\4a+2b+c=2^{100},\\a-b+c=1,\end{cases}$$

解得

$$\begin{cases} a = \dfrac{1}{3}(2^{100} - 1), \\ b = 0, \\ c = \dfrac{1}{3}(4 - 2^{100}). \end{cases}$$

因此,由哈密尔顿-凯莱定理可知

$$\boldsymbol{A}^{100} = q(\boldsymbol{A})f(\boldsymbol{A}) + \frac{1}{3}(2^{100} - 1)\boldsymbol{A}^2 + \frac{1}{3}(4 - 2^{100})\boldsymbol{E} = \begin{pmatrix} 1 & 2(2^{100} - 1) & 0 \\ 0 & 2^{100} & 0 \\ 0 & -\dfrac{5}{3}(2^{100} - 1) & 1 \end{pmatrix}.$$

(2) **方法一** 用初等变换法求 $\boldsymbol{A}$ 的逆矩阵,得 $\boldsymbol{A}^{-1} = \begin{pmatrix} 1 & -1 & 0 \\ 0 & \dfrac{1}{2} & 0 \\ -2 & \dfrac{3}{2} & -1 \end{pmatrix}$.

方法二 因为

$$f(\boldsymbol{A}) = (\boldsymbol{A} - \boldsymbol{E})(\boldsymbol{A} - 2\boldsymbol{E})(\boldsymbol{A} + \boldsymbol{E}) = \boldsymbol{A}^3 - 2\boldsymbol{A}^2 - \boldsymbol{A} + 2\boldsymbol{E} = \boldsymbol{O},$$

所以由推论 4.3 可得

$$\boldsymbol{A}^{-1} = -\frac{1}{2}(\boldsymbol{A}^2 - 2\boldsymbol{A} - \boldsymbol{E}) = \begin{pmatrix} 1 & -1 & 0 \\ 0 & \dfrac{1}{2} & 0 \\ -2 & \dfrac{3}{2} & -1 \end{pmatrix}.$$

例 4.20 已知矩阵 $\boldsymbol{A} = \begin{pmatrix} 0 & -1 & 1 \\ 2 & -3 & 0 \\ 0 & 0 & 0 \end{pmatrix}$.

(1) 求 $\boldsymbol{A}^{99}$;

(2) 设三阶矩阵 $\boldsymbol{B} = (\boldsymbol{\alpha}_1, \boldsymbol{\alpha}_2, \boldsymbol{\alpha}_3)$ 满足 $\boldsymbol{B}^2 = \boldsymbol{BA}$. 记 $\boldsymbol{B}^{100} = (\boldsymbol{\beta}_1, \boldsymbol{\beta}_2, \boldsymbol{\beta}_3)$,试将向量 $\boldsymbol{\beta}_1, \boldsymbol{\beta}_2, \boldsymbol{\beta}_3$ 分别表示为向量组 $\boldsymbol{\alpha}_1, \boldsymbol{\alpha}_2, \boldsymbol{\alpha}_3$ 的线性组合.

解 (1) 令

$$f(\lambda) = |\lambda\boldsymbol{E} - \boldsymbol{A}| = \begin{vmatrix} \lambda & 1 & -1 \\ -2 & \lambda + 3 & 0 \\ 0 & 0 & \lambda \end{vmatrix} = \lambda(\lambda + 1)(\lambda + 2) = 0,$$

解得 $\boldsymbol{A}$ 的特征值为 $\lambda_1 = -2, \lambda_2 = -1, \lambda_3 = 0$.

又计算得,当 $\lambda_1 = -2$ 时,矩阵 $\boldsymbol{A}$ 的属于 $\lambda_1 = -2$ 的特征向量为 $\begin{pmatrix} 1 \\ 2 \\ 0 \end{pmatrix}$;当 $\lambda_2 = -1$ 时,矩阵 $\boldsymbol{A}$ 的属于 $\lambda_2 = -1$ 的特征向量为 $\begin{pmatrix} 1 \\ 1 \\ 0 \end{pmatrix}$;当 $\lambda_3 = 0$ 时,矩阵 $\boldsymbol{A}$ 的属于 $\lambda_3 = 0$ 的特征向量为 $\begin{pmatrix} 3 \\ 2 \\ 2 \end{pmatrix}$.

若令矩阵

$$P=\begin{pmatrix}1&1&3\\2&1&2\\0&0&2\end{pmatrix},\quad P^{-1}=\begin{pmatrix}-1&1&\frac{1}{2}\\2&-1&-2\\0&0&\frac{1}{2}\end{pmatrix},\quad \Lambda=\begin{pmatrix}-2&&\\&-1&\\&&0\end{pmatrix},$$

则有 $P^{-1}AP=\Lambda$，从而

$$A^{99}=P\Lambda^{99}P^{-1}=\begin{pmatrix}-2+2^{99}&1-2^{99}&2-2^{98}\\-2+2^{100}&1-2^{100}&2-2^{99}\\0&0&0\end{pmatrix}.$$

(2) 由 $B^2=BA$，可得 $B^{100}=BA^{99}$，从而可得

$$\beta_1=(-2+2^{99})\alpha_1+(-2+2^{100})\alpha_2,$$
$$\beta_2=(1-2^{99})\alpha_1+(1-2^{100})\alpha_2,$$
$$\beta_3=(2-2^{98})\alpha_1+(2-2^{99})\alpha_2.$$

例 4.21 某试验性生产线每年一月份进行熟练工与非熟练工的人数统计，然后派 $\frac{1}{6}$ 的熟练工支援其他生产部门，其缺额由招收新的非熟练工补齐. 新、老非熟练工经过培训及实践至年终考核有 $\frac{2}{5}$ 的人成为熟练工，设第 n 年一月份统计的熟练工和非熟练工所占百分比分别为 x_n，y_n，记作 $\begin{pmatrix}x_n\\y_n\end{pmatrix}$.

(1) 求 $\begin{pmatrix}x_{n+1}\\y_{n+1}\end{pmatrix}$ 与 $\begin{pmatrix}x_n\\y_n\end{pmatrix}$ 的关系式并写成矩阵形式；

(2) 当 $\begin{pmatrix}x_1\\y_1\end{pmatrix}=\begin{pmatrix}\frac{1}{2}\\\frac{1}{2}\end{pmatrix}$ 时，求 $\begin{pmatrix}x_{n+1}\\y_{n+1}\end{pmatrix}$.

解 (1) 由题设可知

$$\begin{cases}x_{n+1}=\frac{5}{6}x_n+\frac{2}{5}\left(\frac{1}{6}x_n+y_n\right),\\y_{n+1}=\frac{3}{5}\left(\frac{1}{6}x_n+y_n\right),\end{cases}$$

即

$$\begin{cases}x_{n+1}=\frac{9}{10}x_n+\frac{2}{5}y_n,\\y_{n+1}=\frac{1}{10}x_n+\frac{3}{5}y_n,\end{cases}$$

其矩阵形式为

$$\begin{pmatrix}x_{n+1}\\y_{n+1}\end{pmatrix}=\begin{pmatrix}\frac{9}{10}&\frac{2}{5}\\\frac{1}{10}&\frac{3}{5}\end{pmatrix}\begin{pmatrix}x_n\\y_n\end{pmatrix}.$$

(2) 由(1) 可得 $\begin{pmatrix} x_{n+1} \\ y_{n+1} \end{pmatrix} = \begin{pmatrix} \frac{9}{10} & \frac{2}{5} \\ \frac{1}{10} & \frac{3}{5} \end{pmatrix}^n \begin{pmatrix} x_1 \\ y_1 \end{pmatrix}$. 设矩阵 $\boldsymbol{A} = \begin{pmatrix} \frac{9}{10} & \frac{2}{5} \\ \frac{1}{10} & \frac{3}{5} \end{pmatrix}$,由 $|\lambda \boldsymbol{E} - \boldsymbol{A}| = 0$,可得 $\boldsymbol{A}$ 的特征值为 $\lambda_1 = 1, \lambda_2 = \frac{1}{2}$,对应的特征向量分别为

$$\boldsymbol{\xi}_1 = (4,1)^{\mathrm{T}}, \quad \boldsymbol{\xi}_2 = (-1,1)^{\mathrm{T}}.$$

若令矩阵 $\boldsymbol{P} = (\boldsymbol{\xi}_1, \boldsymbol{\xi}_2) = \begin{pmatrix} 4 & -1 \\ 1 & 1 \end{pmatrix}$,则有 $\boldsymbol{P}^{-1}\boldsymbol{AP} = \begin{pmatrix} 1 & 0 \\ 0 & \frac{1}{2} \end{pmatrix} = \boldsymbol{\Lambda}$,即 $\boldsymbol{A} = \boldsymbol{P\Lambda P}^{-1}$. 于是

$$\boldsymbol{A}^n = \boldsymbol{P\Lambda}^n\boldsymbol{P}^{-1} = \frac{1}{5}\begin{pmatrix} 4 & -1 \\ 1 & 1 \end{pmatrix}\begin{pmatrix} 1 & 0 \\ 0 & \left(\frac{1}{2}\right)^n \end{pmatrix}\begin{pmatrix} 1 & 1 \\ -1 & 4 \end{pmatrix} = \frac{1}{5}\begin{pmatrix} 4+\left(\frac{1}{2}\right)^n & 4-4\left(\frac{1}{2}\right)^n \\ 1-\left(\frac{1}{2}\right)^n & 1+4\left(\frac{1}{2}\right)^n \end{pmatrix},$$

从而

$$\begin{pmatrix} x_{n+1} \\ y_{n+1} \end{pmatrix} = \begin{pmatrix} \frac{9}{10} & \frac{2}{5} \\ \frac{1}{10} & \frac{3}{5} \end{pmatrix}^n \begin{pmatrix} x_1 \\ y_1 \end{pmatrix} = \frac{1}{5}\begin{pmatrix} 4+\left(\frac{1}{2}\right)^n & 4-4\left(\frac{1}{2}\right)^n \\ 1-\left(\frac{1}{2}\right)^n & 1+4\left(\frac{1}{2}\right)^n \end{pmatrix}\begin{pmatrix} \frac{1}{2} \\ \frac{1}{2} \end{pmatrix} = \frac{1}{10}\begin{pmatrix} 8-3\left(\frac{1}{2}\right)^n \\ 2+3\left(\frac{1}{2}\right)^n \end{pmatrix}.$$

习题4.3

1. 求下列矩阵的特征值与特征向量,并判断能否对角化,若能,求出可逆矩阵 $\boldsymbol{P}$,使得 $\boldsymbol{P}^{-1}\boldsymbol{AP}$ 为对角矩阵:

(1) $\boldsymbol{A} = \begin{pmatrix} -1 & 1 & 0 \\ -4 & 3 & 0 \\ 1 & 0 & 2 \end{pmatrix}$;　(2) $\boldsymbol{A} = \begin{pmatrix} 4 & 6 & 0 \\ -3 & -5 & 0 \\ -3 & -6 & 1 \end{pmatrix}$;　(3) $\boldsymbol{A} = \begin{pmatrix} 1 & 1 & -1 \\ 1 & -1 & 2 \\ 1 & -2 & 3 \end{pmatrix}$;

(4) $\boldsymbol{A} = \begin{pmatrix} -2 & 1 & 1 \\ 0 & 2 & 0 \\ -4 & 1 & 3 \end{pmatrix}$;　(5) $\boldsymbol{A} = \begin{pmatrix} -2 & 0 & 0 \\ 3 & 1 & 1 \\ 2 & 2 & 0 \end{pmatrix}$.

2. 已知三阶矩阵 $\boldsymbol{A} = \begin{pmatrix} 3 & 2 & -2 \\ -k & -1 & k \\ 4 & 2 & -3 \end{pmatrix}$.

(1) 问:当 k 满足什么条件时,$\boldsymbol{A}$ 可对角化?

(2) 求出可逆矩阵 $\boldsymbol{P}$ 及对角矩阵 $\boldsymbol{\Lambda}$,使得 $\boldsymbol{P}^{-1}\boldsymbol{AP} = \boldsymbol{\Lambda}$.

3. 设矩阵 $\boldsymbol{A} = \begin{pmatrix} -1 & 1 & 0 \\ -2 & 2 & 0 \\ -4 & 2 & 1 \end{pmatrix}$,求 $\boldsymbol{A}^n$.

4. 设三阶矩阵 $\boldsymbol{A}$ 的特征值为 1,2,3,对应的特征向量依次为 $\boldsymbol{\xi}_1 = \begin{pmatrix} 1 \\ 1 \\ 1 \end{pmatrix}$,$\boldsymbol{\xi}_2 = \begin{pmatrix} 1 \\ 2 \\ 4 \end{pmatrix}$,$\boldsymbol{\xi}_3 =$

$\begin{pmatrix}1\\3\\9\end{pmatrix}$，向量 $\boldsymbol{\beta}=\begin{pmatrix}1\\1\\3\end{pmatrix}$.

(1) 将向量 $\boldsymbol{\beta}$ 用向量组 $\boldsymbol{\xi}_1,\boldsymbol{\xi}_2,\boldsymbol{\xi}_3$ 线性表示；

(2) 求 $\boldsymbol{A}^n\boldsymbol{\beta}$.

5. 设矩阵 $\boldsymbol{A}$ 的特征多项式为 $f(\lambda)=|\lambda\boldsymbol{E}-\boldsymbol{A}|=2-5\lambda+4\lambda^2-\lambda^3$，判断 $\boldsymbol{A}$ 是否可逆，若可逆，求 $\boldsymbol{A}^{-1}$(用 $\boldsymbol{A}$ 表示).

6. 设矩阵 $\boldsymbol{A}=\begin{pmatrix}1&-1&1\\x&4&y\\-3&-3&5\end{pmatrix}$. 若 $\boldsymbol{A}$ 有三个线性无关的特征向量，$\lambda=2$ 是 $\boldsymbol{A}$ 的特征方程的二重根，求：

(1) x,y 的值；

(2) 可逆矩阵 $\boldsymbol{P}$，使得 $\boldsymbol{P}^{-1}\boldsymbol{AP}$ 为对角矩阵.

7. 已知 $\boldsymbol{\xi}=(1,1,-1)^{\mathrm{T}}$ 是矩阵 $\boldsymbol{A}=\begin{pmatrix}2&-1&2\\5&a&3\\-1&b&-2\end{pmatrix}$ 的一个特征向量.

(1) 求参数 a,b 的值以及特征向量 $\boldsymbol{\xi}$ 所对应的特征值；

(2) 问：矩阵 $\boldsymbol{A}$ 能否对角化？并说明理由.

8. 证明：n 阶矩阵 $\boldsymbol{A}=\begin{pmatrix}1&1&\cdots&1\\1&1&\cdots&1\\\vdots&\vdots&&\vdots\\1&1&\cdots&1\end{pmatrix}$ 与 $\boldsymbol{B}=\begin{pmatrix}0&\cdots&0&1\\0&\cdots&0&2\\\vdots&&\vdots&\vdots\\0&\cdots&0&n\end{pmatrix}$ 相似.

9. 设 $\boldsymbol{A},\boldsymbol{B}$ 均为 n 阶矩阵，证明：

(1) $\mathrm{tr}(\boldsymbol{A}+\boldsymbol{B})=\mathrm{tr}(\boldsymbol{A})+\mathrm{tr}(\boldsymbol{B})$；

(2) $\mathrm{tr}(\boldsymbol{AB})=\mathrm{tr}(\boldsymbol{BA})$；

(3) $\boldsymbol{AB}-\boldsymbol{BA}\neq\boldsymbol{E}$.

第4节 实对称矩阵的相似对角化

在第3节中，我们知道并非所有的矩阵 $\boldsymbol{A}$ 均能相似于一个对角矩阵. 事实上，如果 $\boldsymbol{A}$ 为实对称矩阵，则 $\boldsymbol{A}$ 一定可以相似于对角矩阵. 本节将讨论这一问题. 下面先介绍实对称矩阵的概念，并给出两个重要的定理.

一、实对称矩阵

设 $\boldsymbol{A}$ 为 n 阶矩阵，如果 $\boldsymbol{A}$ 满足 $\boldsymbol{A}^{\mathrm{T}}=\boldsymbol{A}$，且 $\overline{\boldsymbol{A}}=\boldsymbol{A}$，其中 $\overline{\boldsymbol{A}}$ 表示 $\boldsymbol{A}$ 的共轭，

则称 $\boldsymbol{A}$ 为 n 阶**实对称矩阵**. 关于实对称矩阵有以下两个重要定理.

定理 4.16　**设 $\boldsymbol{A}$ 是实对称矩阵,则 $\boldsymbol{A}$ 的特征值都是实数.**

证　设 $\boldsymbol{A}$ 为 n 阶实对称矩阵,则 $\overline{\boldsymbol{A}}=\boldsymbol{A}$. 另设 λ 是 $\boldsymbol{A}$ 的特征值,$\boldsymbol{\xi}=(x_1,x_2,\cdots,x_n)^{\mathrm{T}}$ 是 $\boldsymbol{A}$ 的属于 λ 的特征向量,有 $(\overline{\lambda}\,\overline{\boldsymbol{\xi}})^{\mathrm{T}}=\overline{\lambda}\,\overline{\boldsymbol{\xi}}^{\mathrm{T}}$. 因为 $\overline{\boldsymbol{A}}=\boldsymbol{A}$,$\boldsymbol{A}^{\mathrm{T}}=\boldsymbol{A}$,$\boldsymbol{A}\boldsymbol{\xi}=\lambda\boldsymbol{\xi}$,所以 $\overline{\boldsymbol{A}\boldsymbol{\xi}}=\overline{\boldsymbol{A}}\,\overline{\boldsymbol{\xi}}=\boldsymbol{A}\overline{\boldsymbol{\xi}}=\overline{\lambda\boldsymbol{\xi}}=\overline{\lambda}\,\overline{\boldsymbol{\xi}}$. 于是有

$$(\boldsymbol{A}\boldsymbol{\xi},\overline{\boldsymbol{\xi}})=\overline{\boldsymbol{\xi}}^{\mathrm{T}}\boldsymbol{A}\boldsymbol{\xi}=\overline{\boldsymbol{\xi}}^{\mathrm{T}}\lambda\boldsymbol{\xi}=\lambda\overline{\boldsymbol{\xi}}^{\mathrm{T}}\boldsymbol{\xi},\tag{4.7}$$

$$(\boldsymbol{A}\boldsymbol{\xi},\overline{\boldsymbol{\xi}})=\overline{\boldsymbol{\xi}}^{\mathrm{T}}\boldsymbol{A}\boldsymbol{\xi}=\overline{\boldsymbol{\xi}}^{\mathrm{T}}\boldsymbol{A}^{\mathrm{T}}\boldsymbol{\xi}=(\boldsymbol{A}\overline{\boldsymbol{\xi}})^{\mathrm{T}}\boldsymbol{\xi}=(\overline{\lambda}\,\overline{\boldsymbol{\xi}})^{\mathrm{T}}\boldsymbol{\xi}=\overline{\lambda}\,\overline{\boldsymbol{\xi}}^{\mathrm{T}}\boldsymbol{\xi}.\tag{4.8}$$

由(4.7)式和(4.8)式可得 $(\lambda-\overline{\lambda})\overline{\boldsymbol{\xi}}^{\mathrm{T}}\boldsymbol{\xi}=0$,而 $\overline{\boldsymbol{\xi}}^{\mathrm{T}}\boldsymbol{\xi}=\sum\limits_{i=1}^{n}|x_i|^2\neq 0$,所以 $\lambda=\overline{\lambda}$,即 λ 为实数.

定理 4.17　**设 $\boldsymbol{A}$ 是实对称矩阵,则 $\boldsymbol{A}$ 的属于不同特征值的特征向量必正交.**

证　设 $\boldsymbol{\xi}_1,\boldsymbol{\xi}_2$ 分别是矩阵 $\boldsymbol{A}$ 的属于两个不同特征值 λ_1,λ_2 的特征向量,则有

$$\boldsymbol{A}\boldsymbol{\xi}_1=\lambda_1\boldsymbol{\xi}_1,\quad \boldsymbol{A}\boldsymbol{\xi}_2=\lambda_2\boldsymbol{\xi}_2.$$

又

$$(\boldsymbol{A}\boldsymbol{\xi}_1,\boldsymbol{\xi}_2)=(\lambda_1\boldsymbol{\xi}_1,\boldsymbol{\xi}_2)=\lambda_1(\boldsymbol{\xi}_1,\boldsymbol{\xi}_2),\tag{4.9}$$

$$(\boldsymbol{A}\boldsymbol{\xi}_1,\boldsymbol{\xi}_2)=(\boldsymbol{A}\boldsymbol{\xi}_1)^{\mathrm{T}}\boldsymbol{\xi}_2=\boldsymbol{\xi}_1^{\mathrm{T}}\boldsymbol{A}^{\mathrm{T}}\boldsymbol{\xi}_2=\boldsymbol{\xi}_1^{\mathrm{T}}(\boldsymbol{A}\boldsymbol{\xi}_2)=\lambda_2\boldsymbol{\xi}_1^{\mathrm{T}}\boldsymbol{\xi}_2=\lambda_2(\boldsymbol{\xi}_1,\boldsymbol{\xi}_2),\tag{4.10}$$

由(4.9)式和(4.10)式可得

$$(\lambda_1-\lambda_2)(\boldsymbol{\xi}_1,\boldsymbol{\xi}_2)=0.$$

而 $\lambda_1\neq\lambda_2$,所以 $(\boldsymbol{\xi}_1,\boldsymbol{\xi}_2)=0$,即 $\boldsymbol{\xi}_1$ 与 $\boldsymbol{\xi}_2$ 正交.

二、实对称矩阵的相似对角化

定理 4.18　**对于任意一个 n 阶实对称矩阵 $\boldsymbol{A}$,都存在一个 n 阶正交矩阵 $\boldsymbol{Q}$,使得 $\boldsymbol{Q}^{\mathrm{T}}\boldsymbol{A}\boldsymbol{Q}=\boldsymbol{Q}^{-1}\boldsymbol{A}\boldsymbol{Q}=\boldsymbol{\Lambda}$ 为对角矩阵.**

证明从略.

对于一个 n 阶实对称矩阵 $\boldsymbol{A}$,通常求正交矩阵 $\boldsymbol{Q}$ 的步骤如下:

(1) 求出 $\boldsymbol{A}$ 的全部特征值 $\lambda_1,\lambda_2,\cdots,\lambda_n$.

(2) 对于每个 $\lambda_i(i=1,2,\cdots,n)$,解方程组 $(\lambda_i\boldsymbol{E}-\boldsymbol{A})\boldsymbol{X}=\boldsymbol{0}$,求出一个基础解系. 对于 $\boldsymbol{A}$ 的全部特征值总共可以求出 n 个线性无关的特征向量 $\boldsymbol{X}_1,\boldsymbol{X}_2,\cdots,\boldsymbol{X}_n$.

(3) 根据施密特正交化方法,将 $\boldsymbol{X}_1,\boldsymbol{X}_2,\cdots,\boldsymbol{X}_n$ 正交化,然后再单位化,得到一组两两正交的单位特征向量 $\boldsymbol{\eta}_1,\boldsymbol{\eta}_2,\cdots,\boldsymbol{\eta}_n$. 令 $\boldsymbol{Q}=(\boldsymbol{\eta}_1,\boldsymbol{\eta}_2,\cdots,\boldsymbol{\eta}_n)$,则 $\boldsymbol{Q}^{\mathrm{T}}\boldsymbol{A}\boldsymbol{Q}=\boldsymbol{Q}^{-1}\boldsymbol{A}\boldsymbol{Q}=\mathrm{diag}(\lambda_1,\lambda_2,\cdots,\lambda_n)=\boldsymbol{\Lambda}$,且有

$$\boldsymbol{A}=\boldsymbol{Q}\boldsymbol{\Lambda}\boldsymbol{Q}^{\mathrm{T}}=\lambda_1\boldsymbol{\eta}_1\boldsymbol{\eta}_1^{\mathrm{T}}+\lambda_2\boldsymbol{\eta}_2\boldsymbol{\eta}_2^{\mathrm{T}}+\cdots+\lambda_n\boldsymbol{\eta}_n\boldsymbol{\eta}_n^{\mathrm{T}},$$

其中 $\boldsymbol{\Lambda}$ 中主对角线元素的排列次序与 $\boldsymbol{Q}$ 中列向量的排列次序相对应.

例 4.22 求一正交矩阵 $\boldsymbol{Q}$，使得 $\boldsymbol{Q}^{\mathrm{T}}\boldsymbol{A}\boldsymbol{Q}=\boldsymbol{Q}^{-1}\boldsymbol{A}\boldsymbol{Q}=\boldsymbol{\Lambda}$ 为对角矩阵，其中矩阵 $\boldsymbol{A}=\begin{pmatrix}1&1&0\\1&1&0\\0&0&1\end{pmatrix}$，并写出对角矩阵 $\boldsymbol{\Lambda}$.

解 令

$$f(\lambda)=|\lambda\boldsymbol{E}-\boldsymbol{A}|=\begin{vmatrix}\lambda-1&-1&0\\-1&\lambda-1&0\\0&0&\lambda-1\end{vmatrix}=\lambda(\lambda-1)(\lambda-2)=0,$$

解得 $\boldsymbol{A}$ 的特征值为 $\lambda_1=0,\lambda_2=1,\lambda_3=2$.

当 $\lambda_1=0$ 时，解方程组 $(0\boldsymbol{E}-\boldsymbol{A})\boldsymbol{X}=\boldsymbol{0}$，得基础解系 $\boldsymbol{X}_1=(1,-1,0)^{\mathrm{T}}$；当 $\lambda_2=1$ 时，解方程组 $(\boldsymbol{E}-\boldsymbol{A})\boldsymbol{X}=\boldsymbol{0}$，得基础解系 $\boldsymbol{X}_2=(0,0,1)^{\mathrm{T}}$；当 $\lambda_3=2$ 时，解方程组 $(2\boldsymbol{E}-\boldsymbol{A})\boldsymbol{X}=\boldsymbol{0}$，得基础解系 $\boldsymbol{X}_3=(1,1,0)^{\mathrm{T}}$.

由于 $\boldsymbol{A}$ 的三个特征值互不相等，故 $\boldsymbol{X}_1,\boldsymbol{X}_2,\boldsymbol{X}_3$ 为正交向量组. 再将其单位化，得

$$\boldsymbol{\eta}_1=\frac{1}{\sqrt{2}}(1,-1,0)^{\mathrm{T}},\quad \boldsymbol{\eta}_2=(0,0,1)^{\mathrm{T}},\quad \boldsymbol{\eta}_3=\frac{1}{\sqrt{2}}(1,1,0)^{\mathrm{T}},$$

于是可得

$$\boldsymbol{Q}=(\boldsymbol{\eta}_1,\boldsymbol{\eta}_2,\boldsymbol{\eta}_3)=\begin{pmatrix}\frac{1}{\sqrt{2}}&0&\frac{1}{\sqrt{2}}\\-\frac{1}{\sqrt{2}}&0&\frac{1}{\sqrt{2}}\\0&1&0\end{pmatrix},\quad 且\quad \boldsymbol{Q}^{\mathrm{T}}\boldsymbol{A}\boldsymbol{Q}=\boldsymbol{\Lambda}=\begin{pmatrix}0&&\\&1&\\&&2\end{pmatrix}.$$

例 4.23 设矩阵 $\boldsymbol{A}=\begin{pmatrix}0&1&2\\1&0&2\\2&2&3\end{pmatrix}$，求一正交矩阵 $\boldsymbol{Q}$，使得 $\boldsymbol{Q}^{\mathrm{T}}\boldsymbol{A}\boldsymbol{Q}=\boldsymbol{Q}^{-1}\boldsymbol{A}\boldsymbol{Q}=\boldsymbol{\Lambda}$ 为对角矩阵，并写出对角矩阵 $\boldsymbol{\Lambda}$.

解 令

$$f(\lambda)=|\lambda\boldsymbol{E}-\boldsymbol{A}|=\begin{vmatrix}\lambda&-1&-2\\-1&\lambda&-2\\-2&-2&\lambda-3\end{vmatrix}=(\lambda+1)^2(\lambda-5)=0,$$

解得 $\boldsymbol{A}$ 的特征值为 $\lambda_1=\lambda_2=-1,\lambda_3=5$.

当 $\lambda_1=\lambda_2=-1$ 时，解方程组 $(-\boldsymbol{E}-\boldsymbol{A})\boldsymbol{X}=\boldsymbol{0}$，得基础解系 $\boldsymbol{X}_1=\begin{pmatrix}-1\\1\\0\end{pmatrix}$，$\boldsymbol{X}_2=\begin{pmatrix}-2\\0\\1\end{pmatrix}$；当 $\lambda_3=5$ 时，解方程组 $(5\boldsymbol{E}-\boldsymbol{A})\boldsymbol{X}=\boldsymbol{0}$，得基础解系 $\boldsymbol{X}_3=\begin{pmatrix}1\\1\\2\end{pmatrix}$.

将 $\boldsymbol{X}_1,\boldsymbol{X}_2,\boldsymbol{X}_3$ 正交化，得 $\boldsymbol{\beta}_1=\boldsymbol{X}_1=\begin{pmatrix}-1\\1\\0\end{pmatrix}$，$\boldsymbol{\beta}_2=\boldsymbol{X}_2-\dfrac{\boldsymbol{X}_2^{\mathrm{T}}\boldsymbol{\beta}_1}{\boldsymbol{\beta}_1^{\mathrm{T}}\boldsymbol{\beta}_1}\boldsymbol{\beta}_1=\begin{pmatrix}-1\\-1\\1\end{pmatrix}$，由于 $\boldsymbol{X}_3$ 与 $\boldsymbol{X}_1$，

X_2 属于不同的特征值,故 α_3 分别与 α_1,α_2 正交,于是 $\beta_3 = X_3 = \begin{pmatrix}1\\1\\2\end{pmatrix}$. 再将 β_1,β_2,β_3 单位化,得

$$\eta_1 = \frac{1}{\sqrt{2}}\begin{pmatrix}-1\\1\\0\end{pmatrix},\quad \eta_2 = \frac{1}{\sqrt{3}}\begin{pmatrix}-1\\-1\\1\end{pmatrix},\quad \eta_3 = \frac{1}{\sqrt{6}}\begin{pmatrix}1\\1\\2\end{pmatrix}.$$

若令 $Q = (\eta_1,\eta_2,\eta_3) = \begin{pmatrix}-\frac{1}{\sqrt{2}} & -\frac{1}{\sqrt{3}} & \frac{1}{\sqrt{6}}\\ \frac{1}{\sqrt{2}} & -\frac{1}{\sqrt{3}} & \frac{1}{\sqrt{6}}\\ 0 & \frac{1}{\sqrt{3}} & \frac{2}{\sqrt{6}}\end{pmatrix}$,则有

$$Q^{\mathrm{T}}AQ = Q^{-1}AQ = \Lambda = \begin{pmatrix}-1 & & \\ & -1 & \\ & & 5\end{pmatrix}.$$

例 4.24　设三阶实对称矩阵 A 的特征值为 $\lambda_1 = 1,\lambda_2 = 2,\lambda_3 = 3$,属于特征值 λ_1,λ_2 的特征向量分别为 $\xi_1 = (-1,-1,1)^{\mathrm{T}},\xi_2 = (1,-2,-1)^{\mathrm{T}}$,求:

(1) A 的属于特征值 λ_3 的特征向量;

(2) 矩阵 A.

解　(1) 设 A 的属于特征值 λ_3 的特征向量为 $\xi_3 = (x_1,x_2,x_3)^{\mathrm{T}}$,由于 A 的特征值互不相等,故 ξ_1,ξ_2,ξ_3 两两正交. 于是可得

$$\begin{cases}-x_1 - x_2 + x_3 = 0,\\ x_1 - 2x_2 - x_3 = 0,\end{cases}$$

解得基础解系为 $(1,0,1)^{\mathrm{T}}$. 因此,A 的属于特征值 λ_3 的特征向量为 $\xi_3 = k(1,0,1)^{\mathrm{T}}$,其中 k 为任意非零常数.

(2) 令 $P = \begin{pmatrix}-1 & 1 & 1\\ -1 & -2 & 0\\ 1 & -1 & 1\end{pmatrix}$,则由 $P^{-1}AP = \begin{pmatrix}1 & 0 & 0\\ 0 & 2 & 0\\ 0 & 0 & 3\end{pmatrix}$,可得

$$A = P\begin{pmatrix}1 & 0 & 0\\ 0 & 2 & 0\\ 0 & 0 & 3\end{pmatrix}P^{-1} = \frac{1}{6}\begin{pmatrix}13 & -2 & 5\\ -2 & 10 & 2\\ 5 & 2 & 13\end{pmatrix}.$$

例 4.25　设矩阵 $A = \begin{pmatrix}1 & a & 1\\ a & 1 & b\\ 1 & b & 1\end{pmatrix}$ 与矩阵 $B = \begin{pmatrix}0 & & \\ & 1 & \\ & & 2\end{pmatrix}$ 相似,求:

(1) a,b 的值;

(2) 可逆矩阵 P,使得 $P^{-1}AP = B$;

(3) 正交矩阵 Q,使得 $Q^{\mathrm{T}}AQ = B$.

解　(1) 因为 A 与 B 相似,所以 A 的特征值等于 B 的特征值,即 A 的特征值为 $\lambda_1 = 0$,$\lambda_2 = 1,\lambda_3 = 2$. 又 $|A| = |B|$,$|1E - A| = 0$,即

$$\begin{cases}(b-a)^2=0,\\ ab=0,\end{cases}$$

解得 $a=b=0$.

(2) 由 $(0\boldsymbol{E}-\boldsymbol{A})\boldsymbol{X}=\boldsymbol{0}$,得基础解系 $\boldsymbol{X}_1=\begin{pmatrix}1\\0\\-1\end{pmatrix}$;由 $(1\boldsymbol{E}-\boldsymbol{A})\boldsymbol{X}=\boldsymbol{0}$,得基础解系 $\boldsymbol{X}_2=\begin{pmatrix}0\\1\\0\end{pmatrix}$;由 $(2\boldsymbol{E}-\boldsymbol{A})\boldsymbol{X}=\boldsymbol{0}$,得基础解系 $\boldsymbol{X}_3=\begin{pmatrix}1\\0\\1\end{pmatrix}$. 若令

$$\boldsymbol{P}=(\boldsymbol{X}_1,\boldsymbol{X}_2,\boldsymbol{X}_3)=\begin{pmatrix}1&0&1\\0&1&0\\-1&0&1\end{pmatrix},$$

则有 $\boldsymbol{P}^{-1}\boldsymbol{A}\boldsymbol{P}=\boldsymbol{B}=\begin{pmatrix}0&&\\&1&\\&&2\end{pmatrix}$.

(3) 由于 $\boldsymbol{A}$ 的三个特征值互不相同,且 $\boldsymbol{A}$ 为实对称矩阵,故 $\boldsymbol{X}_1,\boldsymbol{X}_2,\boldsymbol{X}_3$ 正交. 再将其单位化,得

$$\boldsymbol{\eta}_1=\frac{1}{\sqrt{2}}\begin{pmatrix}1\\0\\-1\end{pmatrix},\quad \boldsymbol{\eta}_2=\begin{pmatrix}0\\1\\0\end{pmatrix},\quad \boldsymbol{\eta}_3=\frac{1}{\sqrt{2}}\begin{pmatrix}1\\0\\1\end{pmatrix}.$$

若令

$$\boldsymbol{Q}=(\boldsymbol{\eta}_1,\boldsymbol{\eta}_2,\boldsymbol{\eta}_3)=\begin{pmatrix}\frac{1}{\sqrt{2}}&0&\frac{1}{\sqrt{2}}\\0&1&0\\-\frac{1}{\sqrt{2}}&0&\frac{1}{\sqrt{2}}\end{pmatrix},$$

则有 $\boldsymbol{Q}^{\mathrm{T}}\boldsymbol{A}\boldsymbol{Q}=\boldsymbol{B}=\begin{pmatrix}0&&\\&1&\\&&2\end{pmatrix}$.

例 4.26 若 $\boldsymbol{A}$ 是 n 阶实对称矩阵,且 $\boldsymbol{A}^2=\boldsymbol{A}$,$\mathrm{R}(\boldsymbol{A})=r$,证明:存在正交矩阵 $\boldsymbol{Q}$,使得

$$\boldsymbol{Q}^{-1}\boldsymbol{A}\boldsymbol{Q}=\begin{pmatrix}\boldsymbol{E}_r&\\&\boldsymbol{O}\end{pmatrix}.$$

证 因为 $\boldsymbol{A}$ 是 n 阶实对称矩阵,所以一定存在正交矩阵 $\boldsymbol{Q}$,使得

$$\boldsymbol{Q}^{-1}\boldsymbol{A}\boldsymbol{Q}=\mathrm{diag}(\lambda_1,\lambda_2,\cdots,\lambda_n),$$

其中 $\lambda_1,\lambda_2,\cdots,\lambda_n$ 是 $\boldsymbol{A}$ 的全部特征值. 于是 $\boldsymbol{A}=\boldsymbol{Q}\mathrm{diag}(\lambda_1,\lambda_2,\cdots,\lambda_n)\boldsymbol{Q}^{-1}$,从而

$$\boldsymbol{A}^2=\boldsymbol{Q}\mathrm{diag}(\lambda_1^2,\lambda_2^2,\cdots,\lambda_n^2)\boldsymbol{Q}^{-1}.$$

由 $\boldsymbol{A}^2=\boldsymbol{A}$,得 $\lambda_i^2=\lambda_i(i=1,2,\cdots,n)$,于是 $\lambda_i=1$ 或 $0(i=1,2,\cdots,n)$. 适当排列 λ_i 的顺序,且因 $\mathrm{R}(\boldsymbol{A})=r$,故可设 $\lambda_1=\lambda_2=\cdots=\lambda_r=1,\lambda_{r+1}=\lambda_{r+2}=\cdots=\lambda_n=0$,于是

$$\boldsymbol{Q}^{-1}\boldsymbol{A}\boldsymbol{Q}=\begin{pmatrix}\boldsymbol{E}_r&\\&\boldsymbol{O}\end{pmatrix}.$$

习题4.4

1. 求一个正交矩阵，将下列实对称矩阵化为对角矩阵：

(1) $\begin{pmatrix} 1 & 2 & 2 \\ 2 & 1 & 2 \\ 2 & 2 & 1 \end{pmatrix}$；　　(2) $\begin{pmatrix} 4 & 0 & 0 \\ 0 & 3 & 1 \\ 0 & 1 & 3 \end{pmatrix}$；

(3) $\begin{pmatrix} 2 & -2 & 0 \\ -2 & 1 & -2 \\ 0 & -2 & 0 \end{pmatrix}$；　　(4) $\begin{pmatrix} 0 & -1 & 1 \\ -1 & 0 & 1 \\ 1 & 1 & 0 \end{pmatrix}$.

2. 设 $\boldsymbol{A}$ 为三阶实对称矩阵，且 $|\boldsymbol{A}|=0$，而 $\boldsymbol{\xi}_1=(1,0,1)^{\mathrm{T}}$ 是 $\boldsymbol{A}$ 的属于特征值 $\lambda_1=-2$ 的特征向量，$\boldsymbol{\xi}_2=(1,0,k)^{\mathrm{T}}$ 是 $\boldsymbol{A}$ 的属于特征值 $\lambda_2=2$ 的特征向量，求参数 k 的值与矩阵 $\boldsymbol{A}$.

3. 设三阶实对称矩阵 $\boldsymbol{A}$ 的各行元素之和均为 3，向量 $\boldsymbol{\alpha}_1=(-1,2,-1)^{\mathrm{T}}$，$\boldsymbol{\alpha}_2=(0,-1,1)^{\mathrm{T}}$ 是线性方程组 $\boldsymbol{Ax}=\boldsymbol{0}$ 的两个解. 求：

(1) $\boldsymbol{A}$ 的特征值与特征向量；

(2) 正交矩阵 $\boldsymbol{Q}$ 和对角矩阵 $\boldsymbol{\Lambda}$，使得 $\boldsymbol{Q}^{\mathrm{T}}\boldsymbol{AQ}=\boldsymbol{\Lambda}$.

4. 设矩阵 $\boldsymbol{A}=\begin{pmatrix} 1 & -2 & 2 \\ -2 & -2 & 4 \\ 2 & 4 & -2 \end{pmatrix}$，求：

(1) $\boldsymbol{A}^k\ (k>1)$；

(2) $\boldsymbol{A}^3+3\boldsymbol{A}^2-24\boldsymbol{A}+28\boldsymbol{E}$.

5. 设矩阵 $\boldsymbol{A}=\begin{pmatrix} 0 & 1 \\ 1 & 0 \end{pmatrix}$，试将 $\boldsymbol{A}$ 写成 $\boldsymbol{A}=\lambda_1\boldsymbol{\eta}_1\boldsymbol{\eta}_1^{\mathrm{T}}+\lambda_2\boldsymbol{\eta}_2\boldsymbol{\eta}_2^{\mathrm{T}}$，其中 λ_1,λ_2 为 $\boldsymbol{A}$ 的特征值，且 $\boldsymbol{\eta}_1,\boldsymbol{\eta}_2$ 为标准正交向量组.

6. 若 $\boldsymbol{A}$ 是 n 阶实对称矩阵，且 $\boldsymbol{A}^2=\boldsymbol{E}$，证明：存在正交矩阵 $\boldsymbol{Q}$，使得

$$\boldsymbol{Q}^{-1}\boldsymbol{AQ}=\begin{pmatrix} \boldsymbol{E}_r & \\ & -\boldsymbol{E}_{n-r} \end{pmatrix}.$$

第5节　二次型及其矩阵表示

二次型就是二次齐次多项式，它起源于 18 世纪开始的对二次曲线和二次曲面分类问题的讨论. 二次型的理论与方法在多元函数求极值问题、运动稳定性问题、数理统计、网络问题、最优化问题、经济管理、力学问题等方面有着广泛的应用.

一、基本概念

定义 4.8 含有 n 个变量 $x_1,x_2,\cdots,x_n$ 的二次齐次多项式

$$f(x_1,x_2,\cdots,x_n)=a_{11}x_1^2+2a_{12}x_1x_2+\cdots+2a_{1n}x_1x_n+a_{22}x_2^2+\cdots+2a_{2n}x_2x_n+\cdots+a_{nn}x_n^2 \tag{4.11}$$

称为 n 元**二次型**. 当 a_{ij} 为实数时，f 称为**实二次型**；当 a_{ij} 为复数时，f 称为**复二次型**.

若令

$$a_{ij}=a_{ji},\quad \boldsymbol{A}=(a_{ij})_{n\times n},\quad \boldsymbol{X}=(x_1,x_2,\cdots,x_n)^{\mathrm{T}},$$

并记 $f(\boldsymbol{X})=f(x_1,x_2,\cdots,x_n)$，则二次型(4.11)可简记作

$$f(\boldsymbol{X})=\boldsymbol{X}^{\mathrm{T}}\boldsymbol{A}\boldsymbol{X}, \tag{4.12}$$

其中 $\boldsymbol{A}$ 为对称矩阵，称为**二次型 f 的矩阵**，$\boldsymbol{A}$ 的秩称为**二次型 f 的秩**. (4.12)式称为二次型(4.11)的**矩阵表示**. 二次型与对称矩阵存在一一对应关系. 两个二次型相等等价于所有同类项系数对应相等.

例 4.27 (1) 写出二次型 $f(x_1,x_2,x_3)=x_1^2+2x_1x_2-4x_1x_3+3x_2^2-2x_2x_3-7x_3^2$ 的矩阵表示；

(2) 写出二次型 $f(x_1,x_2,x_3)=(x_1,x_2,x_3)\begin{pmatrix}1&4&3\\2&2&-5\\-1&1&3\end{pmatrix}\begin{pmatrix}x_1\\x_2\\x_3\end{pmatrix}$ 的矩阵表示.

解 (1) 该二次型的矩阵表示为

$$f(x_1,x_2,x_3)=(x_1,x_2,x_3)\begin{pmatrix}1&1&-2\\1&3&-1\\-2&-1&-7\end{pmatrix}\begin{pmatrix}x_1\\x_2\\x_3\end{pmatrix}.$$

(2) 整理可得

$$f(x_1,x_2,x_3)=x_1^2+2x_2^2+3x_3^2+6x_1x_2+2x_1x_3-4x_2x_3,$$

故该二次型的矩阵表示为

$$f(x_1,x_2,x_3)=(x_1,x_2,x_3)\begin{pmatrix}1&3&1\\3&2&-2\\1&-2&3\end{pmatrix}\begin{pmatrix}x_1\\x_2\\x_3\end{pmatrix}.$$

注 若 $\boldsymbol{A}$ 不是实对称矩阵，则二次型 $f=\boldsymbol{X}^{\mathrm{T}}\boldsymbol{A}\boldsymbol{X}$ 的矩阵为 $\dfrac{\boldsymbol{A}+\boldsymbol{A}^{\mathrm{T}}}{2}$. 请读者验证例 4.27 的第(2)小题.

例 4.28 设矩阵 $\boldsymbol{A}=\begin{pmatrix}1&3&0\\3&2&1\\0&1&-1\end{pmatrix}$，求所对应的二次型以及二次型的秩.

解 $f(x_1,x_2,x_3)=(x_1,x_2,x_3)\begin{pmatrix}1&3&0\\3&2&1\\0&1&-1\end{pmatrix}\begin{pmatrix}x_1\\x_2\\x_3\end{pmatrix}=x_1^2+2x_2^2-x_3^2+6x_1x_2+2x_2x_3$. 由于 $|\boldsymbol{A}|=\begin{vmatrix}1&3&0\\3&2&1\\0&1&-1\end{vmatrix}=6\neq 0$，故 $\mathrm{R}(\boldsymbol{A})=3$，即二次型的秩也为 3.

例 4.29 设二次型 $f(x_1,x_2,x_3)=\boldsymbol{X}^{\mathrm{T}}\boldsymbol{A}\boldsymbol{X}$，其中矩阵 $\boldsymbol{A}=\begin{pmatrix}c&-1&3\\-1&c&-3\\3&-3&9c\end{pmatrix}$，$\boldsymbol{X}=(x_1,x_2,x_3)^{\mathrm{T}}$，二次型 f 的秩为 2，求 c 的值.

解 依题意可知 $\mathrm{R}(\boldsymbol{A})=2$，故 $|\boldsymbol{A}|=9(c-1)^2(c+2)=0$，解得 $c=1$ 或 -2.

当 $c=1$ 时，

$$\boldsymbol{A}=\begin{pmatrix}1&-1&3\\-1&1&-3\\3&-3&9\end{pmatrix}\overset{r}{\sim}\begin{pmatrix}1&-1&3\\0&0&0\\0&0&0\end{pmatrix},$$

可知 $\mathrm{R}(\boldsymbol{A})=1$（舍去）.

当 $c=-2$ 时，

$$\boldsymbol{A}=\begin{pmatrix}-2&-1&3\\-1&-2&-3\\3&-3&-18\end{pmatrix},$$

易知存在一个二阶子式 $\begin{vmatrix}-2&-1\\-1&-2\end{vmatrix}=3\neq 0$，故 $\mathrm{R}(\boldsymbol{A})\geqslant 2$. 又 $|\boldsymbol{A}|=0$，故 $\mathrm{R}(\boldsymbol{A})<3$，于是 $\mathrm{R}(\boldsymbol{A})=2$.

综上可得 $c=2$.

二、线性变换

定义 4.9 设 $x_1,x_2,\cdots,x_n$ 和 $y_1,y_2,\cdots,y_n$ 是两组变量，称关系式

$$\begin{cases}x_1=c_{11}y_1+c_{12}y_2+\cdots+c_{1n}y_n,\\x_2=c_{21}y_1+c_{22}y_2+\cdots+c_{2n}y_n,\\\qquad\cdots\cdots\\x_n=c_{n1}y_1+c_{n2}y_2+\cdots+c_{nn}y_n\end{cases}$$

为由 $y_1,y_2,\cdots,y_n$ 到 $x_1,x_2,\cdots,x_n$ 的一个**线性变换**，简记作

$$\boldsymbol{X}=\boldsymbol{C}\boldsymbol{Y},$$

其中 $\boldsymbol{X}=\begin{pmatrix}x_1\\x_2\\\vdots\\x_n\end{pmatrix}$，$\boldsymbol{Y}=\begin{pmatrix}y_1\\y_2\\\vdots\\y_n\end{pmatrix}$，$\boldsymbol{C}=(c_{ij})_{n\times n}$.

若 $\boldsymbol{C}$ 为可逆矩阵，则称 $\boldsymbol{X}=\boldsymbol{C}\boldsymbol{Y}$ 为**可逆（非退化）线性变换**；若 $\boldsymbol{C}$ 为正交矩阵，则称 $\boldsymbol{X}=\boldsymbol{C}\boldsymbol{Y}$ 为**正交线性变换**. 正交线性变换一定是可逆线性变换.

三、矩阵的合同

若给定二次型 $f=\boldsymbol{X}^{\mathrm{T}}\boldsymbol{A}\boldsymbol{X}$ 和可逆线性变换 $\boldsymbol{X}=\boldsymbol{C}\boldsymbol{Y}$，将 $\boldsymbol{X}=\boldsymbol{C}\boldsymbol{Y}$ 代入二次型 $f=\boldsymbol{X}^{\mathrm{T}}\boldsymbol{A}\boldsymbol{X}$，则可得新二次型

$$f(\boldsymbol{Y})=(\boldsymbol{C}\boldsymbol{Y})^{\mathrm{T}}\boldsymbol{A}(\boldsymbol{C}\boldsymbol{Y})=\boldsymbol{Y}^{\mathrm{T}}(\boldsymbol{C}^{\mathrm{T}}\boldsymbol{A}\boldsymbol{C})\boldsymbol{Y}.$$

要找到一个这样的可逆线性变换 $\boldsymbol{X}=\boldsymbol{C}\boldsymbol{Y}$，使得新二次型只含平方项，即

$$f(y_1,y_2,\cdots,y_n)=d_1y_1^2+d_2y_2^2+\cdots+d_ny_n^2,$$

此时，只需 $\boldsymbol{C}^{\mathrm{T}}\boldsymbol{A}\boldsymbol{C}=\boldsymbol{D},\boldsymbol{D}=\mathrm{diag}(d_1,d_2,\cdots,d_n)$ 即可，其中 $\boldsymbol{Y}=(y_1,y_2,\cdots,y_n)^{\mathrm{T}}$. 因此，有下述定义.

定义 4.10 设 $\boldsymbol{A},\boldsymbol{B}$ 是 n 阶矩阵. 如果存在可逆矩阵 $\boldsymbol{C}$，使得

$$\boldsymbol{C}^{\mathrm{T}}\boldsymbol{A}\boldsymbol{C}=\boldsymbol{B},$$

则称 $\boldsymbol{A}$ 与 $\boldsymbol{B}$ 是合同的.

矩阵的合同与矩阵等价、矩阵相似类似，也是一种等价关系，满足以下三个性质：

(1) **反身性**：任意矩阵 $\boldsymbol{A}$ 都与自身合同.

(2) **对称性**：如果 $\boldsymbol{B}$ 与 $\boldsymbol{A}$ 合同，那么 $\boldsymbol{A}$ 与 $\boldsymbol{B}$ 合同.

(3) **传递性**：如果 $\boldsymbol{B}$ 与 $\boldsymbol{A}$ 合同，$\boldsymbol{C}$ 与 $\boldsymbol{B}$ 合同，那么 $\boldsymbol{C}$ 与 $\boldsymbol{A}$ 合同.

矩阵的合同显然具有如下性质.

性质 4.1 若 $\boldsymbol{A}$ 与 $\boldsymbol{B}$ 合同，则 $\mathrm{R}(\boldsymbol{A})=\mathrm{R}(\boldsymbol{B})$.

性质 4.2 若 $\boldsymbol{A}$ 与 $\boldsymbol{B}$ 合同，且 $\boldsymbol{A}$ 是对称矩阵，则 $\boldsymbol{B}$ 也是对称矩阵.

根据合同的定义显然有下面的定理.

定理 4.19 **二次型经过可逆线性变换后，得到的新二次型的矩阵和原二次型的矩阵是合同的.**

习题4.5

1. 求下列二次型的矩阵表示：

(1) $f(x_1,x_2,x_3)=x_1^2+2x_2^2+2x_1x_2+4x_2x_3$；

(2) $f(x_1,x_2,x_3,x_4)=2x_1x_3-2x_2x_4$；

(3) $f(x_1,x_2,x_3)=(x_1,x_2,x_3)\begin{pmatrix}1&2&3\\0&1&2\\1&0&3\end{pmatrix}\begin{pmatrix}x_1\\x_2\\x_3\end{pmatrix}$；

(4) $f(x_1,x_2,x_3,x_4)=2x_1^2-x_2^2+3x_3^2-4x_1x_2+6x_1x_3$；

(5) $f(x_1,x_2,x_3)=(a_1x_1+a_2x_2+a_3x_3)^2$.

2. 写出下列矩阵所对应的二次型：

(1) $\boldsymbol{A}=\begin{pmatrix}1&3&1\\3&2&-2\\1&-2&3\end{pmatrix}$；　(2) $\boldsymbol{A}=\begin{pmatrix}2&2&-2\\2&3&-4\\-2&-4&5\end{pmatrix}$；

(3) $\boldsymbol{A}=\begin{pmatrix}1&2&0&0\\2&2&0&0\\0&0&0&1\\0&0&1&-3\end{pmatrix}$.

3. 求下列二次型的秩：

(1) $f(x_1,x_2,x_3)=x_1^2+x_2^2+2x_3^2+4x_1x_2-2x_1x_3$；

(2) $f(x_1,x_2,x_3,x_4)=x_1x_3-x_2x_4$.

4. 已知二次型 $f(x_1,x_2,x_3)=5x_1^2+5x_2^2+cx_3^2-2x_1x_2+6x_1x_3-6x_2x_3$ 的秩为2，求 c 的值.

5. 设 $\boldsymbol{A}$ 是一个 n 阶矩阵，证明：

(1) $\boldsymbol{A}$ 是反对称矩阵当且仅当对任一 n 维向量 $\boldsymbol{X}$，有 $\boldsymbol{X}^{\mathrm{T}}\boldsymbol{A}\boldsymbol{X}=0$；

(2) 如果 $\boldsymbol{A}$ 是对称矩阵，且对任一 n 维向量 $\boldsymbol{X}$，有 $\boldsymbol{X}^{\mathrm{T}}\boldsymbol{A}\boldsymbol{X}=0$，那么 $\boldsymbol{A}=\boldsymbol{O}$.

第6节　化二次型为标准形和规范形

若二次型 $f(x_1,x_2,\cdots,x_n)=\boldsymbol{X}^{\mathrm{T}}\boldsymbol{A}\boldsymbol{X}$ 经过可逆线性变换 $\boldsymbol{X}=\boldsymbol{C}\boldsymbol{Y}$ 化为只含平方项的二次型

$$f(y_1,y_2,\cdots,y_n)=d_1y_1^2+d_2y_2^2+\cdots+d_ny_n^2,$$

则称此二次型为**标准形**.

下面介绍化二次型为标准形的两种方法.

一、正交线性变换法

定理 4.20　**任意一个实二次型 $f(x_1,x_2,\cdots,x_n)=\boldsymbol{X}^{\mathrm{T}}\boldsymbol{A}\boldsymbol{X}$ 都可以经过正交线性变换 $\boldsymbol{X}=\boldsymbol{Q}\boldsymbol{Y}$ 化为标准形**

$$\boldsymbol{X}^{\mathrm{T}}\boldsymbol{A}\boldsymbol{X}=\boldsymbol{Y}^{\mathrm{T}}(\boldsymbol{Q}^{\mathrm{T}}\boldsymbol{A}\boldsymbol{Q})\boldsymbol{Y}=\boldsymbol{Y}^{\mathrm{T}}\boldsymbol{\Lambda}\boldsymbol{Y}=\lambda_1y_1^2+\lambda_2y_2^2+\cdots+\lambda_ny_n^2,$$

其中平方项的系数 $\lambda_1,\lambda_2,\cdots,\lambda_n$ 是矩阵 $\boldsymbol{A}$ 的 n 个特征值，$\boldsymbol{\Lambda}=\mathrm{diag}(\lambda_1,\lambda_2,\cdots,\lambda_n)$，$\boldsymbol{Q}$ 为正交矩阵.

利用第 4 节的定理 4.18 易证该定理.

例 4.30　用正交线性变换 $\boldsymbol{X}=\boldsymbol{Q}\boldsymbol{Y}$ 化二次型

$$f(x_1,x_2,x_3)=2x_1^2+2x_2^2+2x_3^2+2x_1x_2+2x_1x_3+2x_2x_3$$

为标准形，并求出正交矩阵 $\boldsymbol{Q}$.

解　易知该二次型的矩阵为 $\boldsymbol{A}=\begin{pmatrix}2&1&1\\1&2&1\\1&1&2\end{pmatrix}$. 由

$$|\lambda \boldsymbol{E}-\boldsymbol{A}|=\begin{vmatrix}\lambda-2 & -1 & -1\\ -1 & \lambda-2 & -1\\ -1 & -1 & \lambda-2\end{vmatrix}=(\lambda-1)^2(\lambda-4)=0,$$

得 $\boldsymbol{A}$ 的特征值为 $\lambda_1=\lambda_2=1,\lambda_3=4$.

当 $\lambda_1=\lambda_2=1$ 时，解方程组 $(\boldsymbol{E}-\boldsymbol{A})\boldsymbol{X}=\boldsymbol{0}$，得基础解系 $\boldsymbol{X}_1=(-1,1,0)^{\mathrm{T}},\boldsymbol{X}_2=(-1,0,1)^{\mathrm{T}}$；当 $\lambda_3=4$ 时，解方程组 $(4\boldsymbol{E}-\boldsymbol{A})\boldsymbol{X}=\boldsymbol{0}$，得基础解系 $\boldsymbol{X}_3=(1,1,1)^{\mathrm{T}}$.

由于 $\boldsymbol{X}_3$ 分别与 $\boldsymbol{X}_1,\boldsymbol{X}_2$ 已经正交，故只需将 $\boldsymbol{X}_1,\boldsymbol{X}_2$ 正交化，即

$$\boldsymbol{\eta}_1=\boldsymbol{X}_1,\quad \boldsymbol{\eta}_2=\boldsymbol{X}_2-\frac{(\boldsymbol{X}_2,\boldsymbol{\eta}_1)}{(\boldsymbol{\eta}_1,\boldsymbol{\eta}_1)}\boldsymbol{\eta}_1=\left(-\frac{1}{2},-\frac{1}{2},1\right)^{\mathrm{T}}.$$

再将它们单位化，得

$$\boldsymbol{\gamma}_1=\frac{1}{\sqrt{2}}(-1,1,0)^{\mathrm{T}},\quad \boldsymbol{\gamma}_2=\frac{1}{\sqrt{6}}(-1,-1,2)^{\mathrm{T}},\quad \boldsymbol{\gamma}_3=\frac{1}{\sqrt{3}}(1,1,1)^{\mathrm{T}}.$$

令

$$\boldsymbol{Q}=(\boldsymbol{\gamma}_1,\boldsymbol{\gamma}_2,\boldsymbol{\gamma}_3)=\frac{1}{\sqrt{6}}\begin{pmatrix}-\sqrt{3} & -1 & \sqrt{2}\\ \sqrt{3} & -1 & \sqrt{2}\\ 0 & 2 & \sqrt{2}\end{pmatrix},$$

则二次型 f 经过正交线性变换 $\boldsymbol{X}=\boldsymbol{QY}$ 可化为标准形

$$f(y_1,y_2,y_3)=y_1^2+y_2^2+4y_3^2.$$

例 4.31 已知二次型

$$f(x_1,x_2,x_3)=2x_1^2+3x_2^2+3x_3^2+2ax_2x_3\quad(a>0)$$

经过正交线性变换 $\boldsymbol{X}=\boldsymbol{QY}$ 后化为标准形 $f=y_1^2+2y_2^2+5y_3^2$，求参数 a 的值及正交矩阵 $\boldsymbol{Q}$.

解 二次型 f 的矩阵为 $\boldsymbol{A}=\begin{pmatrix}2 & 0 & 0\\ 0 & 3 & a\\ 0 & a & 3\end{pmatrix}$，其特征方程为

$$|\lambda \boldsymbol{E}-\boldsymbol{A}|=\begin{vmatrix}\lambda-2 & 0 & 0\\ 0 & \lambda-3 & -a\\ 0 & -a & \lambda-3\end{vmatrix}=(\lambda-2)(\lambda^2-6\lambda+9-a^2)=0.$$

由于 f 经过正交线性变换后化为标准形 $f=y_1^2+2y_2^2+5y_3^2$，故 $\lambda_1=1,\lambda_2=2,\lambda_3=5$ 为 $\boldsymbol{A}$ 的特征值.

将 $\lambda_1=1$ 代入特征方程中，得 $a^2-4=0$，由 $a>0$ 知 $a=2$.

当 $\lambda_1=1$ 时，解方程组 $(\boldsymbol{E}-\boldsymbol{A})\boldsymbol{X}=\boldsymbol{0}$，得基础解系 $\boldsymbol{X}_1=(0,1,-1)^{\mathrm{T}}$；当 $\lambda_2=2$ 时，解方程组 $(2\boldsymbol{E}-\boldsymbol{A})\boldsymbol{X}=\boldsymbol{0}$，得基础解系 $\boldsymbol{X}_2=(1,0,0)^{\mathrm{T}}$；当 $\lambda_3=5$ 时，解方程组 $(5\boldsymbol{E}-\boldsymbol{A})\boldsymbol{X}=\boldsymbol{0}$，得基础解系 $\boldsymbol{X}_3=(0,1,1)^{\mathrm{T}}$.

由于 $\boldsymbol{X}_1,\boldsymbol{X}_2,\boldsymbol{X}_3$ 已经相互正交，故将 $\boldsymbol{X}_1,\boldsymbol{X}_2,\boldsymbol{X}_3$ 单位化，得

$$\boldsymbol{\eta}_1=\frac{1}{\sqrt{2}}(0,1,-1)^{\mathrm{T}},\quad \boldsymbol{\eta}_2=(1,0,0)^{\mathrm{T}},\quad \boldsymbol{\eta}_3=\frac{1}{\sqrt{2}}(0,1,1)^{\mathrm{T}}.$$

因此，所求的正交矩阵为

$$Q=(\boldsymbol{\eta}_1,\boldsymbol{\eta}_2,\boldsymbol{\eta}_3)=\begin{pmatrix}0&1&0\\ \frac{1}{\sqrt{2}}&0&\frac{1}{\sqrt{2}}\\ -\frac{1}{\sqrt{2}}&0&\frac{1}{\sqrt{2}}\end{pmatrix}.$$

***例 4.32** 已知二次型

$$f(x_1,x_2,x_3)=5x_1^2+5x_2^2+cx_3^2-2x_1x_2+6x_1x_3-6x_2x_3$$

的秩为 2.

(1) 求参数 c 的值和此二次型的矩阵的特征值;

(2) 指出方程 $f(x_1,x_2,x_3)=1$ 表示何种二次曲面.

解 (1) 二次型 f 的矩阵为

$$\mathbf{A}=\begin{pmatrix}5&-1&3\\-1&5&-3\\3&-3&c\end{pmatrix}.$$

由于 $\mathrm{R}(\mathbf{A})=2$,故

$$\begin{vmatrix}5&-1&3\\-1&5&-3\\3&-3&c\end{vmatrix}=0,$$

解得 $c=3$. 于是 $\mathbf{A}$ 的特征方程为

$$|\lambda\mathbf{E}-\mathbf{A}|=\begin{vmatrix}\lambda-5&1&-3\\1&\lambda-5&3\\-3&3&\lambda-3\end{vmatrix}=\lambda(\lambda-4)(\lambda-9)=0,$$

解得 $\mathbf{A}$ 的特征值为 $\lambda_1=0,\lambda_2=4,\lambda_3=9$.

(2) 因为 f 经过正交线性变换后可化成标准形,故方程 $f(x_1,x_2,x_3)=1$ 通过正交线性变换可化为

$$f(y_1,y_2,y_3)=0y_1^2+4y_2^2+9y_3^2=1.$$

由解析几何知识可知,曲面 $4y_2^2+9y_3^2=1$ 为椭圆柱面,而正交线性变换保持几何形状不变,故方程 $f(x_1,x_2,x_3)=1$ 表示椭圆柱面.

***例 4.33** 利用正交线性变换判断二次曲面 $z=xy$ 的类型.

解 做正交线性变换 $\begin{pmatrix}x\\y\end{pmatrix}=\begin{pmatrix}\cos\theta&-\sin\theta\\ \sin\theta&\cos\theta\end{pmatrix}\begin{pmatrix}x'\\y'\end{pmatrix}$,代入二次曲面的方程可得

$$\begin{aligned}z'&=\cos\theta\sin\theta(x'^2-y'^2)+(\cos^2\theta-\sin^2\theta)x'y'\\&=\frac{1}{2}\sin 2\theta(x'^2-y'^2)+\cos 2\theta x'y'.\end{aligned}$$

为消去交叉项,不妨令 $\theta=\frac{\pi}{4}$,做正交线性变换(旋转变换)

$$\begin{cases}x=\frac{1}{\sqrt{2}}(x'-y'),\\ y=\frac{1}{\sqrt{2}}(x'+y'),\\ z=z',\end{cases}$$

则二次曲面的方程可变为 $z' = \frac{x'^2}{2} - \frac{y'^2}{2}$,该二次曲面为双曲抛物面(马鞍面).

用正交线性变换化二次曲面方程为标准方程,具有保持几何形状不变的优点,并且特征值的符号决定了二次曲面的类型.

二、配方法

定理 4.21 **任意一个实二次型都可经过可逆线性变换化为标准形.**

定理 4.21 的证明从略.配方法包括存在平方项和不存在平方项两种基本形式的线性变换,下面通过具体例题介绍这种方法.

例 4.34 化二次型

$$f(x_1,x_2,x_3) = x_1^2 + 2x_2^2 + 5x_3^2 + 2x_1x_2 + 2x_1x_3 + 6x_2x_3$$

为标准形,并求所用的可逆线性变换矩阵.

解 $f = [x_1^2 + 2x_1x_2 + 2x_1x_3 + (x_2+x_3)^2] - (x_2+x_3)^2 + 2x_2^2 + 5x_3^2 + 6x_2x_3$

$$= (x_1+x_2+x_3)^2 + x_2^2 + 4x_2x_3 + 4x_3^2$$

$$= (x_1+x_2+x_3)^2 + (x_2+2x_3)^2.$$

令

$$\begin{cases} y_1 = x_1 + x_2 + x_3, \\ y_2 = x_2 + 2x_3, \\ y_3 = x_3, \end{cases} \qquad \boldsymbol{Y} = \begin{pmatrix} 1 & 1 & 1 \\ 0 & 1 & 2 \\ 0 & 0 & 1 \end{pmatrix}\boldsymbol{X},$$

解得

$$\begin{cases} x_1 = y_1 - y_2 + y_3, \\ x_2 = y_2 - 2y_3, \\ x_3 = y_3, \end{cases}$$

即

$$\boldsymbol{X} = \begin{pmatrix} 1 & -1 & 1 \\ 0 & 1 & -2 \\ 0 & 0 & 1 \end{pmatrix}\boldsymbol{Y}.$$

做可逆线性变换 $\boldsymbol{X} = \boldsymbol{CY}$,则二次型可化为标准形 $f = y_1^2 + y_2^2$,所用的可逆线性变换矩阵为

$$\boldsymbol{C} = \begin{pmatrix} 1 & -1 & 1 \\ 0 & 1 & -2 \\ 0 & 0 & 1 \end{pmatrix}.$$

例 4.35 化二次型

$$f(x_1,x_2,x_3) = 2x_1x_2 + 2x_1x_3 - 6x_2x_3$$

为标准形,并求所用的可逆线性变换矩阵.

解 因二次型中仅含交叉项,故令

$$\begin{cases} x_1 = y_1 + y_2, \\ x_2 = y_1 - y_2, \\ x_3 = y_3, \end{cases}$$

代入可得

$$f=2y_1^2-2y_2^2-4y_1y_3+8y_2y_3.$$

配方得

$$f=2(y_1-y_3)^2-2(y_2-2y_3)^2+6y_3^2.$$

再令

$$\begin{cases}z_1=y_1-y_3,\\z_2=y_2-2y_3,\\z_3=y_3,\end{cases}\quad \text{即}\quad \begin{cases}y_1=z_1+z_3,\\y_2=z_2+2z_3,\\y_3=z_3,\end{cases}$$

可得标准形 $f=2z_1^2-2z_2^2+6z_3^2$,所用的可逆线性变换矩阵为

$$\boldsymbol{C}=\begin{pmatrix}1&1&0\\1&-1&0\\0&0&1\end{pmatrix}\begin{pmatrix}1&0&1\\0&1&2\\0&0&1\end{pmatrix}=\begin{pmatrix}1&1&3\\1&-1&-1\\0&0&1\end{pmatrix}.$$

经过可逆线性变换后,二次型的矩阵变成了一个与之合同的矩阵,变换前后二次型的矩阵的秩是不变的. 标准形的矩阵是对角矩阵,而对角矩阵的秩就等于它主对角线上不为 0 的元素的个数. 因此,在一个二次型的标准形中,系数不为 0 的平方项的个数是唯一确定的,与所做的可逆线性变换无关. 但是标准形中的系数就不是唯一确定的,且与所做的可逆线性变换有关.

下面只就复数域与实数域的情形来进一步讨论唯一性的问题.

三、实二次型的规范形

定理 4.22(西尔维斯特惯性定理) **在实数范围内,二次型 $f(\boldsymbol{X})=\boldsymbol{X}^{\mathrm{T}}\boldsymbol{A}\boldsymbol{X}$ 经过可逆线性变换可化为**

$$f=z_1^2+z_2^2+\cdots+z_p^2-z_{p+1}^2-\cdots-z_r^2, \tag{4.13}$$

其中 $r=\mathrm{R}(\boldsymbol{A})$. (4.13) 式称为实二次型 f 的规范形,且规范形是唯一的.

证明从略.

事实上,设 $f(x_1,x_2,\cdots,x_n)$ 是一个实二次型,经过某个可逆线性变换,再适当排列变量的次序,可化 $f(x_1,x_2,\cdots,x_n)$ 为标准形

$$d_1y_1^2+d_2y_2^2+\cdots+d_py_p^2-d_{p+1}y_{p+1}^2-\cdots-d_ry_r^2, \tag{4.14}$$

其中 $d_i>0(i=1,2,\cdots,r)$, r 是 $f(x_1,x_2,\cdots,x_n)$ 的矩阵的秩. 因为在实数域中,正实数总可以开平方,所以再做可逆线性变换

$$\begin{cases}y_1=\dfrac{1}{\sqrt{d_1}}z_1,\\[2mm] y_2=\dfrac{1}{\sqrt{d_2}}z_2,\\ \quad\cdots\cdots\\ y_r=\dfrac{1}{\sqrt{d_r}}z_r,\\[2mm] y_{r+1}=z_{r+1},\\ \quad\cdots\cdots\\ y_n=z_n,\end{cases}$$

于是(4.14)式就变成 $z_1^2+z_2^2+\cdots+z_p^2-z_{p+1}^2-\cdots-z_r^2$.

显然,二次型的规范形完全由 r,p 这两个数所决定.由此有下述定义.

定义 4.11 称 p 为二次型的**正惯性指数**,$q=r-p$ 为二次型的**负惯性指数**,$p-(r-p)=2p-r$ 为二次型的**符号差**.

推论 4.5 任一实对称矩阵 $\boldsymbol{A}$ 都与对角矩阵

$$\begin{pmatrix} \boldsymbol{E}_p & & \\ & -\boldsymbol{E}_{r-p} & \\ & & \boldsymbol{O} \end{pmatrix}$$

合同,其中 $\mathrm{R}(\boldsymbol{A})=r$,$p$ 为 $\boldsymbol{A}$ 所对应的二次型的正惯性指数.

推论 4.6 两个 n 阶实对称矩阵合同的充要条件是它们的秩和所对应的二次型的正惯性指数相等.

例 4.36 将二次型

$$f(x_1,x_2,x_3)=x_1^2+2x_2^2+2x_1x_2-2x_1x_3+2x_2x_3$$

化为规范形,并求它的秩、正惯性指数及符号差.

解
$$\begin{aligned} f(x_1,x_2,x_3) &= x_1^2+2x_1(x_2-x_3)+2x_2^2+2x_2x_3 \\ &= (x_1+x_2-x_3)^2-(x_2-x_3)^2+2x_2^2+2x_2x_3 \\ &= (x_1+x_2-x_3)^2+x_2^2+4x_2x_3-x_3^2 \\ &= (x_1+x_2-x_3)^2+(x_2+2x_3)^2-5x_3^2 \\ &= y_1^2+y_2^2-5y_3^2, \end{aligned}$$

其中 $y_1=x_1+x_2-x_3$,$y_2=x_2+2x_3$,$y_3=x_3$.

再令 $z_1=y_1$,$z_2=y_2$,$z_3=\sqrt{5}y_3$,可化 f 为规范形

$$f=z_1^2+z_2^2-z_3^2,$$

易知它的秩为 3,正惯性指数为 2,符号差为 1.

四、复二次型的规范形

定理 4.23 **在复数范围内,二次型 $f(\boldsymbol{X})=\boldsymbol{X}^{\mathrm{T}}\boldsymbol{A}\boldsymbol{X}$ 经过可逆线性变换可化为**

$$f=z_1^2+z_2^2+\cdots+z_r^2, \tag{4.15}$$

其中 $r=\mathrm{R}(\boldsymbol{A})$.(4.15)式称为复二次型 f 的规范形,且规范形是唯一的.

证明从略.

事实上,设 $f(x_1,x_2,\cdots,x_n)$ 是一个复二次型,经过某个可逆线性变换后,可化 $f(x_1,x_2,\cdots,x_n)$ 为标准形

$$d_1y_1^2+d_2y_2^2+\cdots+d_ry_r^2, \tag{4.16}$$

其中 $d_i\neq 0(i=1,2,\cdots,r)$,$r$ 是 $f(x_1,x_2,\cdots,x_n)$ 的矩阵的秩.因为复数总可以开平方,所以再做可逆线性变换

$$\begin{cases} y_1 = \dfrac{1}{\sqrt{d_1}} z_1, \\ y_2 = \dfrac{1}{\sqrt{d_2}} z_2, \\ \quad \cdots\cdots \\ y_r = \dfrac{1}{\sqrt{d_r}} z_r, \\ y_{r+1} = z_{r+1}, \\ \quad \cdots\cdots \\ y_n = z_n, \end{cases}$$

于是(4.16)式就变成 $z_1^2 + z_2^2 + \cdots + z_r^2$.

推论 4.7　任一复对称矩阵 $\boldsymbol{A}$ 都与对角矩阵

$$\begin{pmatrix} \boldsymbol{E}_r & \\ & \boldsymbol{O} \end{pmatrix}$$

合同,其中 $\mathrm{R}(\boldsymbol{A}) = r$.

推论 4.8　两个 n 阶复对称矩阵合同的充要条件是它们的秩相等.

例 4.37　求二次型

$$f(x_1, x_2, x_3) = (x_1 + x_2)^2 + (x_2 - x_3)^2 + (x_1 + x_3)^2$$

的正、负惯性指数.

解

$$\begin{aligned} f(x_1, x_2, x_3) &= (x_1 + x_2)^2 + (x_2 - x_3)^2 + (x_1 + x_3)^2 \\ &= 2x_1^2 + 2x_2^2 + 2x_3^2 + 2x_1x_2 + 2x_1x_3 - 2x_2x_3 \\ &= 2\left(x_1 + \frac{1}{2}x_2 + \frac{1}{2}x_3\right)^2 + \frac{3}{2}(x_2 - x_3)^2 \\ &= 2y_1^2 + \frac{3}{2}y_2^2, \end{aligned}$$

其中 $y_1 = x_1 + \frac{1}{2}x_2 + \frac{1}{2}x_3, y_2 = x_2 - x_3$,所以正惯性指数为 2,负惯性指数为 0.

例 4.38　已知矩阵 $\boldsymbol{A} = \begin{pmatrix} 1 & 1 & 1 \\ 1 & 1 & 1 \\ 1 & 1 & 1 \end{pmatrix}, \boldsymbol{B} = \begin{pmatrix} 1 & 0 & 0 \\ 0 & 0 & 0 \\ 0 & 0 & 0 \end{pmatrix}, \boldsymbol{C} = \begin{pmatrix} 3 & 0 & 0 \\ 0 & 0 & 0 \\ 0 & 0 & 0 \end{pmatrix}$,判定矩阵 $\boldsymbol{A},\boldsymbol{B},\boldsymbol{C}$ 在实数域内是否合同.

解　由题意得,$\boldsymbol{A},\boldsymbol{B},\boldsymbol{C}$ 均为实对称矩阵,又 $\boldsymbol{A}$ 的特征值为 3,0,0,$\boldsymbol{B}$ 的特征值为 1,0,0,$\boldsymbol{C}$ 的特征值为 3,0,0. 在实数域内,由于 $\boldsymbol{A},\boldsymbol{B},\boldsymbol{C}$ 的正惯性指数和秩均为 1,因此 $\boldsymbol{A},\boldsymbol{B},\boldsymbol{C}$ 合同.

习题4.6

1. 用配方法化下列二次型为标准形,并求出所用的可逆线性变换矩阵:

(1) $f(x, y, z) = x^2 + 2y^2 + 5z^2 + 2xy + 6yz + 2xz$;

(2) $f(x_1, x_2, x_3) = x_1^2 + 4x_1x_2 + 4x_1x_3 + 4x_2x_3$.

2. 用正交线性变换法化下列二次型为标准形，并求出所用的正交线性变换矩阵：

(1) $f(x_1,x_2,x_3)=4x_1^2+4x_2^2+4x_3^2+4x_1x_2+4x_1x_3+4x_2x_3$；

(2) $f(x_1,x_2,x_3)=5x_1^2-3x_2^2+3x_3^2+8x_2x_3$；

(3) $f(x_1,x_2,x_3)=-2x_1x_2+2x_1x_3+2x_2x_3$；

(4) $f(x_1,x_2,x_3)=x_1^2+4x_2^2+6x_3^2+4x_1x_2+4x_1x_3+8x_2x_3$.

3. 已知二次曲面方程 $x^2+ay^2+z^2+2bxy+2xz+2yz=4$ 可经过正交线性变换

$$\begin{pmatrix}x\\y\\z\end{pmatrix}=\boldsymbol{Q}\begin{pmatrix}x'\\y'\\z'\end{pmatrix}$$

化为柱面方程 $y'^2+4z'^2=4$，求 a,b 的值及正交矩阵 $\boldsymbol{Q}$.

4. 已知二次型 $f(x_1,x_2,x_3)=4x_1^2+4x_2^2+ax_3^2-2x_1x_2-2x_2x_3-2bx_1x_3\,(b>0)$ 经过正交线性变换化为标准形 $f(y_1,y_2,y_3)=2y_1^2+5y_2^2+5y_3^2$，求 a,b 的值及所用的正交线性变换矩阵.

5. 设有二次型 $f(x_1,x_2,x_3)=2x_1x_2-2x_1x_3+2x_2x_3$.

(1) 求一个正交线性变换 $\boldsymbol{X}=\boldsymbol{QY}$，将该二次型化为标准形；

(2) 设 $\boldsymbol{A}$ 为该二次型的矩阵，求 $\boldsymbol{A}^5$.

6. 已知二次型 $f(x_1,x_2,x_3)=x_1^2+2x_2x_3$.

(1) 求一个正交线性变换 $\boldsymbol{X}=\boldsymbol{QY}$，将该二次型化为标准形；

(2) 指出方程 $f(x_1,x_2,x_3)=1$ 在空间直角坐标系中表示何种二次曲面.

7. 设二次型 $f(x_1,x_2,x_3)=2(a_1x_1+a_2x_2+a_3x_3)^2+(b_1x_1+b_2x_2+b_3x_3)^2$，并记

$$\boldsymbol{\alpha}=(a_1,a_2,a_3)^{\mathrm{T}},\quad \boldsymbol{\beta}=(b_1,b_2,b_3)^{\mathrm{T}}.$$

(1) 证明：二次型 f 的矩阵为 $\boldsymbol{A}=2\boldsymbol{\alpha\alpha}^{\mathrm{T}}+\boldsymbol{\beta\beta}^{\mathrm{T}}$；

(2) 若 $\boldsymbol{\alpha},\boldsymbol{\beta}$ 正交且均为单位向量，证明：二次型 f 在正交线性变换下的标准形为 $2y_1^2+y_2^2$.

8. 求下列二次型的规范形，并指出秩和正惯性指数：

(1) $-4x_1x_2+2x_1x_3+2x_2x_3$；

(2) $x_1^2+2x_1x_2+2x_2^2+4x_2x_3+4x_3^2$；

(3) $x_1^2-3x_2^2-2x_1x_2+2x_1x_3-6x_2x_3$.

9. 设 $\boldsymbol{A}\in\mathbf{R}^{n\times n}$ 为幂等矩阵，即 $\boldsymbol{A}$ 满足 $\boldsymbol{A}^2=\boldsymbol{A}$. 若 $\boldsymbol{A}^{\mathrm{T}}=\boldsymbol{A}$，$\mathrm{R}(\boldsymbol{A})=r$，求 $\boldsymbol{A}$ 所对应二次型的正惯性指数.

10. 证明：一个实二次型可以分解成两个实系数的一次齐次多项式的乘积的充要条件是它的秩等于 2 且符号差等于 0，或秩等于 1.

第7节 正定二次型与正定矩阵

正定二次型与正定矩阵在多元函数极值点的判定、最优化、系统稳定性

等方面有着广泛的应用. 本节首先给出正定二次型及其他类型二次型的定义,并介绍正定二次型的判定方法与正定矩阵的性质.

一、基本概念

定义 4.12 设有实二次型 $f(x_1,x_2,\cdots,x_n)=\boldsymbol{X}^{\mathrm{T}}\boldsymbol{A}\boldsymbol{X}$. 若对任意一组不全为 0 的实数 $c_1,c_2,\cdots,c_n$,都有

(1) $f(c_1,c_2,\cdots,c_n)>0$,则称 $f(x_1,x_2,\cdots,x_n)$ 是**正定的**,并称 $\boldsymbol{A}$ 为**正定矩阵**;

(2) $f(c_1,c_2,\cdots,c_n)<0$,则称 $f(x_1,x_2,\cdots,x_n)$ 是**负定的**,并称 $\boldsymbol{A}$ 为**负定矩阵**.

类似地有半正定、半负定、不定二次型等概念.

定义 4.13 设有实二次型 $f(x_1,x_2,\cdots,x_n)=\boldsymbol{X}^{\mathrm{T}}\boldsymbol{A}\boldsymbol{X}$. 若对任意一组不全为 0 的实数 $c_1,c_2,\cdots,c_n$,都有

(1) $f(c_1,c_2,\cdots,c_n)\geqslant 0$,则称 $f(x_1,x_2,\cdots,x_n)$ 是**半正定的**,并称 $\boldsymbol{A}$ 为**半正定矩阵**;

(2) $f(c_1,c_2,\cdots,c_n)\leqslant 0$,则称 $f(x_1,x_2,\cdots,x_n)$ 是**半负定的**,并称 $\boldsymbol{A}$ 为**半负定矩阵**.

如果存在某组实数 $c_1,c_2,\cdots,c_n$,使得 $f(c_1,c_2,\cdots,c_n)>0$,又存在某组实数 $c_1',c_2',\cdots,c_n'$,使得 $f(c_1',c_2',\cdots,c_n')<0$,则称 $f(x_1,x_2,\cdots,x_n)$ 为**不定二次型**.

二、正定二次型的判定

定理 4.24 **实二次型**

$$f(x_1,x_2,\cdots,x_n)=d_1x_1^2+d_2x_2^2+\cdots+d_nx_n^2$$

是正定的当且仅当 $d_i>0(i=1,2,\cdots,n)$.

例如,$f(x_1,x_2,\cdots,x_n)=x_1^2+x_2^2+\cdots+x_n^2$ 是正定的,而 $f(x_1,x_2,x_3)=2x_1^2+3x_3^2$ 不是正定的.

定理 4.25 **可逆线性变换不改变二次型的正定性.**

证 设 $f(x_1,x_2,\cdots,x_n)=\boldsymbol{X}^{\mathrm{T}}\boldsymbol{A}\boldsymbol{X}$ 是正定的,经过可逆线性变换 $\boldsymbol{X}=\boldsymbol{P}\boldsymbol{Y}$ 后,二次型 f 化为

$$f(x_1,x_2,\cdots,x_n)=(\boldsymbol{P}\boldsymbol{Y})^{\mathrm{T}}\boldsymbol{A}(\boldsymbol{P}\boldsymbol{Y})=\boldsymbol{Y}^{\mathrm{T}}(\boldsymbol{P}^{\mathrm{T}}\boldsymbol{A}\boldsymbol{P})\boldsymbol{Y}=g(y_1,y_2,\cdots,y_n).$$

对于任意给定的 $\boldsymbol{X}=(c_1,c_2,\cdots,c_n)^{\mathrm{T}}\neq\boldsymbol{0}$,有 $\boldsymbol{Y}=\boldsymbol{P}^{-1}\boldsymbol{X}\neq\boldsymbol{0}$,进而可得

$$g(y_1,y_2,\cdots,y_n)=\boldsymbol{Y}^{\mathrm{T}}(\boldsymbol{P}^{\mathrm{T}}\boldsymbol{A}\boldsymbol{P})\boldsymbol{Y}=\boldsymbol{X}^{\mathrm{T}}(\boldsymbol{P}^{-1})^{\mathrm{T}}\boldsymbol{P}^{\mathrm{T}}\boldsymbol{A}\boldsymbol{P}\boldsymbol{P}^{-1}\boldsymbol{X}=\boldsymbol{X}^{\mathrm{T}}\boldsymbol{A}\boldsymbol{X}>0,$$

即二次型 $g(y_1,y_2,\cdots,y_n)$ 也是正定的.

定理 4.26 **设 n 阶实对称矩阵 $\boldsymbol{A}$ 是正定矩阵,则下列命题等价:**

(1) n 元实二次型 $f(x_1,x_2,\cdots,x_n)=\boldsymbol{X}^{\mathrm{T}}\boldsymbol{A}\boldsymbol{X}$ 是正定的;

(2) 矩阵 $\boldsymbol{A}$ 的特征值 $\lambda_1,\lambda_2,\cdots,\lambda_n$ 全大于 0;

(3) $\boldsymbol{A}$ 与单位矩阵 $\boldsymbol{E}$ 合同;

(4) 存在可逆矩阵 $\boldsymbol{P}$,使得 $\boldsymbol{A}=\boldsymbol{P}^{\mathrm{T}}\boldsymbol{P}$.

证 先证(1)⇒(2). 因为 $f(x_1,x_2,\cdots,x_n)=\boldsymbol{X}^{\mathrm{T}}\boldsymbol{A}\boldsymbol{X}$ 的矩阵 $\boldsymbol{A}$ 为实对称矩阵,所以存在正交矩阵 $\boldsymbol{Q}$,使得二次型 $f(\boldsymbol{X})=\boldsymbol{X}^{\mathrm{T}}\boldsymbol{A}\boldsymbol{X}$ 经过正交线性变换 $\boldsymbol{X}=\boldsymbol{Q}\boldsymbol{Y}$ 化为

$$f(\boldsymbol{Y})=\boldsymbol{Y}^{\mathrm{T}}(\boldsymbol{Q}^{\mathrm{T}}\boldsymbol{A}\boldsymbol{Q})\boldsymbol{Y}=\boldsymbol{Y}^{\mathrm{T}}\begin{pmatrix}\lambda_1 & & & \\ & \lambda_2 & & \\ & & \ddots & \\ & & & \lambda_n\end{pmatrix}\boldsymbol{Y}$$

$$=\lambda_1 y_1^2+\lambda_2 y_2^2+\cdots+\lambda_n y_n^2,$$

其中 $\lambda_1,\lambda_2\cdots,\lambda_n$ 为矩阵 $\boldsymbol{A}$ 的 n 个特征值.

已知二次型 $f(\boldsymbol{X})$ 正定,由定理 4.25 可知,$f(\boldsymbol{Y})$ 也正定. 于是,对于任意给定的 $\boldsymbol{Y}\neq\boldsymbol{0}$,必有

$$\lambda_1 y_1^2+\lambda_2 y_2^2+\cdots+\lambda_n y_n^2>0,$$

从而 $\lambda_1,\lambda_2,\cdots,\lambda_n$ 全大于 0.

其次证(2)⇒(3). 二次型 $f(\boldsymbol{X})=\boldsymbol{X}^{\mathrm{T}}\boldsymbol{A}\boldsymbol{X}$ 经过正交线性变换 $\boldsymbol{X}=\boldsymbol{Q}\boldsymbol{Y}$ 后,化为

$$f(\boldsymbol{Y})=\boldsymbol{Y}^{\mathrm{T}}\begin{pmatrix}\lambda_1 & & & \\ & \lambda_2 & & \\ & & \ddots & \\ & & & \lambda_n\end{pmatrix}\boldsymbol{Y}=\boldsymbol{Y}^{\mathrm{T}}\boldsymbol{B}\boldsymbol{Y},$$

其中 $\boldsymbol{B}=\boldsymbol{Q}^{\mathrm{T}}\boldsymbol{A}\boldsymbol{Q}$. 又因 $\boldsymbol{A}$ 的所有特征值 $\lambda_1,\lambda_2,\cdots,\lambda_n$ 全大于 0,故可做可逆线性变换 $\boldsymbol{Y}=\boldsymbol{P}\boldsymbol{Z}$,其中

$$\boldsymbol{P}=\begin{pmatrix}\frac{1}{\sqrt{\lambda_1}} & & & \\ & \frac{1}{\sqrt{\lambda_2}} & & \\ & & \ddots & \\ & & & \frac{1}{\sqrt{\lambda_n}}\end{pmatrix},$$

将二次型 $f(\boldsymbol{Y})$ 化为

$$f(\boldsymbol{Z})=(\boldsymbol{P}\boldsymbol{Z})^{\mathrm{T}}\boldsymbol{B}\boldsymbol{P}\boldsymbol{Z}=\boldsymbol{Z}^{\mathrm{T}}(\boldsymbol{P}^{\mathrm{T}}\boldsymbol{B}\boldsymbol{P})\boldsymbol{Z}=\boldsymbol{Z}^{\mathrm{T}}\begin{pmatrix}1 & & & \\ & 1 & & \\ & & \ddots & \\ & & & 1\end{pmatrix}\boldsymbol{Z},$$

即

$$\boldsymbol{P}^{\mathrm{T}}\boldsymbol{B}\boldsymbol{P}=\boldsymbol{P}^{\mathrm{T}}(\boldsymbol{Q}^{\mathrm{T}}\boldsymbol{A}\boldsymbol{Q})\boldsymbol{P}=(\boldsymbol{Q}\boldsymbol{P})^{\mathrm{T}}\boldsymbol{A}(\boldsymbol{Q}\boldsymbol{P})=\boldsymbol{E}.$$

由于 $\boldsymbol{Q}$ 为正交矩阵,且 $\boldsymbol{P}$ 显然可逆,故 $\boldsymbol{Q}\boldsymbol{P}$ 是可逆矩阵,从而 $\boldsymbol{A}$ 与 $\boldsymbol{E}$ 合同.

再证(3)⇒(4). 已知 $\boldsymbol{A}$ 与 $\boldsymbol{E}$ 合同,故存在可逆矩阵 $\boldsymbol{Q}$,使得 $\boldsymbol{Q}^{\mathrm{T}}\boldsymbol{A}\boldsymbol{Q}=\boldsymbol{E}$,从而

$$\boldsymbol{A}=(\boldsymbol{Q}^{\mathrm{T}})^{-1}\boldsymbol{E}\boldsymbol{Q}^{-1}=(\boldsymbol{Q}^{-1})^{\mathrm{T}}\boldsymbol{Q}^{-1}.$$

记 $\boldsymbol{P}=\boldsymbol{Q}^{-1}$,则 $\boldsymbol{P}$ 可逆,且有 $\boldsymbol{A}=\boldsymbol{P}^{\mathrm{T}}\boldsymbol{P}$.

最后证(4)⇒(1). 已知存在可逆矩阵 $\boldsymbol{P}$,使得 $\boldsymbol{A}=\boldsymbol{P}^{\mathrm{T}}\boldsymbol{P}$,于是对于任意给定的非零向量 $\boldsymbol{X}$,有

$$\boldsymbol{X}^{\mathrm{T}}\boldsymbol{A}\boldsymbol{X}=\boldsymbol{X}^{\mathrm{T}}\boldsymbol{P}^{\mathrm{T}}\boldsymbol{P}\boldsymbol{X}=(\boldsymbol{P}\boldsymbol{X})^{\mathrm{T}}(\boldsymbol{P}\boldsymbol{X}).$$

因为 $\boldsymbol{P}$ 是可逆的,故 $\boldsymbol{PX}\neq\boldsymbol{0}$,从而有 $(\boldsymbol{PX})^{\mathrm{T}}(\boldsymbol{PX})>0$. 这就是说,对于任意给定的非零向量 $\boldsymbol{X}$,有 $\boldsymbol{X}^{\mathrm{T}}\boldsymbol{AX}>0$,即二次型 f 正定.

定义 4.14 设 $\boldsymbol{A}=\begin{pmatrix} a_{11} & a_{12} & \cdots & a_{1n} \\ a_{21} & a_{22} & \cdots & a_{2n} \\ \vdots & \vdots & & \vdots \\ a_{n1} & a_{n2} & \cdots & a_{nn} \end{pmatrix}$ 为 n 阶矩阵,称

$$|\boldsymbol{A}_k|=\begin{vmatrix} a_{11} & a_{12} & \cdots & a_{1k} \\ a_{21} & a_{22} & \cdots & a_{2k} \\ \vdots & \vdots & & \vdots \\ a_{k1} & a_{k2} & \cdots & a_{kk} \end{vmatrix}$$

为 $\boldsymbol{A}$ 的 $k(k=1,2,\cdots,n)$ **阶顺序主子式**.

定理 4.27 **n 元实二次型 $f(x_1,x_2,\cdots,x_n)=\boldsymbol{X}^{\mathrm{T}}\boldsymbol{AX}$ 正定的充要条件是 $\boldsymbol{A}$ 的 n 个顺序主子式都大于 0.**

推论 4.9 实二次型 $f(x_1,x_2,\cdots,x_n)=\boldsymbol{X}^{\mathrm{T}}\boldsymbol{AX}$ 负定的充要条件是 $\boldsymbol{A}$ 的奇数阶顺序主子式为负数,偶数阶顺序主子式为正数.

从几何的角度来看,若 $f(x_1,x_2,\cdots,x_n)$ 为 n 元正定二次型,则

$$f(x_1,x_2,\cdots,x_n)=c\quad(c>0)$$

表示 $\mathbf{R}^n$ 中的一族椭球面. 当 $n=2$ 时,$f(x_1,x_2)=c$ 表示 $\mathbf{R}^2$ 中的以原点为中心的一族椭圆,这族椭圆随着 $c\to 0$ 而收缩于原点;当 $n=3$ 时,$f(x_1,x_2,x_3)=c$ 表示 $\mathbf{R}^3$ 中的以原点为中心的一族椭球面. 而如果 $f(x_1,x_2,\cdots,x_n)$ 为 n 元负定二次型,则

$$f(x_1,x_2,\cdots,x_n)=c\quad(c>0)$$

表示 $\mathbf{R}^n$ 中的一族虚椭球面.

二次型在多元函数极值点的判定方面有着重要的应用,请读者参阅总习题 4 第四大题的第 15 小题.

例 4.39 判定下列二次型的正定性:

(1) $f(x_1,x_2,x_3)=5x_1^2+x_2^2+5x_3^2+4x_1x_2-8x_1x_3-4x_2x_3$;

(2) $f(x_1,x_2,x_3)=-5x_1^2-6x_2^2-4x_3^2+4x_1x_2+4x_1x_3$.

解 (1) f 的矩阵为 $\boldsymbol{A}=\begin{pmatrix} 5 & 2 & -4 \\ 2 & 1 & -2 \\ -4 & -2 & 5 \end{pmatrix}$,$\boldsymbol{A}$ 的三个顺序主子式为

$$|\boldsymbol{A}_1|=5>0,\quad |\boldsymbol{A}_2|=\begin{vmatrix} 5 & 2 \\ 2 & 1 \end{vmatrix}=1>0,\quad |\boldsymbol{A}_3|=|\boldsymbol{A}|=1>0,$$

故 $\boldsymbol{A}$ 为正定矩阵,f 为正定二次型.

(2) f 的矩阵为 $\boldsymbol{B}=\begin{pmatrix}-5&2&2\\2&-6&0\\2&0&-4\end{pmatrix}$，$\boldsymbol{B}$ 的三个顺序主子式为

$$|\boldsymbol{B}_1|=-5<0,\quad |\boldsymbol{B}_2|=\begin{vmatrix}-5&2\\2&-6\end{vmatrix}=26>0,\quad |\boldsymbol{B}_3|=|\boldsymbol{B}|=-80<0,$$

故 $\boldsymbol{B}$ 为负定矩阵，f 为负定二次型.

例 4.40 当 t 取何值时，二次型

$$f(x_1,x_2,x_3)=x_1^2+x_2^2+5x_3^2+2tx_1x_2-2x_1x_3-4x_2x_3$$

是正定二次型?

解 f 的矩阵为 $\boldsymbol{A}=\begin{pmatrix}1&t&-1\\t&1&-2\\-1&-2&5\end{pmatrix}$，它的三个顺序主子式为

$$|\boldsymbol{A}_1|=1,\quad |\boldsymbol{A}_2|=\begin{vmatrix}1&t\\t&1\end{vmatrix}=1-t^2,\quad |\boldsymbol{A}_3|=\begin{vmatrix}1&t&-1\\t&1&-2\\-1&-2&5\end{vmatrix}=-5t^2+4t.$$

当 $|\boldsymbol{A}_1|,|\boldsymbol{A}_2|,|\boldsymbol{A}_3|$ 都大于 0 时，f 是正定二次型，即有

$$\begin{cases}1>0,\\1-t^2>0,\\-5t^2+4t>0,\end{cases}$$

解得 $0<t<\dfrac{4}{5}$.

三、正定矩阵的性质

性质 4.3 若 $\boldsymbol{A}=(a_{ij})_{n\times n}$ 为正定矩阵，则 $|\boldsymbol{A}|>0$，从而 $\boldsymbol{A}$ 可逆，且 $\boldsymbol{A}$ 的主对角线上的元素 $a_{ii}>0(i=1,2,\cdots,n)$.

性质 4.4 若 $\boldsymbol{A}$ 为正定矩阵，则 $\boldsymbol{A}^{-1}$，$\boldsymbol{A}^*$，$k\boldsymbol{A}$(k 为正整数)，$\boldsymbol{A}^{\mathrm{T}}$ 均为正定矩阵.

性质 4.5 若 $\boldsymbol{A}$，$\boldsymbol{B}$ 为正定矩阵，则 $\boldsymbol{A}+\boldsymbol{B}$ 也为正定矩阵.

例 4.41 证明：n 阶矩阵 $\boldsymbol{A}$ 为可逆矩阵的充要条件是 $\boldsymbol{A}^{\mathrm{T}}\boldsymbol{A}$ 为正定矩阵.

证 必要性 由于 $(\boldsymbol{A}^{\mathrm{T}}\boldsymbol{A})^{\mathrm{T}}=\boldsymbol{A}^{\mathrm{T}}\boldsymbol{A}$，故 $\boldsymbol{A}^{\mathrm{T}}\boldsymbol{A}$ 为对称矩阵. 对于任意给定的 $\boldsymbol{X}\neq\boldsymbol{0}$，$\boldsymbol{A}$ 为可逆矩阵，则有 $\boldsymbol{AX}\neq\boldsymbol{0}$. 于是 $\boldsymbol{X}^{\mathrm{T}}\boldsymbol{A}^{\mathrm{T}}\boldsymbol{AX}=(\boldsymbol{AX})^{\mathrm{T}}\boldsymbol{AX}>0$，故 $\boldsymbol{A}^{\mathrm{T}}\boldsymbol{A}$ 为正定矩阵.

充分性 若 $\boldsymbol{A}^{\mathrm{T}}\boldsymbol{A}$ 为正定矩阵，则有 $|\boldsymbol{A}^{\mathrm{T}}\boldsymbol{A}|=|\boldsymbol{A}|^2>0$，即 $|\boldsymbol{A}|\neq 0$，故 $\boldsymbol{A}$ 为可逆矩阵.

***例 4.42** 设 $\boldsymbol{A}$ 为 n 阶实对称矩阵，证明：$\boldsymbol{A}$ 为正定矩阵的充要条件是存在 n 阶正定矩阵 $\boldsymbol{B}$，使得

$$\boldsymbol{A}=\boldsymbol{B}^2.$$

证 必要性 设 $\boldsymbol{A}$ 为正定矩阵，则存在正交矩阵 $\boldsymbol{Q}$，使得

$$Q^{-1}AQ = \begin{pmatrix} \lambda_1 & & & \\ & \lambda_2 & & \\ & & \ddots & \\ & & & \lambda_n \end{pmatrix} = \boldsymbol{\Lambda},$$

其中 $\lambda_1,\lambda_2,\cdots,\lambda_n$ 为 $\boldsymbol{A}$ 的特征值且全大于 0. 若取

$$\boldsymbol{\Lambda}_0 = \begin{pmatrix} \sqrt{\lambda_1} & & & \\ & \sqrt{\lambda_2} & & \\ & & \ddots & \\ & & & \sqrt{\lambda_n} \end{pmatrix},$$

则有

$$\boldsymbol{A} = \boldsymbol{Q\Lambda Q}^{-1} = \boldsymbol{Q\Lambda}_0^2\boldsymbol{Q}^{-1} = \boldsymbol{Q\Lambda}_0\boldsymbol{Q}^{-1}\boldsymbol{Q\Lambda}_0\boldsymbol{Q}^{-1} = \boldsymbol{B}^2,$$

其中 $\boldsymbol{B} = \boldsymbol{Q\Lambda}_0\boldsymbol{Q}^{-1} = \boldsymbol{Q\Lambda}_0\boldsymbol{Q}^{\mathrm{T}}$ 是正定矩阵.

充分性 因为 $\boldsymbol{B}$ 是正定矩阵，而 $\boldsymbol{B}$ 和本身可交换，故利用例 4.43 的结论可知，$\boldsymbol{A} = \boldsymbol{B}^2$ 也是正定矩阵.

例 4.43 设 $\boldsymbol{A},\boldsymbol{B}$ 均为 n 阶正定矩阵，证明：$\boldsymbol{AB}$ 为正定矩阵的充要条件是 $\boldsymbol{AB} = \boldsymbol{BA}$.

证 必要性 因为 $\boldsymbol{AB}$ 为正定矩阵，故 $\boldsymbol{AB} = (\boldsymbol{AB})^{\mathrm{T}} = \boldsymbol{B}^{\mathrm{T}}\boldsymbol{A}^{\mathrm{T}} = \boldsymbol{BA}$.

充分性 由于 $\boldsymbol{AB} = \boldsymbol{BA}$，故 $(\boldsymbol{AB})^{\mathrm{T}} = (\boldsymbol{BA})^{\mathrm{T}} = \boldsymbol{A}^{\mathrm{T}}\boldsymbol{B}^{\mathrm{T}} = \boldsymbol{AB}$，即 $\boldsymbol{AB}$ 为对称矩阵. 因为 $\boldsymbol{A}$ 为 n 阶正定矩阵，所以根据例 4.42 的结论，可令 $\boldsymbol{A} = \boldsymbol{C}^2$，其中 $\boldsymbol{C}$ 为 n 阶正定矩阵. 于是

$$\boldsymbol{C}^{-1}\boldsymbol{ABC} = \boldsymbol{C}^{-1}\boldsymbol{C}^2\boldsymbol{BC} = \boldsymbol{CBC} = \boldsymbol{C}^{\mathrm{T}}\boldsymbol{BC},$$

从而 $\boldsymbol{AB}$ 与 $\boldsymbol{C}^{\mathrm{T}}\boldsymbol{BC}$ 相似，因此具有相同的特征值. 又因为 $\boldsymbol{B}$ 为 n 阶正定矩阵，所以 $\boldsymbol{C}^{\mathrm{T}}\boldsymbol{BC}$ 为 n 阶正定矩阵，其特征值全为正数，从而 $\boldsymbol{AB}$ 的所有特征值全为正数，即 $\boldsymbol{AB}$ 为正定矩阵.

习题4.7

1. 判定下列实对称矩阵的正定性：

(1) $\begin{pmatrix} 1 & -1 & 2 \\ -1 & 3 & 0 \\ 2 & 0 & 9 \end{pmatrix}$；　(2) $\begin{pmatrix} 2 & 1 & -1 \\ 1 & 2 & -1 \\ -1 & -1 & 1 \end{pmatrix}$；

(3) $\begin{pmatrix} -2 & 1 & 0 \\ 1 & -6 & 1 \\ 0 & 1 & -4 \end{pmatrix}$；　(4) $\begin{pmatrix} 2 & -1 & 0 & 0 \\ -1 & 2 & -1 & 0 \\ 0 & -1 & 2 & -1 \\ 0 & 0 & -1 & 2 \end{pmatrix}$；

(5) $\begin{pmatrix} 2 & 1 & & & & \\ 1 & 2 & 1 & & & \\ & 1 & 2 & \ddots & & \\ & & \ddots & \ddots & \ddots & \\ & & & \ddots & 2 & 1 \\ & & & & 1 & 2 \end{pmatrix}$.

2. 当 t 满足什么条件时，下列二次型是正定的？

(1) $f = x_1^2 + 4x_2^2 + 4x_3^2 + 2tx_1x_2 - 2x_1x_3 + 4x_2x_3$；

(2) $f = x_1^2 + 4x_2^2 + 2x_3^2 + 2tx_1x_2 + 2x_1x_3$；

(3) $f = x^2 + 2y^2 + 3z^2 + 2xy - 2xz + 2tyz$.

3. (1) 问：当 λ 取何值时，二次型 $\lambda(x_1^2 + x_2^2 + x_3^2) - (x_1 + x_2 + x_3)^2$ 是正定的？

(2) 证明：当 $\lambda = 3$ 时，上述二次型是半正定的.

4. 设 $\boldsymbol{A}$ 是 m 阶正定矩阵，$\boldsymbol{B}$ 是 n 阶正定矩阵，证明：$\begin{pmatrix} \boldsymbol{A} & \boldsymbol{O} \\ \boldsymbol{O} & \boldsymbol{B} \end{pmatrix}$ 是正定矩阵.

5. 设 $\boldsymbol{A}$，$\boldsymbol{B}$ 均为 n 阶对称矩阵，且 $\boldsymbol{A}$ 为正定矩阵，$\boldsymbol{B}$ 为半正定矩阵，证明：$\boldsymbol{A}+\boldsymbol{B}$ 是正定矩阵.

6. 设 $\boldsymbol{A}$ 是 m 阶正定矩阵，$\boldsymbol{B}$ 是 $m \times n$ 实矩阵，证明：$\boldsymbol{B}^{\mathrm{T}}\boldsymbol{A}\boldsymbol{B}$ 是正定矩阵的充要条件是 $\mathrm{R}(\boldsymbol{B}) = n$.

7. 设 $\boldsymbol{A}$ 是实对称矩阵，证明：当实数 t 充分大时，$t\boldsymbol{E} + \boldsymbol{A}$ 是正定矩阵.

8. 设 $\boldsymbol{A}$ 为 n 阶实对称矩阵，证明：$\boldsymbol{A}$ 为正定矩阵的充要条件是存在 n 阶正定矩阵 $\boldsymbol{B}$ 和正整数 k，使得 $\boldsymbol{A} = \boldsymbol{B}^k$.

第8节 Matlab综合实验

一、特征值与特征向量

矩阵的特征值与特征向量在矩阵相似对角化和求解线性方程组等问题中有着广泛的应用. 在 Matlab 中可以用下述命令直接求得矩阵的特征值与特征向量：

```
f = Poly(A)           % 求 A 的特征多项式
lambda = roots(f)     % 求特征多项式 f 的全部根
[V,U] = eig(A)        % 求 A 的全部特征值,构成对角矩阵 U,并求 A 的特征向量构
                        成 V 的列向量
```

例 4.44 求矩阵 $\boldsymbol{A} = \begin{pmatrix} -1 & 1 & 0 \\ -4 & 3 & 0 \\ 1 & 0 & 2 \end{pmatrix}$ 的特征值与特征向量.

解 在 Matlab 的命令行窗口输入：

```
A = [-1 1 0;-4 3 0;1 0 2];
[V,U] = eig(A)
```

运行程序后输出：

```
V =
        0    0.4082    0.4082
        0    0.8165    0.8165
```

```
    1.0000   -0.4082   -0.4082
U =
    2     0     0
    0     1     0
    0     0     1
```

例 4.45 将矩阵 $\boldsymbol{A}=\begin{pmatrix}5&0&0\\0&3&1\\0&1&3\end{pmatrix}$ 对角化.

解 在 Matlab 的命令行窗口输入：

```
A=[5 0 0;0 3 1;0 1 3];
[V,U]=eig(A);
B=inv(V)*A*V
```

运行程序后输出：

```
B=
    2.0000         0         0
         0    4.0000         0
         0         0    5.0000
```

例 4.46 将二次型

$$f(x_1,x_2,x_3)=x_1^2+2x_2^2+5x_3^2+2x_1x_2+6x_1x_3+2x_2x_3$$

化为标准形.

解 在 Matlab 的命令行窗口输入：

```
A=[1 1 3;1 2 1;3 1 5];
[V,U]=eig(A)
```

运行程序后输出：

```
V=
     0.8835   -0.0253    0.4677
    -0.1667   -0.9501    0.2636
    -0.4377    0.3108    0.8437
U=
    -0.6749         0         0
          0    1.6994         0
          0         0    6.9754
```

即得标准形为 $f=-0.6749y_1^2+1.6994y_2^2+6.9754y_3^2$，其中

$$\boldsymbol{Y}=\begin{pmatrix}y_1\\y_2\\y_3\end{pmatrix}=\boldsymbol{V}^{-1}\boldsymbol{X}=\boldsymbol{V}^{\mathrm{T}}\boldsymbol{X}=\begin{pmatrix}0.8835&-0.1667&-0.4377\\-0.0253&-0.9501&0.3108\\0.4677&0.2636&0.8437\end{pmatrix}\begin{pmatrix}x_1\\x_2\\x_3\end{pmatrix}.$$

二、综合实验

例 4.47 求解非齐次线性方程组

$$\begin{cases}2x_1+x_2-x_3+x_4=1,\\4x_1+2x_2-2x_3+x_4=2,\\2x_1+x_2-x_3-x_4=1.\end{cases}$$

解 在 Matlab 的命令行窗口输入：

```
A=[2 1-1 1;4 2-2 1;2 1-1-1];
b=[1 2 1]';
B=[A b];
n=4;
RA=rank(A),
RB=rank(B);
if(RA==RB&RA==n)
X=A\b
else if(RA==RB&RA<n)
C=A\b                   %Ax=b的特解
D=null(A,'r')           %对应齐次线性方程组Ax=0的解空间的基础解系
else
fprintf('方程组无解')
end
end
```

运行程序后输出：

```
Warning:Rank deficient,rank=2,tol=4.3512e-015.
C=
   0.5000
        0
        0
   0.0000
D=
  -0.5000    0.5000
   1.0000         0
        0    1.0000
        0         0
```

故原方程组的通解为

$$\boldsymbol{X}=c_1\begin{pmatrix}-0.5\\1\\0\\0\end{pmatrix}+c_2\begin{pmatrix}0.5\\0\\1\\0\end{pmatrix}+\begin{pmatrix}0.5\\0\\0\\0\end{pmatrix},$$

其中 c_1,c_2 为任意常数.

例 4.48 利用顺序主子式判定二次型 $f(x_1,x_2,\cdots,x_7)=\sum_{i=1}^{7}x_i^2+\sum_{i=1}^{6}x_ix_{i+1}$ 的正定性.

解 在 Matlab 的命令行窗口输入：

```
v=[0.5,0.5,0.5,0.5,0.5,0.5];
diag(v,1);
diag(v,-1);
```

```
eye(7);
A=diag(v,1)+eye(7)+diag(v,-1);                 %生成二次型的矩阵
for i=1:7
B=A(1:i,1:i);
fprintf('第%d阶顺序主子式的值为',i)
det(B)
if(det(B)<0)
fprintf('二次型非正定')
break;
end
fprintf('二次型正定')
end
```

运行程序后输出:

```
第1阶顺序主子式的值为
ans =
     1
二次型正定第2阶顺序主子式的值为
ans =
     0.7500
二次型正定第3阶顺序主子式的值为
ans =
     0.5000
二次型正定第4阶顺序主子式的值为
ans =
     0.3125
二次型正定第5阶顺序主子式的值为
ans =
     0.1875
二次型正定第6阶顺序主子式的值为
ans =
     0.1094
二次型正定第7阶顺序主子式的值为
ans =
     0.0625
二次型正定
```

例 4.49 假设某城市的总人口是固定的，人口分布情况跟居民在市区和郊区之间的迁移有关.假设每年有7%的市区居民搬到郊区，而有3%的郊区居民搬到市区.若开始时有40%的居民住在市区，60%的居民住在郊区，问10年、20年和30年后的市区和郊区的居民人口比例分别是多少?

解 令人口变量 $\boldsymbol{x}_k=\begin{pmatrix}x_{ck}\\x_{jk}\end{pmatrix}$，其中 x_{ck} 为第 k 年后市区人口比例，x_{jk} 为第 k 年后郊区人口比例.在初始时间 $k=0$ 时，$\boldsymbol{x}_0=\begin{pmatrix}x_{c0}\\x_{j0}\end{pmatrix}=\begin{pmatrix}0.4\\0.6\end{pmatrix}$.一年后，市区人口比例为

$$x_{c1}=(1-0.07)x_{c0}+0.03x_{j0},$$

郊区人口比例为

$$x_{j1}=0.07x_{c0}+(1-0.03)x_{j0},$$

用矩阵表示为

$$\boldsymbol{x}_1=\begin{pmatrix}x_{c1}\\x_{j1}\end{pmatrix}=\begin{pmatrix}0.93&0.03\\0.07&0.97\end{pmatrix}\begin{pmatrix}0.4\\0.6\end{pmatrix}=\boldsymbol{A}\boldsymbol{x}_0=\begin{pmatrix}0.39\\0.61\end{pmatrix}.$$

从初始时间到第 k 年，$\boldsymbol{A}$ 不变，故

$$\boldsymbol{x}_k=\boldsymbol{A}\boldsymbol{x}_{k-1}=\boldsymbol{A}^2\boldsymbol{x}_{k-2}=\cdots=\boldsymbol{A}^k\boldsymbol{x}_0.$$

在 Matlab 的命令行窗口输入：

```
A=[0.93 0.03;0.07 0.97];
x0=[0.4;0.6];
x10=A^10*x0,x20=A^20*x0,x30=A^30*x0
```

运行程序后输出：

```
x10=
     0.3349
     0.6651
x20=
     0.3122
     0.6878
x30=
     0.3042
     0.6958
```

值得注意的是，当时间 k 无限增加时，市区和郊区人口比例趋于一组常数 $\begin{pmatrix}0.3\\0.7\end{pmatrix}$. 事实上，我们将 $\boldsymbol{A}$ 对角化，得 $\boldsymbol{A}=\boldsymbol{P\Lambda P}^{-1}$，其中 $\boldsymbol{\Lambda}$ 为对角矩阵. 又 $\boldsymbol{A}^k=\boldsymbol{P\Lambda}^k\boldsymbol{P}^{-1}$，于是有 $\boldsymbol{x}_k=\boldsymbol{A}^k\boldsymbol{x}_0=\boldsymbol{P\Lambda}^k\boldsymbol{P}^{-1}\boldsymbol{x}_0$. 而对角矩阵的幂可以化为矩阵元素的幂，即

$$\boldsymbol{\Lambda}^k=\begin{pmatrix}\lambda_1&\\&\lambda_2\end{pmatrix}^k=\begin{pmatrix}\lambda_1^k&\\&\lambda_2^k\end{pmatrix},$$

其中 λ_1,λ_2 为 $\boldsymbol{A}$ 的特征值. 在 Matlab 的命令行窗口输入：

```
[P,U]=eig(A)
```

运行程序后输出：

```
P=
   -0.7071    -0.3939
    0.7071    -0.9191
U=
    0.9000          0
         0     1.0000
```

于是

$$\begin{aligned}\boldsymbol{x}_k&=\boldsymbol{A}^k\boldsymbol{x}_0=\boldsymbol{P\Lambda}^k\boldsymbol{P}^{-1}\boldsymbol{x}_0\\&=\begin{pmatrix}-0.7071&-0.3939\\0.7071&-0.9191\end{pmatrix}\begin{pmatrix}0.9^k&0\\0&1^k\end{pmatrix}\begin{pmatrix}-0.7071&-0.3939\\0.7071&-0.9191\end{pmatrix}^{-1}\begin{pmatrix}0.4\\0.6\end{pmatrix},\end{aligned}$$

显然有

$$\lim_{k\to\infty}\boldsymbol{x}_k=\begin{pmatrix}-0.7071 & -0.3939\\ 0.7071 & -0.9191\end{pmatrix}\begin{pmatrix}0 & 0\\ 0 & 1\end{pmatrix}\begin{pmatrix}-0.9900 & -0.4243\\ -0.7616 & -0.7616\end{pmatrix}\begin{pmatrix}0.4\\ 0.6\end{pmatrix}=\begin{pmatrix}0.3\\ 0.7\end{pmatrix}.$$

习题4.8

1. 求矩阵 $\boldsymbol{A}=\begin{pmatrix}-2 & 1 & 1\\ 2 & 1 & 2\\ -1 & 2 & 1\end{pmatrix}$ 的特征值与特征向量.

2. 将矩阵 $\boldsymbol{A}=\begin{pmatrix}5 & 1 & 4\\ 1 & 8 & 1\\ 4 & 1 & 3\end{pmatrix}$ 对角化.

3. 判定二次型 $f(x_1,x_2,x_3)=2x_1^2+4x_2^2+5x_3^2-4x_1x_2$ 的正定性.

4. 设矩阵 $\boldsymbol{A}=\begin{pmatrix}4 & 0 & 0\\ 0 & 3 & 1\\ 0 & 1 & 3\end{pmatrix}$，求一个正交矩阵 $\boldsymbol{P}$，使得 $\boldsymbol{P}^{-1}\boldsymbol{AP}=\boldsymbol{\Lambda}$ 为对角矩阵.

5. 利用 help 帮助命令查询 null(A)，并利用它求解齐次线性方程组

$$\begin{cases}x_1+x_2-x_3=0,\\ 2x_1-x_2+4x_3=0,\\ x_1+4x_2-7x_3=0.\end{cases}$$

6. 利用 help 帮助命令查询 orth(A)，并利用它将向量组 $\boldsymbol{\alpha}_1=(1,-1,3,10)^{\mathrm{T}}$，$\boldsymbol{\alpha}_2=(-20,4,9,-11)^{\mathrm{T}}$，$\boldsymbol{\alpha}_3=(8,1,56,14)^{\mathrm{T}}$，$\boldsymbol{\alpha}_4=(-8,12,0,15)^{\mathrm{T}}$ 标准正交化.

7. 设矩阵 $\boldsymbol{A}=\begin{pmatrix}1 & 0 & 1\\ -1 & 2 & 1\\ 0 & 3 & -1\end{pmatrix}$，试利用 Matlab 将其表示为一系列初等矩阵的乘积.

8. 某金融机构为保证现金充分支付，设立一笔总额为 5 400 万元的支付基金，分开放置在位于 A 市和 B 市的两家公司，基金在平时可以使用，但每周末结算时必须确保总支付基金仍然为 5 400 万元. 经过相当长的一段时间的现金流动，发现每过一周，各公司的支付基金在流通过程中多数还留在自己的公司内，而 A 市公司有 10% 的支付基金流动到 B 市公司，B 市公司有 12% 的支付基金流动到 A 市公司. 若起初 A 市公司的支付基金为 2 600 万元，B 市公司的支付基金为 2 800 万元，则按此规律，两公司支付基金变换趋势如何？如果金融专家认为每个公司的支付基金不能少于 2 200 万元，那么是否需要在必要时调动支付基金？

总习题4

一、选择题

1. 设三阶矩阵 $\boldsymbol{A}$ 的特征值为 1,1,0，则(　　).

(A) $\boldsymbol{A}$ 可相似对角化　　(B) $\boldsymbol{A}$ 不可相似对角化

(C) $\boldsymbol{A}$ 可逆　　(D) $\boldsymbol{A}$ 不可逆

2. 下列矩阵中与可逆矩阵 $\boldsymbol{A}$ 有相同的特征值的是(　　).

(A) $\boldsymbol{A}^{-1}$　　(B) $\boldsymbol{A}^2$　　(C) $\boldsymbol{A}+\boldsymbol{E}$　　(D) $\boldsymbol{A}^{\mathrm{T}}$

3. 设 $\boldsymbol{A}$ 是 n 阶对称矩阵，$\boldsymbol{B}$ 是 n 阶反对称矩阵，则下列矩阵中可经过正交线性变换化为对角矩阵的是(　　).

(A) $\boldsymbol{BAB}$　　(B) $\boldsymbol{ABA}$　　(C) $(\boldsymbol{AB})^2$　　(D) $\boldsymbol{AB}^2$

4. n 阶矩阵 $\boldsymbol{A}$ 具有 n 个不同特征值是 $\boldsymbol{A}$ 与对角矩阵相似的(　　).

(A) 充要条件　　(B) 充分而非必要条件

(C) 必要而非充分条件　　(D) 既非充分条件也非必要条件

5. 设 λ_1,λ_2 是 n 阶矩阵 $\boldsymbol{A}$ 的两个不同的特征值，且 $\boldsymbol{X}_1,\boldsymbol{X}_2$ 分别是属于 λ_1,λ_2 的特征向量. 若 $\boldsymbol{X}=k_1\boldsymbol{X}_1+k_2\boldsymbol{X}_2$ 必是矩阵 $\boldsymbol{A}$ 的特征向量，则 k_1,k_2 满足(　　).

(A) $k_1=0$ 且 $k_2=0$　　(B) $k_1\neq 0$ 且 $k_2\neq 0$

(C) $k_1\neq 0$ 而 $k_2=0$　　(D) $k_1k_2\neq 0$

6. 若矩阵 $\boldsymbol{A}$ 与 $\boldsymbol{B}$ 相似，则下列结论中不正确的是(　　).

(A) $|\boldsymbol{A}|=|\boldsymbol{B}|$　　(B) $\boldsymbol{A},\boldsymbol{B}$ 有相同的特征多项式

(C) $\mathrm{tr}(\boldsymbol{A})=\mathrm{tr}(\boldsymbol{B})$　　(D) $\boldsymbol{A},\boldsymbol{B}$ 有相同的伴随矩阵

7. 设 $\boldsymbol{\alpha}$ 为 n 维单位列向量，$\boldsymbol{E}$ 为 n 阶单位矩阵，则(　　).

(A) $\boldsymbol{E}-\boldsymbol{\alpha\alpha}^{\mathrm{T}}$ 不可逆　　(B) $\boldsymbol{E}+\boldsymbol{\alpha\alpha}^{\mathrm{T}}$ 不可逆

(C) $\boldsymbol{E}+2\boldsymbol{\alpha\alpha}^{\mathrm{T}}$ 不可逆　　(D) $\boldsymbol{E}-2\boldsymbol{\alpha\alpha}^{\mathrm{T}}$ 不可逆

8. 已知矩阵 $\boldsymbol{A}=\begin{pmatrix}2&0&0\\0&2&1\\0&0&1\end{pmatrix}$，$\boldsymbol{B}=\begin{pmatrix}2&1&0\\0&2&0\\0&0&1\end{pmatrix}$，$\boldsymbol{C}=\begin{pmatrix}1&0&0\\0&2&0\\0&0&2\end{pmatrix}$，则(　　).

(A) $\boldsymbol{A}$ 与 $\boldsymbol{C}$ 相似，$\boldsymbol{B}$ 与 $\boldsymbol{C}$ 相似　　(B) $\boldsymbol{A}$ 与 $\boldsymbol{C}$ 相似，$\boldsymbol{B}$ 与 $\boldsymbol{C}$ 不相似

(C) $\boldsymbol{A}$ 与 $\boldsymbol{C}$ 不相似，$\boldsymbol{B}$ 与 $\boldsymbol{C}$ 相似　　(D) $\boldsymbol{A}$ 与 $\boldsymbol{C}$ 不相似，$\boldsymbol{B}$ 与 $\boldsymbol{C}$ 不相似

9. 设三阶矩阵 $\boldsymbol{A}$ 的特征值为 $\lambda_1=-1,\lambda_2=2,\lambda_3=3$，属于 $\lambda_1,\lambda_2,\lambda_3$ 的特征向量分别为 $\boldsymbol{\alpha}_1,\boldsymbol{\alpha}_2,\boldsymbol{\alpha}_3$. 若记矩阵 $\boldsymbol{P}=(-\boldsymbol{\alpha}_1,\boldsymbol{\alpha}_3,2\boldsymbol{\alpha}_2)$，则 $\boldsymbol{P}^{-1}\boldsymbol{AP}=$(　　).

(A) $\begin{pmatrix}-1&&\\&2&\\&&3\end{pmatrix}$　　(B) $\begin{pmatrix}-1&&\\&3&\\&&2\end{pmatrix}$

(C) $\begin{pmatrix}1&&\\&3&\\&&4\end{pmatrix}$　　(D) $\begin{pmatrix}3&&\\&-1&\\&&2\end{pmatrix}$

10. 与 n 阶单位矩阵 $\boldsymbol{E}$ 相似的矩阵是(　　).

(A) 数量矩阵 $k\boldsymbol{E}(k\neq 1)$　　(B) 对角矩阵 $\boldsymbol{\Lambda}$(主对角线上的元素不全为 1)

(C) 单位矩阵 $\boldsymbol{E}$　　(D) 任意 n 阶可逆矩阵

11. 矩阵 $\begin{pmatrix}1&-1&0\\-1&3&0\\0&0&0\end{pmatrix}$ 对应的二次型为(　　).

(A) $f(x_1,x_2)=x_1^2-2x_1x_2+3x_2^2$　　(B) $f(x_1,x_2)=x_1^2-x_1x_2+3x_2^2$

(C) $f(x_1,x_2,x_3)=x_1^2-2x_1x_2+3x_2^2$　　(D) $f(x_1,x_2,x_3)=x_1^2-x_1x_2-x_2x_3+3x_2^2$

12. 设四阶矩阵 $\boldsymbol{A}$ 的元素全为 1，则 $\boldsymbol{A}$ 的四个特征值为(　　).

(A) 0,0,0,4 (B) 0,0,4,4 (C) 1,1,1,1 (D) 1,0,1,0

13. 设矩阵 $\boldsymbol{A}=\begin{pmatrix}1&1&1&1\\1&1&1&1\\1&1&1&1\\1&1&1&1\end{pmatrix}$,$\boldsymbol{B}=\begin{pmatrix}4&&&\\&0&&\\&&0&\\&&&0\end{pmatrix}$,则 $\boldsymbol{A}$ 与 $\boldsymbol{B}$( ).

(A) 合同且相似 (B) 合同但不相似

(C) 不合同但相似 (D) 不合同且不相似

14. 设二次型 $f(x_1,x_2,x_3)=(K+1)x_1^2+(K-1)x_2^2+(K-2)x_3^2$,当二次型 f 正定时,K 应满足( ).

(A) $K>0$ (B) $K>2$ (C) $K>1$ (D) $K=1$

15. 下列结论中不正确的是( ).

(A) 若 $\boldsymbol{A}$ 为正定矩阵,则 $\boldsymbol{A}^{-1}$ 也为正定矩阵

(B) 若 $\boldsymbol{A},\boldsymbol{B}$ 都是正定矩阵,则 $\boldsymbol{A}+\boldsymbol{B}$ 也是正定矩阵

(C) 若 $\boldsymbol{A}$ 是正定矩阵,则 $\boldsymbol{A}^*$ 也是正定矩阵

(D) 若 $\boldsymbol{A},\boldsymbol{B}$ 都是正定矩阵,则 $\boldsymbol{A}-\boldsymbol{B}$ 也是正定矩阵

16. 已知二次型 $f(x_1,x_2,x_3)$ 经过正交线性变换 $\boldsymbol{X}=\boldsymbol{PY}$ 化为标准形 $2y_1^2+y_2^2-y_3^2$,其中 $\boldsymbol{P}=(\boldsymbol{e}_1,\boldsymbol{e}_2,\boldsymbol{e}_3)$. 若 $\boldsymbol{Q}=(\boldsymbol{e}_1,-\boldsymbol{e}_3,\boldsymbol{e}_2)$,则 $f(x_1,x_2,x_3)$ 经过正交线性变换 $\boldsymbol{X}=\boldsymbol{QY}$ 可化为标准形( ).

(A) $2y_1^2-y_2^2+y_3^2$ (B) $2y_1^2+y_2^2-y_3^2$

(C) $2y_1^2-y_2^2-y_3^2$ (D) $2y_1^2+y_2^2+y_3^2$

17. 实二次型 $f=\boldsymbol{X}^{\mathrm{T}}\boldsymbol{AX}$ 正定的充要条件是( ),其中 $\boldsymbol{A}$ 为 n 阶实对称矩阵.

(A) $\mathrm{R}(\boldsymbol{A})=n$ (B) $\boldsymbol{A}$ 的负惯性指数为 0

(C) $|\boldsymbol{A}|>0$ (D) $\boldsymbol{A}$ 的特征值都大于 0

18. 设矩阵 $\boldsymbol{A}=\begin{pmatrix}3&2&0\\2&4&-2\\0&-2&5\end{pmatrix}$ 为正定矩阵,则 $\boldsymbol{A}$ 相似于对角矩阵( ).

(A) $\begin{pmatrix}1&&\\&2&\\&&10\end{pmatrix}$ (B) $\begin{pmatrix}2&&\\&0&\\&&10\end{pmatrix}$

(C) $\begin{pmatrix}1&&\\&4&\\&&7\end{pmatrix}$ (D) $\begin{pmatrix}6&&\\&7&\\&&-1\end{pmatrix}$

19. 设 $\boldsymbol{A},\boldsymbol{B}$ 均为 n 阶正定矩阵,则下列矩阵中不是正定矩阵的是( ).

(A) $\boldsymbol{A}+\boldsymbol{B}$ (B) $\boldsymbol{A}^*+\boldsymbol{B}^*$ (C) $\boldsymbol{A}^{-1}+\boldsymbol{B}^{-1}$ (D) $\boldsymbol{AB}$

20. 设 $\boldsymbol{A}=(a_{ij})_{n\times n}$ 为实对称矩阵,则二次型 $f=\sum_{i=1}^{n}(a_{i1}x_1+a_{i2}x_2+\cdots+a_{in}x_n)^2$ 正定的充要条件是( ).

(A) $|\boldsymbol{A}|=0$ (B) $|\boldsymbol{A}|\neq 0$ (C) $|\boldsymbol{A}|>0$ (D) $|\boldsymbol{A}|<0$

二、填空题

1. 设向量 $\boldsymbol{\alpha}=(1,3,5,7)^{\mathrm{T}}$,$\boldsymbol{\beta}=(2,4,6,8)^{\mathrm{T}}$,则 $\|\boldsymbol{\alpha}\|=$ ________,$\|\boldsymbol{\beta}\|=$ ________,

$(\boldsymbol{\alpha},\boldsymbol{\beta})=$ ________.

2. 已知 $\boldsymbol{\alpha}$ 是三维实列向量，且 $\boldsymbol{\alpha}\boldsymbol{\alpha}^{\mathrm{T}}=\begin{pmatrix}1&-1&1\\-1&1&-1\\1&-1&1\end{pmatrix}$，则 $\|\boldsymbol{\alpha}\|=$ ________.

3. 已知三阶矩阵 $\boldsymbol{A}$ 的特征值为 $1,-1,2$，则 $|\boldsymbol{A}-5\boldsymbol{E}|=$ ________.

4. 设三阶矩阵 $\boldsymbol{A}$ 的特征值为 $1,2,-2$，且 $\boldsymbol{A}$ 与 $\boldsymbol{B}$ 相似，则 $|\boldsymbol{B}|=$ ________.

5. 设三阶矩阵 $\boldsymbol{A}$ 有三个不同的特征值 $\lambda_1,\lambda_2,\lambda_3$，其对应的特征向量分别是 $\boldsymbol{\xi}_1,\boldsymbol{\xi}_2,\boldsymbol{\xi}_3$. 若记矩阵 $\boldsymbol{P}=(\boldsymbol{\xi}_2,\boldsymbol{\xi}_3,\boldsymbol{\xi}_1)$，则 $\boldsymbol{P}^{-1}\boldsymbol{A}\boldsymbol{P}=$ ________.

6. 设 $\boldsymbol{A}$ 是 n 阶矩阵，且 $|\boldsymbol{A}|\neq 0$，$\boldsymbol{A}^*$ 是 $\boldsymbol{A}$ 的伴随矩阵. 若 $\boldsymbol{A}$ 有特征值 λ，则 $(2\boldsymbol{A}^*)^{-1}$ 必有一个特征值为________.

7. 已知三阶矩阵 $\boldsymbol{A}$ 满足 $|\boldsymbol{A}+3\boldsymbol{E}|=|\boldsymbol{A}-2\boldsymbol{E}|=|\boldsymbol{A}-\boldsymbol{E}|=0$，其伴随矩阵为 $\boldsymbol{A}^*$，则 $|\boldsymbol{A}^*|=$ ________.

8. 若 $\boldsymbol{A}$ 为实对称矩阵，$\boldsymbol{\alpha}=(1,a,1)^{\mathrm{T}}$，$\boldsymbol{\beta}=(a,a+1,1)^{\mathrm{T}}$ 是 $\boldsymbol{A}$ 的属于两个不同特征值的特征向量，则 $a=$ ________.

9. 若 $\boldsymbol{A}$ 为四阶实对称矩阵，且 $|\boldsymbol{A}|=-8$，2 是 $\boldsymbol{A}$ 的特征方程的三重根，则 $\boldsymbol{A}$ 相似于对角矩阵________.

10. 设矩阵 $\boldsymbol{A}=\begin{pmatrix}1&-2&-2\\-2&x&0\\-2&0&0\end{pmatrix}$ 的特征值为 $4,1,-2$，则 $x=$ ________.

11. 二次型 $f(x,y,z)=2x^2+y^2+z^2-2xy+4yz$ 的矩阵为________.

12. 二次型 $f(x_1,x_2,x_3)=(x_1,x_2,x_3)\begin{pmatrix}1&2&5\\2&4&6\\7&8&5\end{pmatrix}\begin{pmatrix}x_1\\x_2\\x_3\end{pmatrix}$ 的矩阵为________.

13. 二次型 $f(x,y,z)=xy+yz+zx$ 的秩为________.

14. 设二次型 $f(x_1,x_2)=x_1^2+x_2^2+2ax_1x_2$ 经过某个正交线性变换 $\boldsymbol{X}=\boldsymbol{Q}\boldsymbol{Y}$ 化为标准形 $f=3y_1^2-y_2^2$，则 $a=$ ________.

15. 若二次型 $f(x_1,x_2,x_3)=2x_1^2+x_2^2+x_3^2+2x_1x_2+ax_2x_3$ 是正定二次型，则 a 的取值范围是________.

16. 设矩阵 $\boldsymbol{A}=\begin{pmatrix}\lambda_1&&\\&\lambda_2&\\&&\lambda_3\end{pmatrix}$，$\boldsymbol{B}=\begin{pmatrix}\lambda_2&&\\&\lambda_3&\\&&\lambda_1\end{pmatrix}$. 若存在可逆矩阵 $\boldsymbol{P}$，使得 $\boldsymbol{B}=\boldsymbol{P}^{\mathrm{T}}\boldsymbol{A}\boldsymbol{P}$，则 $\boldsymbol{P}=$ ________.

17. 设实二次型 f 的秩为 r，负惯性指数为 q，符号差为 m，则 r,q,m 的关系是________.

18. n 元实二次型 $f(x_1,x_2,\cdots,x_n)=(a-1)x_1^2+(a-2)x_2^2+\cdots+(a-n)x_n^2$ 正定的充要条件是常数 a 满足________.

19. 设实二次型 $f(x_1,x_2,x_3)=\boldsymbol{X}^{\mathrm{T}}\boldsymbol{A}\boldsymbol{X}$，其中 $\boldsymbol{A}=\begin{pmatrix}1&2&0\\2&6&-2\\0&-2&1\end{pmatrix}$，则 $\boldsymbol{A}$ 的秩为________，f 的符号差为________.

20. 设 $\boldsymbol{A}$ 为实对称矩阵，且 $|\boldsymbol{A}|\neq 0$，则把二次型 $f=\boldsymbol{X}^{\mathrm{T}}\boldsymbol{A}\boldsymbol{X}$ 化为 $f=\boldsymbol{Y}^{\mathrm{T}}\boldsymbol{A}^{-1}\boldsymbol{Y}$ 的线性变换

是 $\boldsymbol{X}=$ ________ $\boldsymbol{Y}$.

三、计算题

1. 设 $\boldsymbol{A}$ 为三阶实对称矩阵，且 $\mathrm{R}(\boldsymbol{A})=2$. 已知 $\boldsymbol{\xi}_1=(0,1,0)^{\mathrm{T}}$，$\boldsymbol{\xi}_2=(-1,0,1)^{\mathrm{T}}$ 是 $\boldsymbol{A}$ 的属于特征值 $\lambda_1=\lambda_2=3$ 的特征向量，求：

(1) $\boldsymbol{A}$ 的另一个特征值 λ_3 及其特征向量 $\boldsymbol{\xi}_3$；

(2) $\boldsymbol{A}$ 和 $\boldsymbol{A}^n$.

2. 设矩阵 $\boldsymbol{A}=\begin{pmatrix}1&1&a\\1&a&1\\a&1&1\end{pmatrix}$，$\boldsymbol{b}=\begin{pmatrix}1\\1\\-2\end{pmatrix}$. 已知线性方程组 $\boldsymbol{Ax}=\boldsymbol{b}$ 有解但解不唯一，求：

(1) a 的值；

(2) 正交矩阵 $\boldsymbol{Q}$，使得 $\boldsymbol{Q}^{\mathrm{T}}\boldsymbol{AQ}$ 为对角矩阵.

3. 已知三阶矩阵 $\boldsymbol{A}=(\boldsymbol{\alpha}_1,\boldsymbol{\alpha}_2,\boldsymbol{\alpha}_3)$ 有三个不同的特征值，且 $\boldsymbol{\alpha}_3=\boldsymbol{\alpha}_1+2\boldsymbol{\alpha}_2$.

(1) 证明：$\mathrm{R}(\boldsymbol{A})=2$；

(2) 令 $\boldsymbol{\beta}=\boldsymbol{\alpha}_1+\boldsymbol{\alpha}_2+\boldsymbol{\alpha}_3$，求方程组 $\boldsymbol{Ax}=\boldsymbol{\beta}$ 的通解.

4. 设矩阵 $\boldsymbol{A}=\begin{pmatrix}0&2&-3\\-1&3&-3\\1&-2&a\end{pmatrix}$ 与 $\boldsymbol{B}=\begin{pmatrix}1&-2&0\\0&b&0\\0&3&1\end{pmatrix}$ 相似，求：

(1) a,b 的值；

(2) 可逆矩阵 $\boldsymbol{P}$，使得 $\boldsymbol{P}^{-1}\boldsymbol{AP}$ 为对角矩阵.

5. 已知 $\boldsymbol{\eta}=(1,1,-1)^{\mathrm{T}}$ 是矩阵 $\boldsymbol{A}=\begin{pmatrix}2&-1&2\\5&-3&3\\-1&b&-2\end{pmatrix}$ 的一个特征向量，试判断 $\boldsymbol{A}$ 是否可对角化.

6. 设有三阶矩阵 $\boldsymbol{A}$ 与三维向量 $\boldsymbol{x}$，向量组 $\boldsymbol{x},\boldsymbol{Ax},\boldsymbol{A}^2\boldsymbol{x}$ 线性无关，且满足 $\boldsymbol{A}^3\boldsymbol{x}=3\boldsymbol{Ax}-2\boldsymbol{A}^2\boldsymbol{x}$.

(1) 记 $\boldsymbol{P}=(\boldsymbol{x},\boldsymbol{Ax},\boldsymbol{A}^2\boldsymbol{x})$，求三阶矩阵 $\boldsymbol{B}$，使得 $\boldsymbol{A}=\boldsymbol{PBP}^{-1}$；

(2) 计算行列式 $|\boldsymbol{A}+\boldsymbol{E}|$.

7. 设某城市共有 30 万人从事农、工、商各行业的工作，假定这个总人数在若干年内保持不变，现社会调查表明：

(1) 在这 30 万人中，目前约有 15 万人从事农业，9 万人从事工业，6 万人从事商业；

(2) 在从事农业的人员中，每年约有 20% 改为从事工业，10% 改为从事商业；

(3) 在从事工业的人员中，每年约有 20% 改为从事农业，10% 改为从事商业；

(4) 在从事商业的人员中，每年约有 10% 改为从事农业，10% 改为从事工业.

试预测一、二年后从事各行业人员的人数，以及经过多年后，从事各行业人数的发展趋势.

8. 若二次型 $f=x_1^2+x_2^2+x_3^2+2x_1x_2+2ax_1x_3+2bx_2x_3$ 经过正交线性变换后可化为标准形 $y_2^2+2y_3^2$，求 a,b 的值，并求出该正交线性变换.

9. 设二次型 $f(x_1,x_2,x_3)=\boldsymbol{X}^{\mathrm{T}}\boldsymbol{AX}=ax_1^2+2x_2^2-2x_3^2+2bx_1x_3\,(b>0)$，其中二次型的矩阵 $\boldsymbol{A}$ 的特征值之和为 1，特征值之积为 -12.

(1) 求 a,b 的值；

(2) 利用正交线性变换将二次型 f 化为标准形，并写出所用的正交矩阵.

10. 设二次型 $f(x_1,x_2,x_3)=2x_1^2+3x_2^2+3x_3^2+2ax_2x_3$ 的矩阵为 $\boldsymbol{A}$. 已知 $\lambda=1$ 是 $\boldsymbol{A}$ 的一个特征值，求参数 a 的值，并指出 $f(x_1,x_2,x_3)=1$ 表示的曲面类型.

11. 已知三阶实矩阵 $\boldsymbol{A}$ 的三个列向量为 $\boldsymbol{\alpha},\boldsymbol{\beta},\boldsymbol{\gamma}$，二次型

$$f(x_1,x_2,x_3)=(\boldsymbol{\alpha}^{\mathrm{T}}\boldsymbol{X})^2+(\boldsymbol{\beta}^{\mathrm{T}}\boldsymbol{X})^2+(\boldsymbol{\gamma}^{\mathrm{T}}\boldsymbol{X})^2,$$

其中 $\boldsymbol{X}=(x_1,x_2,x_3)^{\mathrm{T}}$.

(1) 求二次型的矩阵；

(2) 证明：二次型正定的充要条件是 $\boldsymbol{\alpha},\boldsymbol{\beta},\boldsymbol{\gamma}$ 线性无关；

(3) 若方程组 $\begin{cases}\boldsymbol{\alpha}^{\mathrm{T}}\boldsymbol{X}=0,\\ \boldsymbol{\beta}^{\mathrm{T}}\boldsymbol{X}=0,\\ \boldsymbol{\gamma}^{\mathrm{T}}\boldsymbol{X}=0\end{cases}$ 有唯一解，求二次型的秩；

(4) 若 $\boldsymbol{\gamma}=\boldsymbol{0}$，并且 $\boldsymbol{\alpha},\boldsymbol{\beta}$ 是标准正交向量组，求二次型的标准形.

12. 已知二次型 $f(x_1,x_2,x_3)=(1-a)x_1^2+(1-a)x_2^2+2x_3^2+2(1+a)x_1x_2$ 的秩为 2，求：

(1) a 的值；

(2) 正交线性变换 $\boldsymbol{X}=\boldsymbol{QY}$，把二次型 f 化为标准形.

13. 求一个正交线性变换，把二次曲面方程 $2x_1^2+5x_2^2+5x_3^2+4x_1x_2-4x_1x_3-8x_2x_3=1$ 化成标准方程，并指出二次曲面的类型.

14. 设 n 元二次型

$$f(x_1,x_2,\cdots,x_n)=(x_1+a_1x_2)^2+(x_2+a_2x_3)^2+\cdots+(x_{n-1}+a_{n-1}x_n)^2+(x_n+a_nx_1)^2,$$

其中 $a_i(i=1,2,\cdots,n)$ 为实数. 试问当 a_i 满足什么条件时，该二次型正定？

15. 设

$$f(x,y)=a_{11}x^2+2a_{12}xy+a_{22}y^2$$

是正定二次型，求椭圆域 $a_{11}x^2+2a_{12}xy+a_{22}y^2\leqslant 1$ 的面积.

四、证明题

1. 证明：对于任意实向量 $\boldsymbol{\alpha},\boldsymbol{\beta}$，均有 $(\boldsymbol{\alpha},\boldsymbol{\beta})=\dfrac{1}{4}\|\boldsymbol{\alpha}+\boldsymbol{\beta}\|^2-\dfrac{1}{4}\|\boldsymbol{\alpha}-\boldsymbol{\beta}\|^2$.

2. 设实向量 $\boldsymbol{\alpha}$ 是矩阵 $\boldsymbol{A}$ 的属于 λ_1 的特征向量，实向量 $\boldsymbol{\beta}$ 是矩阵 $\boldsymbol{A}^{\mathrm{T}}$ 的属于 λ_2 的特征向量，且 $\lambda_1\neq\lambda_2$，证明：$\boldsymbol{\alpha}$ 与 $\boldsymbol{\beta}$ 正交.

3. 设三阶矩阵 $\boldsymbol{A}$ 有三个不同的特征值 $\lambda_1,\lambda_2,\lambda_3$，对应的特征向量依次为 $\boldsymbol{\alpha}_1,\boldsymbol{\alpha}_2,\boldsymbol{\alpha}_3$. 记 $\boldsymbol{\beta}=\boldsymbol{\alpha}_1+\boldsymbol{\alpha}_2+\boldsymbol{\alpha}_3$，证明：向量组 $\boldsymbol{\beta},\boldsymbol{A\beta},\boldsymbol{A}^2\boldsymbol{\beta}$ 线性无关.

4. 设 $\boldsymbol{A}$ 为 n 阶矩阵，且 $\boldsymbol{A}$ 与 $\boldsymbol{A}+(-1)^i i\boldsymbol{E}(i=1,2,\cdots,n-1)$ 均不可逆，证明：$\boldsymbol{A}$ 相似于对角矩阵.

5. 设 $\boldsymbol{A}$ 是 n 阶矩阵，如果存在正整数 k，使得 $\boldsymbol{A}^k=\boldsymbol{O}$($\boldsymbol{O}$ 为 n 阶零矩阵)，则称 $\boldsymbol{A}$ 是 n 阶幂零矩阵. 证明：

(1) 如果 $\boldsymbol{A}$ 是 n 阶幂零矩阵，则 $\boldsymbol{A}$ 的特征值全为 0.

(2) 如果 $\boldsymbol{A}\neq\boldsymbol{O}$ 是 n 阶幂零矩阵，则 $\boldsymbol{A}$ 不与对角矩阵相似.

6. 若 $\boldsymbol{A},\boldsymbol{B},\boldsymbol{C},\boldsymbol{D}$ 均为 n 阶矩阵，且 $\boldsymbol{A}$ 与 $\boldsymbol{B}$ 相似，$\boldsymbol{C}$ 与 $\boldsymbol{D}$ 相似. 记 $2n$ 阶矩阵 $\boldsymbol{M}=\begin{pmatrix}\boldsymbol{A}&\\&\boldsymbol{C}\end{pmatrix}$，$\boldsymbol{N}=\begin{pmatrix}\boldsymbol{B}&\\&\boldsymbol{D}\end{pmatrix}$，证明：$\boldsymbol{M}$ 与 $\boldsymbol{N}$ 相似.

7. 设 $\boldsymbol{\alpha}=(a_1,a_2,\cdots,a_n)^{\mathrm{T}}$，$\boldsymbol{\beta}=(b_1,b_2,\cdots,b_n)^{\mathrm{T}}$ 为向量空间 $\mathbf{R}^n(n\geqslant 2)$ 中的非零向量. 记 $\boldsymbol{A}=\boldsymbol{\alpha}\boldsymbol{\beta}^{\mathrm{T}}$，证明：

(1) $\lambda=0$ 为 $\boldsymbol{A}$ 的一个特征值，它有 $n-1$ 个线性无关的特征向量；

(2) $\boldsymbol{A}$ 的其他特征值为 $\lambda_n=\mathrm{tr}(\boldsymbol{A})=\boldsymbol{\beta}^{\mathrm{T}}\boldsymbol{\alpha}\neq 0$，且 $\boldsymbol{\alpha}$ 是 $\boldsymbol{A}$ 的属于特征值 λ_n 的特征向量；

(3) 矩阵 $\boldsymbol{A}$ 相似于对角矩阵的充要条件是 $\mathrm{tr}(\boldsymbol{A})=\boldsymbol{\beta}^{\mathrm{T}}\boldsymbol{\alpha}\neq 0$.

8. (1) 设 n 阶矩阵 $\boldsymbol{A}$ 有 n 个互不相同的特征值，$f(x)$ 为 $n-1$ 次多项式，证明：$\boldsymbol{AB}=\boldsymbol{BA}$ 的充要条件是存在可逆矩阵 $\boldsymbol{T}$，使得 $\boldsymbol{T}^{-1}\boldsymbol{AT}$，$\boldsymbol{T}^{-1}\boldsymbol{BT}$ 均为对角矩阵，其中 $\boldsymbol{B}=f(\boldsymbol{A})$，且表达式唯一.

(2) 设 $\boldsymbol{A}$，$\boldsymbol{B}$ 为 n 阶矩阵，且均可对角化，$\boldsymbol{AB}=\boldsymbol{BA}$，证明：存在 n 阶可逆矩阵 $\boldsymbol{T}$，使得 $\boldsymbol{T}^{-1}\boldsymbol{AT}$，$\boldsymbol{T}^{-1}\boldsymbol{BT}$ 均为对角矩阵，且 $\boldsymbol{AB}$ 可对角化.

9. 设二阶矩阵 $\boldsymbol{A}=\begin{pmatrix}a&b\\c&d\end{pmatrix}$，证明：

(1) 若 $|\boldsymbol{A}|<0$，则 $\boldsymbol{A}$ 可相似于对角矩阵；

(2) 若 b 与 c 同号，则 $\boldsymbol{A}$ 可相似于对角矩阵；

(3) 若 $|\boldsymbol{A}|<0$ 且 $\boldsymbol{AB}=\boldsymbol{BA}$，则 $\boldsymbol{B}$ 可相似于对角矩阵.

10. (1) 设 $\boldsymbol{A}$ 是 $m\times n$ 矩阵，$\boldsymbol{B}$ 是 $n\times m$ 矩阵，证明：$\boldsymbol{AB}$ 的特征多项式 $f_{\boldsymbol{AB}}(\lambda)$ 与 $\boldsymbol{BA}$ 的特征多项式 $f_{\boldsymbol{BA}}(\lambda)$ 有如下关系：

$$\lambda^n|\lambda\boldsymbol{E}_m-\boldsymbol{AB}|=\lambda^m|\lambda\boldsymbol{E}_n-\boldsymbol{BA}|,\quad \lambda\neq 0.$$

(2) 设 $\boldsymbol{A}$，$\boldsymbol{B}$ 均为 n 阶矩阵，证明：

(a) 若 λ 是 $\boldsymbol{AB}$ 的一个非零特征值，则它也是 $\boldsymbol{BA}$ 的一个非零特征值.

(b) 若 $\lambda=0$ 是 $\boldsymbol{AB}$ 的一个特征值，则 $\lambda=0$ 也是 $\boldsymbol{BA}$ 的一个特征值.

(3) 利用上述结论证明：

$$D_n=\begin{vmatrix}1+a_1+x_1&a_1+x_2&\cdots&a_1+x_n\\a_2+x_1&1+a_2+x_2&\cdots&a_2+x_n\\\vdots&\vdots&&\vdots\\a_n+x_1&a_n+x_2&\cdots&1+a_n+x_n\end{vmatrix}$$

$$=\left(1+\sum_{i=1}^{n}a_i\right)\left(1+\sum_{i=1}^{n}x_i\right)-n\sum_{i=1}^{n}a_ix_i.$$

11. 证明：秩等于 r 的对称矩阵可以表示成 r 个秩等于1的对称矩阵之和.

12. 设 $\boldsymbol{\alpha}_1,\boldsymbol{\alpha}_2,\cdots,\boldsymbol{\alpha}_n$ 是 n 维非零实列向量，且满足 $\boldsymbol{\alpha}_i^{\mathrm{T}}\boldsymbol{A}\boldsymbol{\alpha}_j=0(i\neq j)$，其中 $\boldsymbol{A}$ 是正定矩阵，证明：向量组 $\boldsymbol{\alpha}_1,\boldsymbol{\alpha}_2,\cdots,\boldsymbol{\alpha}_n$ 线性无关.

13. 设 $\boldsymbol{A}$ 为 n 阶实对称矩阵，$\boldsymbol{B}$ 为 n 阶正定矩阵，证明：存在可逆矩阵 $\boldsymbol{P}$，使得

$$\boldsymbol{P}^{\mathrm{T}}\boldsymbol{BP}=\boldsymbol{E},\quad \boldsymbol{P}^{\mathrm{T}}\boldsymbol{AP}=\boldsymbol{\Lambda}.$$

14. (1) 设 $\boldsymbol{A}$，$\boldsymbol{B}$ 为 n 阶正定矩阵，证明：$|\boldsymbol{A}+\boldsymbol{B}|>|\boldsymbol{A}|+|\boldsymbol{B}|$；

(2) 设 $\boldsymbol{A}$ 为 n 阶正定矩阵，$\boldsymbol{E}$ 为 n 阶单位矩阵，证明：$|\boldsymbol{A}+\boldsymbol{E}|>1$；

(3) 设 $\boldsymbol{A}$ 为 n 阶正定矩阵，证明：$|\boldsymbol{A}+2\boldsymbol{E}|>2^n$.

15. (二元函数极值点判别定理) 若函数 $f(x,y)$ 在点 $P_0(x_0,y_0)$ 的某邻域内具有一阶和二阶连续偏导数，且满足 $f_x(x_0,y_0)=0$，$f_y(x_0,y_0)=0$. 记

$$A=f_{xx}(x_0,y_0),\quad B=f_{xy}(x_0,y_0),\quad C=f_{yy}(x_0,y_0),\quad \boldsymbol{M}=\begin{pmatrix}A&B\\B&C\end{pmatrix},$$

证明:对于任意给定的实向量 $\boldsymbol{X} \neq \boldsymbol{0}$,

(1) 当 $\boldsymbol{X}^{\mathrm{T}}\boldsymbol{M}\boldsymbol{X} > 0$,即 $\boldsymbol{M}$ 为正定矩阵时,$P_0(x_0, y_0)$ 是函数 $f(x,y)$ 的极小值点;

(2) 当 $\boldsymbol{X}^{\mathrm{T}}\boldsymbol{M}\boldsymbol{X} < 0$,即 $\boldsymbol{M}$ 为负定矩阵时,$P_0(x_0, y_0)$ 是函数 $f(x,y)$ 的极大值点;

(3) 若 $\boldsymbol{X}^{\mathrm{T}}\boldsymbol{M}\boldsymbol{X}$ 改变符号,则 $P_0(x_0, y_0)$ 是函数 $f(x,y)$ 的鞍点(既不是极大值点也不是极小值点的临界点).

16. (1) 证明:若 $\boldsymbol{A} = (a_{ij})$ 是 n 阶正定矩阵,则行列式 $|\boldsymbol{A}| \leqslant \prod_{i=1}^{n} a_{ii}$,当且仅当 $\boldsymbol{A}$ 为对角矩阵时,等号成立.

(2) 设 $\boldsymbol{A} = (a_{ij})$ 是任意 n 阶实矩阵,证明:$|\boldsymbol{A}|^2 \leqslant \prod_{i=1}^{n} (a_{1i}^2 + a_{2i}^2 + \cdots + a_{ni}^2)$.

参考文献

[1] 杰拉德,戴安娜.实用线性代数:翻译版:原书第3版[M].董晓波,高从燕,王慧,译.北京:机械工业出版社,2018.

[2] 雷 D C,雷 S R,麦克唐纳 J J.线性代数及其应用:原书第5版[M].刘深泉,张万芹,陈玉珍,等译.北京:机械工业出版社,2018.

[3] 李乃华,徐立,耿峤峙.伴你学数学:线性代数及其应用导学[M].2版.北京:高等教育出版社,2016.

[4] 吴传生.经济数学:线性代数[M].4版.北京:高等教育出版社,2020.

[5] 同济大学数学系.工程数学:线性代数[M].6版.北京:高等教育出版社,2014.

[6] 同济大学数学系.线性代数附册学习辅导与习题全解:同济第6版[M].北京:高等教育出版社,2014.

[7] 郝志峰.线性代数[M].北京:北京大学出版社,2019.

[8] 郝志峰.线性代数学习指导与典型例题[M].北京:高等教育出版社,2006.

图书在版编目(CIP)数据

新工科数学:线性代数/王振友，张丽丽，李锋主编. —北京：北京大学出版社，2022.1
ISBN 978-7-301-32831-6

Ⅰ.①新…　Ⅱ.①王…②张…③李…　Ⅲ.①线性代数　Ⅳ.①O151.2

中国版本图书馆 CIP 数据核字(2022)第 005326 号

书　　名	新工科数学——线性代数 XINGONGKE SHUXUE——XIANXING DAISHU
著作责任者	王振友　张丽丽　李　锋　主编
责任编辑	尹照原
标准书号	ISBN 978-7-301-32831-6
出版发行	北京大学出版社
地　　址	北京市海淀区成府路 205 号　100871
网　　址	http://www.pup.cn
电子邮箱	zpup@pup.cn
新浪微博	@北京大学出版社
电　　话	邮购部 010-62752015　发行部 010-62750672　编辑部 010-62752021
印 刷 者	长沙超峰印刷有限公司
经 销 者	新华书店
	787 毫米×1092 毫米　16 开本　10.75 印张　283 千字
	2022 年 1 月第 1 版　2025 年 1 月第 3 次印刷
定　　价	39.00 元